教育部　财政部职业院校教师素质提高计划职教师资培养资源开发项目
《机电技术教育》专业职教师资培养资源开发（VTNE016）

电气控制与 PLC 应用技术

主　编　蒋　丽
副主编　杨燕罡　杨雪翠　王　钰
参　编　孙宏昌　李　彬　许　琢　龙威林
　　　　陈鸿叔　刘　柯

机械工业出版社

本书是适应职业教育发展需求，以职业能力培养为核心，结合工程实际和教学应用开发编写的。本书介绍了常见低压电器和测控元件、机床电气控制电路的基础知识；介绍了PLC的基本组成和工作原理，结合大量实例详细介绍了西门子S7-200 PLC的系统配置、工作程序开发、电动机控制、指令系统、控制系统的设计等内容，力求深入浅出，体现系统性和实用性，着重进行专业实践能力和问题解决能力的培养。

本书可作为数控与机电专业教材，也可作为机械类和近似各专业本科教学用书和工程技术人员的参考书。

图书在版编目（CIP）数据

电气控制与PLC应用技术/蒋丽主编 . —北京：机械工业出版社，2017.11

教育部、财政部职业院校教师素质提高计划职教师资培养资源开发项目《机电技术教育》专业职教师资培养资源开发（VTNE016）

ISBN 978-7-111-58405-6

Ⅰ . ①电…　Ⅱ . ①蒋…　Ⅲ . ①电气控制—职业教育—教材②PLC技术—职业教育—教材　Ⅳ . ①TM571.2　②TM571.61

中国版本图书馆CIP数据核字（2017）第267768号

机械工业出版社（北京市百万庄大街22号　邮政编码100037）
策划编辑：汪光灿　责任编辑：汪光灿　责任校对：肖　琳
封面设计：张　静　责任印制：常天培
唐山三艺印务有限公司印刷
2018年2月第1版第1次印刷
184mm×260mm·20.75印张·494千字
0001—2000册
标准书号：ISBN 978-7-111-58405-6
定价：49.00元

凡购本书，如有缺页、倒页、脱页，由本社发行部调换

电话服务　　　　　　　　　网络服务
服务咨询热线：010-88379833　机 工 官 网：www.cmpbook.com
读者购书热线：010-88379649　机 工 官 博：weibo.com/cmp1952
　　　　　　　　　　　　　　教育服务网：www.cmpedu.com
封面无防伪标均为盗版　　　金 书 网：www.golden-book.com

出版说明

《国家中长期教育改革和发展规划纲要（2010—2020 年）》颁布实施以来，我国职业教育进入到了加快构建现代职业教育体系、全面提高技能型人才培养质量的新阶段。加快发展现代职业教育，实现职业教育改革发展新跨越，对职业学校"双师型"教师队伍建设提出了更高的要求。为此，教育部明确提出，要以推动教师专业化为引领，以加强"双师型"教师队伍建设为重点，以创新制度和机制为动力，以完善培养培训体系为保障，以实施素质提高计划为抓手，统筹规划，突出重点，改革创新，狠抓落实，切实提升职业院校教师队伍的整体素质和建设水平，加快建成一支师德高尚、素质优良、技艺精湛、结构合理、专兼结合的高素质专业化的"双师型"教师队伍，为建设具有中国特色、世界水平的现代职业教育体系提供强有力的师资保障。

目前，我国共有 60 余所高校正在开展职教师资培养，但由于教师培养标准的缺失和培养课程资源的匮乏，制约了"双师型"教师培养质量的提高。为完善教师培养标准和课程体系，教育部、财政部在"职业院校教师素质提高计划"框架内专门设置了职教师资培养资源开发项目，中央财政划拨 1.5 亿元，系统开发用于本科专业的职教师资培养标准、培养方案、核心课程和特色教材等系列资源。其中，包括 88 个专业项目，12 个资格考试制度开发等公共项目。该项目由 42 家开设职业技术师范专业的高等学校牵头，组织近千家科研院所、职业学校、行业企业共同研发，一大批专家学者、优秀校长、一线教师、企业工程技术人员参与其中。

经过三年的努力，职教师资培养资源开发项目取得了丰硕成果。一是开发了中等职业学校 88 个专业（类）职教师资本科培养资源项目，包括专业教师标准、专业教师培养标准、评价方案，以及一系列专业课程大纲、主干课程教材及数字化资源；二是取得了 6 项公共基础研究成果，包括职教师资培养模式、国际职教师资培养、教育理论课程、质量保障体系、教学资源中心建设和学习平台开发等；三是完成了 18 个专业大类职教师资资格标准及认证考试标准开发。上述成果，共计 800 多本正式出版物。总体来说，培养资源开发项目实现了高效益：形成了一大批资源，填补了相关标准和资源的空白；凝聚了一支研发队伍，强化了教师培养的"校—企—校"协同；引领了一批高校的教学改革，带动了"双师型"教师的专业化培养。职教师资培养资源开发项目是支撑专业化培养的一项系统化、基础性工程，是加强职教教师培养培训一体化建设的关键环节，也是对职教师资培养培训基地教师专业化培养实践、教师教育研究能力的系统检阅。

自 2013 年项目立项开题以来，各项目承担单位、项目负责人及全体开发人员做了大量深入细致的工作，结合职教教师培养实践，研发出很多填补空白、体现科学性和前瞻性的成果，有力推进了"双师型"教师专门化培养向更深层次发展。同时，专家指导委员会的各位专家以及项目管理办公室的各位同志，克服了许多困难，按照两部对项目开发工作的总体要求，为实施项目管理、研发、检查等投入了大量时间和心血，也为各个项目提供了专业的咨询和指导，有力地保障了项目实施和成果质量。在此，一并表示衷心的感谢。

编写委员会

前　言

为适应国家大力发展职业教育的新形势，深入贯彻落实《国家中长期教育改革和发展规划纲要（2010—2020年）》中关于实施"职业院校教师素质提高计划"的精神，发挥职教师资的培养优势和特色，通过对职业院校和企业的广泛调研，针对机电技术教育专业培养职教师资的社会需求，我们努力构建既能体现机电一体化技术理论与技能，又能充分体现师范技能与教师素质培养要求的培养标准与培养方案；构建一种紧密结合本专业人才培养需要的一体化课程体系，基于CDIO开发核心课程与相应特色教材，为我国职业教育的发展做出贡献。

本书是适应职业教育发展需求，以职业能力培养为核心，结合工程实际和教学应用开发编写的。本书介绍了常见低压电器和测控元件、机床电气控制电路的基础知识；介绍了PLC的基本组成和工作原理，结合大量实例详细介绍了西门子S7-200 PLC的系统配置、工作程序开发、电动机控制、指令系统、控制系统的设计等内容，力求深入浅出，体现系统性和实用性，着重进行专业实践能力和问题解决能力的培养。

本书建议学时为64学时，其中实验学时12学时，以一体化形式教学为宜。

本书由蒋丽任主编，杨燕罡、杨雪翠、王钰任副主编，参与编写的还有孙宏昌、李彬、许琢、龙威林、陈鸿叔、刘柯。

本书是由教育部财政部职业院校教师素质提高计划职教师资培养资源开发项目（项目编号：VTNE016）资助的《机电技术教育》专业核心课程教材开发成果。本书的编写得到了天津职业技术师范大学机电工程系的大力支持和帮助，在此深表谢意。

由于编者学术水平所限，改革探索经验不足，书中难免存在不妥之处，恳请同行专家和读者不吝赐教，多加批评和指正。

编　者

目 录

出版说明
前言

单元1 常见低压电器和测控元件 ……………………………………… 1

1.1 概述 ………………………………………………………………… 1

1.1.1 低压电器的定义与分类 ………………………………… 1

1.1.2 低压电器的基本结构 …………………………………… 2

1.2 主要低压电器器件 ……………………………………………… 4

1.2.1 继电器类 …………………………………………………… 4

1.2.2 开关电器 ………………………………………………… 20

1.3 机床主要传感器件 …………………………………………… 32

1.3.1 位置开关 ………………………………………………… 32

1.3.2 闭环监控检测元件 …………………………………… 37

习题 ………………………………………………………………… 46

单元2 机床基本电气控制电路 ………………………………………… 47

2.1 电气控制系统图的绘制 ……………………………………… 47

2.1.1 电气控制系统图的图形符号和文字符号 ………… 47

2.1.2 电气控制系统图的绘制原则 ………………………… 51

2.2 三相笼型异步电动机常见控制电路 ………………………… 56

2.2.1 单向直接起动控制电路 ……………………………… 56

2.2.2 正反转控制电路 ……………………………………… 57

2.2.3 工作台自动往返循环控制电路 ……………………… 60

2.2.4 多台电动机顺序控制电路 …………………………… 61

2.2.5 减压起动控制电路 …………………………………… 62

2.2.6 制动控制电路 ………………………………………… 65

2.2.7 调速控制电路 ………………………………………… 68

2.3 典型生产机械电气控制电路的分析 ……………………… 79

2.3.1 电气控制电路的分析基础 ·························· 79

2.3.2 电气原理图阅读分析的方法与步骤 ················ 80

2.3.3 T68 型卧式镗床的电气控制线路的分析 ············ 81

实验 2.1 常用机床电器部件认知 ····················· 85

实验 2.2 三相异步电动机的正反转控制 ··············· 86

习题 ·· 87

单元 3 认知 S7-200 PLC ························ 89

3.1 PLC 的发展历史 ······························ 89

3.1.1 PLC 的产生与发展 ······················ 89

3.1.2 主要 PLC 产品 ························· 90

3.1.3 PLC 的主要应用领域 ····················· 93

3.2 西门子 PLC 的认知 ···························· 94

3.2.1 认识 S7-200 PLC ······················· 94

3.2.2 调试 PLC 程序 ························· 95

3.2.3 S7-200 PLC 的硬件连接 ···················· 96

3.2.4 S7-200 PLC 的软件 ····················· 97

3.3 S7-200 PLC 的工作流程 ························· 99

3.3.1 顺序扫描循环结构 ······················ 99

3.3.2 常见寄存器、I/O、定时器、功能模块的调用 ········· 100

3.3.3 主程序、子程序基本结构 ··················· 104

习题 ·· 107

单元 4 S7-200 PLC 的工作程序开发 ··············· 108

4.1 梯形图程序设计 ······························ 108

4.1.1 梯形图的编辑 ························· 108

4.1.2 用梯形图完成一个定时循环闪烁程序 ············· 115

4.1.3 增加注释与符号表 ······················ 117

4.1.4 程序的编译 ·························· 119

4.1.5 程序的调试 ·························· 120

4.2 PLC 的 STL 语句表程序设计 ····················· 124

4.2.1 数据的存储与使用 ······················ 125

4.2.2 编程元件与寻址方式 ····················· 125

4.2.3 S7-200 PLC 的语句表程序设计常用元件 ··········· 127

4.2.4 S7-200 PLC 的语句表程序设计实例——交通信号灯 ····· 130

习题 ·· 133

单元 5 S7-200 PLC 的电动机控制 ·· 134

5.1 三相异步电动机的变频器控制 ·· 134

5.1.1 三相异步电动机与变频器 ·· 134

5.1.2 交流变频器的主要接口与控制方式 ······························· 135

5.1.3 变频器的基本参数 ·· 135

5.1.4 变频器多段调速器的设置和 PLC 程序 ···························· 138

5.1.5 PWM 控制的变频器调速 ·· 140

5.1.6 高速计数器功能 ··· 144

5.1.7 使用高速计数器进行编码器的读取 ······························ 147

5.2 步进电动机及其控制 ··· 152

5.2.1 步进电动机控制技术 ··· 152

5.2.2 步进电动机的原理与选择 ·· 153

5.2.3 PLC 控制步进电动机的指令 ······································ 156

5.2.4 示例程序 ·· 161

5.3 伺服电动机的 EM253 模块控制 ··· 162

5.3.1 伺服电动机 ·· 162

5.3.2 EM253 位置控制模块的主要功能和配置 ························· 165

5.3.3 用 EM253 控制伺服电动机运行 ·································· 167

习题 ·· 176

单元 6 S7-200 PLC 的指令及基本电路编程 ····························· 177

6.1 基本指令 ··· 177

6.1.1 标准触点指令和输出指令 ·· 177

6.1.2 逻辑块指令 ·· 178

6.1.3 正负跳变指令 ··· 179

6.1.4 置位与复位 ·· 179

6.1.5 比较指令 ·· 179

6.1.6 传送指令 ·· 180

6.1.7 取反指令 ·· 181

6.1.8 立即 I/O 指令 ··· 181

6.1.9 逻辑堆栈指令 ··· 182

6.2 定时器和计数器指令 ··· 184

6.2.1 定时器指令 ·· 184

6.2.2 计数器指令 ··· 187

6.3 程序控制指令 ··· 189

6.3.1 空操作指令 ··· 189

6.3.2 结束指令 ··· 189

6.3.3 跳转与标号指令 ··· 189

6.3.4 FOR/NEXT 循环指令 ··· 190

6.3.5 子程序调用指令、子程序返回指令 ······························ 191

6.3.6 暂停指令 ··· 194

6.3.7 看门狗复位指令 ··· 194

6.3.8 顺序控制继电器指令 ··· 195

6.4 数学运算指令 ··· 197

6.4.1 算术运算指令 ··· 197

6.4.2 浮点数函数运算指令 ··· 200

6.4.3 逻辑运算指令 ··· 201

6.5 数据处理指令 ··· 202

6.5.1 移位和循环移位指令 ··· 202

6.5.2 数据转换指令 ··· 205

6.5.3 表功能指令 ··· 210

6.5.4 读写实时时钟指令 ·· 213

6.6 中断指令 ··· 214

6.7 PID 算法和 PID 回路指令 ·· 218

6.7.1 PID 算法 ··· 218

6.7.2 PID 回路指令 ··· 219

6.7.3 PID 指令向导 ··· 225

6.8 网络通信指令 ··· 234

6.8.1 SIEMENS PLC 网络 ··· 234

6.8.2 网络通信设备和协议 ··· 235

6.8.3 S7-200 PLC 网络通信协议 ·· 240

6.8.4 网络通信参数设置 ·· 242

6.8.5 网络读写指令 ··· 244

6.8.6 自由端口通信指令 ·· 245

6.9 基本电路编程 ··· 252

6.9.1 自锁控制和互锁控制 ··· 252

6.9.2 时间控制 ·················· 253

6.9.3 方波脉冲发生器 ·················· 255

6.9.4 分频控制电路 ·················· 256

6.9.5 报警电路 ·················· 256

6.9.6 顺序控制 ·················· 258

实验 网络控制气缸推送 ·················· 259

习题 ·················· 263

单元7 S7-200 PLC 控制系统设计与实例 ·················· 265

7.1 PLC 控制系统设计的内容与步骤 ·················· 265

7.1.1 PLC 控制系统设计的内容 ·················· 265

7.1.2 PLC 控制系统设计的步骤 ·················· 265

7.2 PLC 控制系统的硬件设计 ·················· 267

7.2.1 PLC 选型 ·················· 267

7.2.2 PLC 容量估算 ·················· 269

7.2.3 I/O 模块的选择 ·················· 270

7.2.4 分配 I/O 点 ·················· 272

7.2.5 安全回路设计 ·················· 273

7.2.6 可靠性设计 ·················· 274

7.3 PLC 控制系统的梯形图设计 ·················· 279

7.3.1 经验设计法 ·················· 279

7.3.2 顺序控制设计法与顺序功能图 ·················· 280

7.3.3 顺序控制梯形图的设计方法 ·················· 283

7.4 PLC 软硬件的调试与检查 ·················· 292

7.5 PLC 在工业控制系统中的典型应用实例 ·················· 293

7.5.1 双恒压无塔供水控制系统设计 ·················· 293

7.5.2 薄刀式分切压痕机控制系统设计 ·················· 303

7.5.3 电热锅炉供热控制系统设计 ·················· 310

习题 ·················· 316

参考文献 ·················· 317

单元 1　常见低压电器和测控元件

本单元主要介绍电器的基本知识，常见低压电器和测控元件的基本结构、工作原理、技术参数及选用方法等，为后续学习继电器-接触器控制系统和 PLC 控制系统打下基础。

1.1　概述

1.1.1　低压电器的定义与分类

生产机械不仅需要由电动机拖动，而且还需要一套控制装置，即各类电器，用以实现各种工艺要求。电器就是控制电的器具，是一种根据外界的信号（机械力、电动力和其他物理量），自动或手动接通和断开电路，从而断续或连续地改变电路参数或状态，实现对电路或非电对象的切换、控制、保护、检测和调节用的电气元件或设备。

低压电器通常指在额定电压交流 1200V、直流 1500V 以下电路中工作的电器。低压电器的种类繁多，按其结构用途及所控制的对象不同，可以有不同的分类方式，以下介绍三种分类方式：

1. 按用途和控制对象分类

按用途和控制对象的不同，可将低压电器分为配电电器和控制电器。

（1）用于低压电力网的配电电器

这类电器包括刀开关、转换开关、断路器和熔断器等。

对配电电器的主要技术要求是断流能力强、限流效果在系统发生故障时保护动作准确、工作可靠；有足够的热稳定性和动稳定性。

（2）用于电力拖动及自动控制系统的控制电器　这类电器包括接触器、起动器和各种控制继电器等。

对控制电器的主要技术要求是操作频率高、寿命长，有相应的转换能力。

2. 按操作方式分类

按操作方式的不同，可将低压电器分为自动电器和手动电器。

（1）自动电器　通过电磁（或压缩空气）做功来完成接通、分断、起动、反向和停止等动作的电器称为自动电器。常用的自动电器有接触器、继电器等。

（2）手动电器　通过人力来完成接通、分断、起动、反向和停止等动作的电器称为手动电器。常用的手动电器有刀开关、转换开关和主令电器等。

3. 按工作原理分类

按工作原理的不同，可将低压电器分为电磁式电器和非电量控制电器。

（1）电磁式电器　利用电磁感应原理来工作的电器称为电磁式电器。常用的电磁式电器有交/直流接触器、各种电磁式继电器和电磁铁等。

（2）非电量控制电器　依靠外力或非电信号（如温度、压力、速度等）的变化而动作的电器称为非电量控制电器。常用的非电量控制电器有刀开关、转换开关、行程开关、温度继电器、压力继电器和速度继电器等。

典型的几类低压电器有刀开关、熔断器、断路器、接触器、继电器、主令电器和起动器。

另外，低压电器按工作条件还可以划分为一般工业电器、船用电器、化工电器、矿用电器、牵引电器及航空电器几类，对不同类型低压电器的防护形式、耐潮湿、耐腐蚀、抗冲击等要求不同。

1.1.2 低压电器的基本结构

下面以电磁式低压电器为例，介绍低压电器的基本结构。

电磁式低压电器大都有两个主要组成部分，即电磁机构（感测部分）和触点系统（执行部分），有些低压电器还有灭弧装置。

1. 电磁机构

电磁机构的主要作用是将电磁能转换成机械能，带动触点动作，从而完成接通或分断电路的功能。常用的电磁机构如图 1-1 所示，由衔铁、铁心和吸引线圈三个基本部分组成。

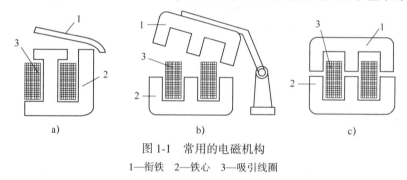

图 1-1 常用的电磁机构
1—衔铁 2—铁心 3—吸引线圈

按吸引线圈所通电流性质的不同，电磁式低压电器可分为直流与交流两大类，它们都是利用电磁铁的原理制成的。

1）直流电磁铁由于通入的是直流电，其铁心不发热，只要线圈发热，因此线圈与铁心接触以利于散热，线圈做成无骨架、高而薄的瘦高形，以改善线圈自身散热能力。铁心和衔铁由软钢和工程纯铁制成。

2）交流电磁铁由于通入的是交流电，铁心中存在磁滞损耗和涡流损耗，线圈和铁心都发热，所以交流电磁铁的吸引线圈有骨架，使铁心与线圈隔离并将线圈制成短而厚的矮胖形，以利于铁心和线圈的散热。铁心用硅钢片叠压而成，以减小涡流损耗。

当线圈中通以直流电时，气隙磁感应强度不变，直流电磁铁的电磁吸力为恒值。当线圈中通以交流电时，磁感应强度为交变量，交流电磁铁的电磁吸力 F 在 0（最小值）~F_m（最大值）之间变化，在一个周期内当电磁吸力的瞬时值大于反作用力时，衔铁吸合；当电磁吸力的瞬时值小于反作用力时，衔铁释放。所以电源电压每变化一个周期，电磁铁吸合两次、释放两次，使电磁机构产生剧烈的振动和噪声，因而不能正常工作。为了消除交流电磁铁产生的振动和噪声，在铁心的端面开一小槽，再内嵌入铜制短路环，如图 1-2 所示。短路环是利用磁通分相的作用，使合成后的吸力在任何时刻都大于反作用力，从而消除振动和噪声。

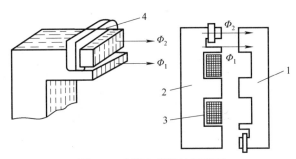

图 1-2　交流电磁铁的短路环

1—衔铁　2—铁心　3—线圈　4—短路环

2. 触点系统

触点是电器的执行部分，起接通和分断电路的作用。触点按其接触形式分为点接触、线接触和面接触 3 种，如图 1-3 所示。点接触型允许通过的电流较小，常用于继电器电路或辅助触点。线接触型和面接触型允许通过的电流较大，常用于大电流的场合，如刀开关、接触器的主触点等。

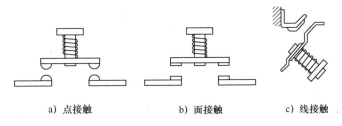

a）点接触　　　　　　b）面接触　　　　　c）线接触

图 1-3　常见的触点机构

3. 灭弧装置

在大气中分断电路时，电场的存在会使触点的表面有大量电子溢出从而产生电弧。电弧一经产生，就会产生大量热能。电弧的存在既容易烧蚀触点的金属表面，缩短电器的使用寿命，又延长了电路的分断时间，所以必须迅速使电弧熄灭。

常用的灭弧方法如下：

（1）机械灭弧　通过机械将电弧迅速拉长，多用于开关电路，如图 1-4 所示。

（2）磁吹灭弧　在一个与触点串联的磁吹线圈产生的磁力作用下，电弧被拉长且被吹入由固体介质构成的灭弧罩内，电弧被冷却熄灭，如图 1-5 所示。

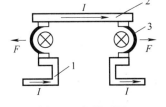

图 1-4　机械灭弧

1—静触点　2—动触点　3—电弧

（3）金属栅片灭弧　当触点分开时，产生的电弧在电场力的作用下被推入一组金属栅片而被分成数段，彼此绝缘的金属片相当于电极，因而将总电弧压降分成几段，各栅片间的电压低于燃弧电压。对交流电弧来说，在电弧过零时使电弧无法继续维持而熄灭，如图 1-6 所示，交流电器常用金属栅片灭弧。

（4）窄缝灭弧　由耐弧陶土、石棉等材料制成的灭弧罩内每相有一个或多个纵缝，缝的上部较窄以便压缩电弧。当触点断开时，电弧被外磁场或电动力吹入缝内，热量传送给罩壁迅速冷却而熄灭电弧。如图 1-7 所示，该方式主要用于交流接触器中。

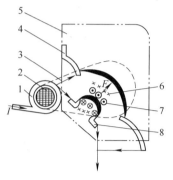

图 1-5 磁吹灭弧原理

1—磁吹线圈 2—铁心 3—引弧角
4—导磁夹板 5—灭弧罩
6—磁吹线圈磁场 7—电弧电流磁场
8—动触点

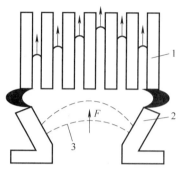

图 1-6 金属栅片灭弧

1—灭弧栅片 2—触点 3—电弧

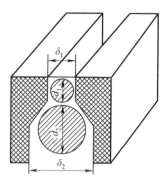

图 1-7 窄缝灭弧

1.2 主要低压电器器件

1.2.1 继电器类

1. 交流接触器

接触器是一种适用于频繁地接通和断开电动机主电路或其他负载电路的控制电器，可以实现远距离自动控制。由于它结构紧凑、价格低廉、工作可靠、维护方便，因而用途十分广泛，是使用量最大、应用面最广的电器之一。

接触器的主要控制对象是电动机，也可用于控制电焊机、电容器组、电热装置和照明设备等其他负载。

接触器是利用电磁吸力及弹簧反作用力的配合动作，使触点闭合与断开的一种电磁开关，接触器能接通和断开负荷电流，但不能切断短路电流，因此常与熔断器、热继电器等配合使用。它具有低电压释放保护功能。

接触器由电磁线圈、铁心、衔铁、触点和固定支架组成。其原理是当接触器的电磁线圈通入电流时，会产生很强的磁场，使衔铁被吸附，安装在衔铁上的动触点也随之与静触点闭合，使电气线路接通。当断开电磁线圈中的电流时，磁场消失，触点在弹簧的作用下恢复到断开状态。接触器的图形符号和文字符号如图 1-8 所示。

接触器有几种不同的分类方式，如按驱动方式可分为电磁接触器、气动接触器和液压接触器；按灭弧介质可分为空气电磁式接触器、油浸式接触器和真空接触器等；按冷却方式可分为自然空冷、油冷和水冷；按主触点控制的电流种类可分为交流接触器、直流接触器；按主触点极数可以分为单极、双极、三极、四极和五极等多种；另外还有建筑用接触器、机械联锁（可逆）接触器和

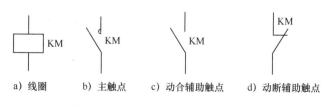

a) 线圈   b) 主触点   c) 动合辅助触点   d) 动断辅助触点

图 1-8 接触器的图形符号和文字符号

智能化接触器等。

下面重点介绍电磁接触器中的交流接触器：

（1）交流接触器的结构　交流接触器主要由电磁系统、触点系统和灭弧装置及其他部件四部分组成。

1）电磁机构　电磁机构主要用于产生电磁吸力（动力）。电磁机构由线圈、动铁心（衔铁）和静铁心组成，其作用是将电磁能转换成机械能，产生电磁吸力带动触点动作。交流接触器的电磁线圈是由绝缘铜导线绕制在铁心上，铁心由硅片叠压而成，以减少铁心中的涡流损耗，避免铁心过热。在铁心上装有一个短路铜环，其作用是减少交流接触器吸合时产生的振动和噪声，故又称减振环，其材料为铜、康铜或镍铬合金等。

2）触点系统　触点系统主要用于通断电路或传递信号，包括主触点和辅助触点。主触点用于通断电流较大的主电路，通常为 3 对动合触点；辅助触点用于控制电路，通断电流较小的控制电路，常在控制电路中起电气自锁或互锁作用，一般各有两对动合、动断触点。

3）灭弧装置　灭弧装置用来熄灭触点在切断电路时所产生的电弧，保护触点不受电弧灼伤。容量在 10A 以上的接触器都有灭弧装置，对于小容量的接触器，常采用双断口触点灭弧、电动力灭弧及陶土灭弧罩灭弧。对于大容量的接触器，采用纵缝灭弧罩及栅片灭弧。

4）其他部件　包括反作用弹簧、缓冲弹簧、触点压力弹簧、传动机构及外壳等。

交流接触器的实物图如图 1-9a 所示。

（2）交流接触器的工作原理　交流接触器的工作原理图如图 1-9b 所示。交流接触器的工作原理如下：线圈通电后，在铁心中产生磁通及电磁吸力。此电磁吸力克服弹簧反力使得衔铁吸合，带动触点机构动作，动断触点断开，动合触点闭合，接通线路。线圈失电或线圈两端电压显著降低时，电磁吸力小于弹簧反力，使得衔铁释放，触点恢复线圈未通电时的状态，断开线路。

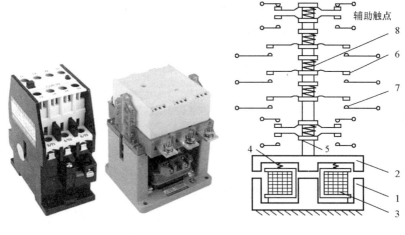

a）交流接触器的实物图　　　　b）交流接触器的工作原理图

图 1-9　交流接触器的典型结构

1—铁心　2—衔铁　3—线圈　4—复位弹簧　5—绝缘支架　6—动触点　7—静触点　8—触点弹簧

（3）交流接触器的基本参数

1）额定电压：指主触点额定工作电压，应等于负载的额定电压。一只接触器常规定几个额定电压，同时列出相应的额定电流或控制功率。通常，最大工作电压即为额定电压。常用的额定电压值为 220V、380V、660V。

2）额定电流：接触器触点在额定工作条件下的电流值。常用额定电流等级为 5A、10A、20A、40A、60A、100A、150A、250A、400A、600A。

3）通断能力：可分为最大接通电流和最大分断电流。最大接通电流是指触点闭合时不会造成触点熔焊时的最大电流值；最大分断电流是指触点断开时能可靠灭弧的最大电流。一般通断能力是额定电流的 5~10 倍。当然，这一数值与开断电路的电压等级有关，电压越高，通断能力越小。

4）动作值：可分为吸合电压和释放电压。吸合电压是指接触器吸合前，缓慢增加吸合线圈两端的电压，接触器可以吸合时的最小电压。释放电压是指接触器吸合后，缓慢降低吸合线圈的电压，接触器释放时的最大电压。一般规定，吸合电压不低于线圈额定电压的85%，释放电压不高于线圈额定电压的 70%。

5）吸引线圈额定电压：指接触器正常工作时吸引线圈上所加的电压值。一般该电压值以及线圈的匝数、线径等数据均标于线包上，而不是标于接触器外壳铭牌上，使用时应加以注意。

6）操作频率：接触器在吸合瞬间，吸引线圈需消耗比额定电流大 5~7 倍的电流，如果操作频率过高，则会使线圈严重发热，直接影响接触器的正常使用。为此，规定了接触器的允许操作频率，一般为每小时允许操作次数的最大值。

7）寿命：包括电气寿命和机械寿命。目前接触器的机械寿命已达 1000 万次以上，电气寿命是机械寿命的 5%~20%。

（4）接触器的选用　接触器的选用，应根据负载的类型和工作参数合理选用。具体分为以下步骤：

步骤一，选择接触器的类型。交流接触器按负载种类一般分为一类、二类、三类和四类，分别记为 AC1、AC2、AC3 和 AC4。一类交流接触器对应的控制对象是无感或微感负载，如白炽灯、电阻炉等；二类交流接触器用于绕线转子异步电动机的起动和停止；三类交流接触器的典型用途是控制笼型异步电动机的运转和运行中分断；四类交流接触器用于笼型异步电动机的起动、反接制动、反转和点动。

步骤二，选择接触器的额定参数。根据被控对象和工作参数，如电压、电流、功率、频率及工作制等确定接触器的额定参数。

1）接触器的线圈电压，一般应选得低一些，这样对接触器的绝缘要求可以降低，使用时也较安全。但为了方便和减少设备，常按实际电网电压选取。

2）所用电动机的操作频率不高的电器，如压缩机、水泵、风机、空调、压力机等，接触器额定电流大于负载额定电流即可。接触器类型可选用 CJ20 系列等。

3）对于重任务型电动机，如机床主电动机、升降设备、绞盘及破碎机等，其平均操作频率超过 100 次/min，经常运行于起动、点动、正反向制动、反接制动等状态，可选用CJ12 系列的接触器。为了保证电气寿命，可使接触器降容使用。选用时，接触器额定电流应大于电动机额定电流。

4）对于特重任务型电动机，如印刷机及镗床等，其操作频率很高，可达 10~200 次/min，经常运行于起动、反接制动、反向转动等状态，接触器大致可按电气寿命及起动电流选用，接触器选 CJ12 系列等。

5）交流电路中的电容器投入电网或从电网中切除时，所使用接触器的选择应考虑电容器的合闸冲击电流。一般接触器的额定电流可按电容器额定电流的 1.5 倍选取，型号选 CJ20 系列等。

6）用接触器对变压器进行控制时，应考虑浪涌电流的大小。如交流电弧焊机、电阻焊机等，一般可按变压器额定电流的 2 倍选取接触器，型号选 CJ20 系列等。

7）对于电热设备，如电炉、电热器等，负载的冷态电阻较小，因此起动电流相应要大一些。选用接触器时可不用考虑起动电流，直接按负载额定电流选取，可选用 CJ20 系列等。

8）由于气体放电灯起动电流大、起动时间长，对于此类照明设备的控制，可按额定电流 1.1~1.4 倍选取接触器，可选 CJ20 系列等。

9）接触器额定电流是指接触器长期工作时的最大允许电流，持续时间小于等于 8h，接触器安装于敞开的控制板上，如果冷却条件较差，选用接触器时，接触器的额定电流按负载额定电流的 110%~120% 选取。对于长时间工作的电动机，由于其氧化膜没有机会得到清除，使接触器电阻增大，导致触点发热超过允许温升。实际选用时，可将接触器的额定电流减小 30% 使用。

我国生产的交流接触器常用的有 CJ12、CJX1、CJ20 等系列及其派生系列产品，CJ0 系列及其改型产品已逐步被 CJ20、CJX 系列产品所取代。上述系列产品一般具有三对动合主触点，动合、动断辅助触点各两对。直流接触器常用的有 CZ0 系列，分单极和双极两大类，动合、动断辅助触点各不超过两对。

除以上常用系列外，我国还引进了一些生产线，生产了一些满足 IEC 标准的交流接触器，下面做简单介绍：

CJ12B-S 系列锁扣接触器用于交流 50Hz，电压 380V 及以下、电流 600A 及以下的配电电路中，供远距离接通和分断电路用，并适用于不频繁地起动和停止交流电动机。它具有正常工作时吸引线圈不通电、无噪声等特点。其锁扣机构位于电磁系统的下方，锁扣机构靠吸引线圈通电，吸引线圈断电后靠锁扣机构保持在锁住位置。由于线圈不通电，不仅无电力损耗，而且消除了磁噪声。

西门子公司的 3TB 系列、BBC 公司的 B 系列交流接触器，它们主要供远距离接通和分断电路，并适用于频繁地起动及控制交流电动机。3TB 系列产品具有结构紧凑、机械寿命和电气寿命长、安装方便、可靠性高等特点，额定电压为 220~660V，额定电流为 9~630A。

2. 电磁式继电器

电磁式继电器的结构及工作原理与接触器大体相同，也是由电磁机构和触点系统等组成，但也有一些不同之处，继电器触点容量较小（一般为 5A 以下）且无灭弧装置，对其动作准确性要求较高。

电磁式继电器装设不同的线圈后可分别制成电流继电器、电压继电器和中间继电器。这种继电器的线圈有交流和直流两种，直流继电器再加装一个阻尼铜套后可以构成电磁式时间继电器。

（1）电磁式电流继电器　触点的动作与线圈电流大小有关的继电器称为电流继电器。电流继电器用于电力拖动系统的电流保护和控制。其线圈串联接入主电路，用来感测主电路的线路电流，线圈匝数较少，导线较粗；触点接于控制电路，为执行元件。常用的电流继电器有欠电流继电器和过电流继电器两种。

1) 欠电流继电器起欠电流保护作用，使衔铁吸合的电流为线圈额定电流的 30%~65%，释放电流为额定电流的 10%~20%，因此，在电路正常工作时，衔铁是吸合的，只有当电流降低到某一整定值时，继电器释放，控制电路失电，从而控制接触器及时分断电路。

2) 过电流继电器在电路正常工作时不动作，整定范围通常为额定电流的 1.1~4 倍，当被保护线路的电流高于额定值，达到过电流继电器的整定值时，衔铁吸合，触点机构动作，控制电路失电，从而控制接触器及时分断电路，对电路起过电流保护作用。

电流继电器的图形符号和文字符号如图 1-10 所示。

a) 过电流继电器线圈   b) 欠电流继电器线圈   c) 动合触点   d) 动断触点

图 1-10   电流继电器的图形符号和文字符号

（2）电磁式电压继电器   触点的动作与线圈电压大小有关的继电器称为电压继电器。电压继电器用于电力拖动系统的电压保护和控制。其线圈并联接入主电路，感测主电路的电路电压，线圈匝数较多，导线较细；触点接于控制电路，为执行元件。按吸合电压的大小，电压继电器可分为过电压继电器和欠电压继电器。

1) 过电压继电器用于电路的过电压保护，其吸合整定值为被保护电路额定电压的 1.05~1.2 倍。当被保护电路电压正常时，衔铁不动作；当被保护电路的电压高于额定值，达到过电压继电器的整定值时，衔铁吸合，触点机构动作，控制电路失电，控制接触器及时分断被保护电路。

2) 欠电压继电器用于电路的欠电压保护，其释放整定值为被保护电路额定电压的 10%~60%。当被保护电路电压正常时，衔铁可靠吸合；当被保护电路电压降至欠电压继电器的释放整定值时，衔铁释放，触点机构复位，控制接触器及时分断被保护电路。

3) 零电压继电器是当电路电压降低到额定电压的 5%~25% 时释放，对电路实现零电压保护，用于电路的失电压保护。

电压继电器的图形符号和文字符号如图 1-11 所示。

a) 过电压继电器线圈   b) 欠电压继电器线圈   c) 动合触点   d) 动断触点

图 1-11   电压继电器的图形符号和文字符号

（3）电磁式中间继电器   在控制电路中起信号传递、放大、切换和逻辑控制等作用的继电器称为中间继电器。中间继电器是将一个输入信号变成一个或多个输出信号的继电器。它的输入信号为线圈的通电和断电信号，输出信号是触点的动作，不同动作状态的触点分别将信号传给几个组件或回路。其主要用途为：当其他继电器的触点对数或触点容量不够时，可借助中间继电器来扩大它们的触点数量和触点容量，起到中间转换作用。

中间继电器的基本结构及工作原理与接触器基本相同，故称为接触器式继电器。所不同的是中间继电器的触点对数较多，并且没有主辅之分，各对触点允许通过的电流大小是相同的，其额定电流是 5A，无灭弧装置。因此，对于工作电流小于 5A 的电气控制线路，可用中间继电器代替接触器进行控制，其外形如图 1-12 所示。

图 1-12　中间继电器图外形图

常用的中间继电器是 JZ7 系列中间继电器，采用双触点桥式结构，上下两层各有四对触点，下层触点只能是动合触点。常见触点系统可分为八动合触点、六动合触点及两动断触点、四动合触点及四动断触点等组合形式。继电器吸引线圈额定电压有直流 5V、12V、24V、36V 和交流 110V、220V、380V 等。

中间继电器的图形符号和文字符号如图 1-13 所示。

3. 时间继电器

时间继电器是利用电磁原理或机械动作原理实现触点延时闭合或延时断开的自动控制电器，主要适用于需要按时间顺序进行控制的电气控制系统中。当得到输入信号（线圈的通电或断电）时，开始计时，经过一定的延时后输出信号（触点的闭合或断开）。时间继电器是一种最常见的低压控制器件。

图 1-13　中间继电器的图形符号和文字符号

根据延时方式的不同，可分为通电延时继电器和断电延时继电器。

1）通电延时继电器接收输入信号后，延迟一定的时间输出信号才发生变化，而当输入信号消失后，输出信号瞬时复位。

2）断电延时继电器接收输入信号后，瞬时产生输出信号，而当输入信号消失后，延迟一定的时间输出信号才复位。

时间继电器按工作原理分为电子式、空气阻尼式、电磁式和电动式时间继电器等几种类型。电磁式、电动式和空气阻尼式时间继电器是传统的时间继电器，在早期的机电系统中普遍采用，但其存在着定时精度低、故障率高等问题。电子式时间继电器是新型的时间继电器，发展非常迅速。由于电子技术的飞速发展，使得电子式时间继电器的制造成本与传统的时间继电器相当，但其性能大大提高，功能不断扩展，所以已逐渐成为时间继电器的主流。

电子式时间继电器是采用晶体管或集成电路和电子组件等构成。目前已有采用单片机控制的时间继电器。电子式时间继电器具有延时范围广、精度高、体积小、耐冲击和耐振动、调节方便及寿命长等优点，所以发展很快，应用广泛。

电子式时间继电器可分为晶体管式时间继电器和数字式时间继电器。

（1）晶体管式时间继电器　晶体管式时间继电器除执行继电器外，均由电子组件组成，无机械运动部件，具有延时范围宽、控制功率小、体积小和经久耐用等优点，正日益得到广泛的应用。其原理框图如图 1-14 所示。

晶体管式时间继电器分为通电延时型、断电延时型和带瞬动触点的通电延时型。它们均是利用电容对电压变化的阻尼作用作为延时的基础，即时间继电器工作时首先通过电阻对电容充电，待电容上的电

图 1-14 晶体管式时间继电器的原理框图

压值达到预定值时，驱动电路使执行继电器接通，实现延时输出，同时自锁并放掉电容上的电荷，为下次工作做好准备。

（2）数字式时间继电器 与晶体管式时间继电器相比，数字式时间继电器的延时范围可成倍增加，定时精度可提高两个数量级以上，控制功率和体积更小，适用于各种需要精确延时的场合以及各种自动化控制电路中。这类时间继电器功能特别强，有通电延时、断电延时、定时吸合和循环延时 4 种延时形式，十几种延时范围供用户选择，可以数字显示，这是晶体管式时间继电器无法比拟的。其原理框图如图 1-15 所示。

近年来随着微电子技术的发展，采用集成电路、功率电路和单片机等电子组件构成的新型时间继电器大量面市，如DHC6 多制式单片机控制时间继电器，J5S17、J3320、JSZ13等系列大规模集成电路数字式

图 1-15 数字式时间继电器的原理框图

时间继电器，J5145 等系列电子式数显时间继电器，J5G1 等系列固态时间继电器等。

DHC6 多制式单片机控制时间继电器是为适应工业自动化控制水平越来越高的要求而生产的。多制式时间继电器可使用户根据需要选择最合适的制式，使用较简便的方法达到以往需要较复杂接线才能达到的控制功能。这样既节省了中间控制环节，又大大提高了电气控制的可靠性。

DHC6 多制式时间继电器采用单片机控制，LCD 显示，具有 9 种工作制式，正计时、倒计时任意设定，8 种延时时段，延时范围从 0.01s~999.9h 任意设定，键盘设定，设定完成之后可以锁定按键，防止误操作，可按要求任意选择控制模式，使控制电路简单可靠。

J5S17 系列时间继电器由大规模集成电路、稳压电源、拨动开关、4 位 LED 数码显示器、执行继电器及塑料外壳几部分组成。它采用 32kHz 石英晶体振荡器，安装方式有面板式和装置式两种。装置式插座可用 M4 螺钉固定在安装板上，也可以安装在 35mm 标准安装导轨上。

J5S20 系列时间继电器是 4 位数字显示的小型时间继电器，它采用晶振作为时间基准。采用大规模集成电路技术，不但可以实现长达 9999h 的长延时，还可保证其延时精度。配用不同的安装插座及附件可应用在面板安装、35mm 标准安装导轨及螺钉安装的场合。

时间继电器图形符号和文字符号如图 1-16 所示。

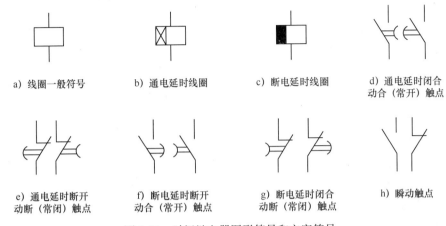

a) 线圈一般符号　　b) 通电延时线圈　　c) 断电延时线圈　　d) 通电延时闭合
　　　　　　　　　　　　　　　　　　　　　　　　　　　　　　动合（常开）触点

e) 通电延时断开　　f) 断电延时断开　　g) 断电延时闭合　　h) 瞬动触点
动断（常闭）触点　　动合（常开）触点　　动断（常闭）触点

图 1-16　时间继电器图形符号和文字符号

4. 固态继电器

固态继电器（Solid State Relay，SSR）是一种采用固态半导体元器件组装而成的具有继电特性的无触点开关器件。它利用电子元器件的电、磁和光特性来实现输入与输出的可靠隔离，利用大功率晶体管、功率场效应晶体管、单向晶闸管和双向晶闸管等器件的开关特性，实现无触点、无火花的接通和断开电路。固态继电器与电磁式继电器相比，不含运动部件，没有机械运动，但具有与电磁式继电器相同的功能。固态继电器具有工作可靠、寿命长、能与逻辑电路兼容、抗干扰能力强、开关速度快和使用方便等一系列优点，在自动控制系统中得到了广泛应用。

（1）固态继电器的分类　单相 SSR 为四端有源器件，其中两个为输入端，两个为输出端，中间采用隔离器件，实现输入与输出的电隔离。固态继电器种类很多，可按以下几种方式分类：

1）按切换负载性质分，有直流型固态继电器（DC-SSR）和交流型固态继电器（AC-SSR）两种。其中，DC-SSR 以晶体管作为开关器件，AC-SSR 以晶闸管作为开关器件。

2）按输入与输出之间的隔离方式分，有光电隔离型、磁隔离型和混合型三种，其中以光电隔离型最多。

3）AC-SSR 按控制触发信号不同，可分为过零触发型和随即导通型两种。过零触发型 AC-SSR 是当控制信号输入后，在交流电源经过零电压附近时导通，故干扰很小；随即导通型 AC-SSR 则在交流电源的任一相位上导通或关断，因此在导通瞬间可能产生较大的干扰。

（2）固态继电器的工作原理　固态继电器由输入电路、隔离（耦合）电路和输出电路等部分组成，其工作原理框图如图 1-17 所示。其中，A、B 两个端子为输入控制端，C、D 两个端子为输出受控端。工作时只要在 A、B 上加上一定的控制信号，就可以控制 C、D 两端之间的"通"和"断"，实现"开关"的功能。为实现输入与输出之间的电气隔离，采用了耐高压的专业光耦合器。按输入电压的不同类别，输入电路可分为直流输入电路、交流输入电路和交直流输入电路三种。输出电路也可分为直流

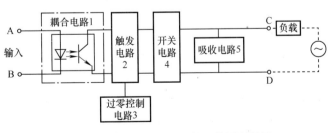

图 1-17　交流固态继电器的工作原理框图

11

输出电路、交流输出电路和交直流输出电路等形式。交流输出时，通常使用两个晶闸管或一个双向晶闸管；直流输出时，可使用晶体管或功率场效应晶体管。

图 1-17 中触发电路 2 的功能是产生符合要求的触发信号，驱动开关电路 4 工作，但由于开关电路在不加特殊控制电路时，将产生射频干扰并以高次谐波或尖峰等污染电网，为此特设过零控制电路 3。所谓"过零"是指当加入控制信号，交流电压过零时，SSR 即为通态；而当断开控制信号后，SSR 要等待到交流电的正半周与负半周的交界点（零电位）时，SSR 才为断态。这种设计能防止高次谐波的干扰。吸收电路 5 是为防止从电源中传来的尖峰、浪涌电压对双向晶闸管的冲击和干扰（甚至误动作）而设计的，交流负载的吸收电路一般采用 RC 串联吸收电路或非线性电阻（如压敏电阻器）。

直流型 SSR 与交流型 SSR 相比，无过零控制电路，也不必设置吸收电路，开关器件一般用大功率晶体管，其他工作原理相同。直流型 SSR 在使用时应注意以下几点：

1）负载为感性负载时，如直流电磁阀或电磁铁，应在负载两端并联一只二极管，极性如图 1-18 所示。二极管的电流应等于工作电流，电压应大于工作电压的 4 倍。

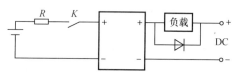

图 1-18　直流固态继电器负载并联二极管图

2）SSR 工作时应尽量把它靠近负载，其输出引线应满足负载电流的需要。

3）使用电源属于经交流降压整流所得的，其滤波电解电容应足够大。

（3）固态继电器的选用　SSR 的不足之处是关断后有漏电流，另外，在过载能力方面不如电磁式继电器。主要参数：输入参数包括输入信号电压、输入电流限制、输入阻抗；输出参数包括标称电压和标称电流、断态漏电流、导通电压等。选用时应注意以下几点：

1）固态继电器的选择应根据负载的类型（交流、直流）来确定，并要采用有效的过电压保护。

2）输出端要采用 RC 浪涌吸收电路或非线性压敏电阻吸收瞬变电压。

3）过电流保护应采用专门保护半导体器件的熔断器或动作时间小于 10ms 的低压断路器。

4）固态继电器对温度的敏感性很强，工作温度超过标称值后，必须降温或外加散热器。安装时应注意散热器与固态继电器底部，要求接触良好且对地绝缘。一般额定工作电流在 10A 以上的产品应配散热器，100A 以上的产品应配散热器加风扇强冷。

5）切忌负载侧两端短路，以免固态继电器损坏。

6）在低电压要求信号失真小的场合，可选用采用场效应晶体管作为输出器件的直流固态继电器；对交流阻性负载和多数感性负载，可选用过零触发型固态继电器，这样可延长负载和继电器的使用寿命，也可减小自身的射频干扰；在作为相位输出控制时，应选用随即导通型固态继电器。

7）在安装使用时，应远离电磁干扰和射频干扰源，以防固态继电器误动失控。

5. 速度继电器

速度继电器又称为反接制动继电器，它主要用于笼型异步电动机的反接制动控制。感应式速度继电器的原理如图 1-19 所示，它是靠电磁感应原理实现触点动作的。

从结构上看，速度继电器与交流电动机类似，主要由定子、转子和触点 3 部分组成。定子的结构与笼型异步电动机相似，是一个笼型空心圆环，由硅钢片冲压而成，并装有笼型线圈。转子是一个圆柱形永久磁铁。

速度继电器的轴与电动机的轴相连接。转子固定在轴上，定子与轴同心。当电动机转动时，速度继电器的转子随之转动，线圈切割磁场产生感应电动势和电流，此电流和永久磁铁的磁场作用产生转矩，使定子向轴的转动方向偏摆，通过定子柄拨动触点，使动断触点断开、动合触点闭合。当电动机转速下降到接近零时，转矩减小，定子柄在弹簧力的作用下恢复原位，触点也复原。速度继电器根据电动机的额定转速进行选用。其图形符号和文字符号如图 1-20 所示。

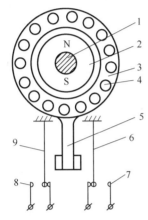

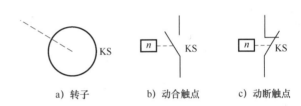

a) 转子　　　　b) 动合触点　　　c) 动断触点

图 1-19　速度继电器结构原理图　　　　　　图 1-20　速度继电器图形符号和文字符号
1—转轴　2—转子　3—定子　4—线圈
5—摆锤　6、9—簧片　7、8—静触点

常用的感应式速度继电器有 JY1 和 JFZ0 系列。JY1 系列继电器能在 3000r/min 的转速下可靠工作。JFZ0 系列继电器触点动作速度不受定子柄偏转快慢的影响，触点改用微动开关。JFZ0 系列 JFZ0-1 型继电器适用于 300～1000r/min 的转速下工作。JFZ0-2 型适用于 1000～3000r/min 的转速下工作。速度继电器有两对动合、动断触点，分别对应于被控电动机的正、反转运行。一般情况下，速度继电器触点在转速达到 120r/min 时能动作，在转速达到 100r/min 左右时能恢复原位。

6. 热继电器

热继电器又称热电偶，主要用于电力拖动系统中电动机负载的过载保护。电动机在实际运行时，如拖动生产机械进行工作过程中，若机械出现不正常的情况或电路异常使电动机遇到过载，则电动机转速下降、线圈中的电流将增大，使电动机的线圈温度升高。若过载电流不大且过载的时间较短，电动机线圈不超过允许温升，这种过载是允许的。但若过载时间长，过载电流大，电动机线圈的温升超过允许值，使电动机线圈老化，缩短电动机的使用寿命，严重时甚至会使电动机线圈烧毁。所以，这种过载是电动机不能承受的。热继电器就是利用电流的热效应原理，在出现电动机不能承受的过载时切断电动机电路，为电动机提供过载保护的保护电器。

（1）热继电器的结构与工作原理　热继电器的实物如图 1-21 所示，原理如图 1-22 所示。热继电器主要由热组件、双金属片和触点组成，利用电流热效应原理工作。热组件由发热电阻丝做成。双金属片由两种热膨胀系数不同的金属辗压而成，下层一片的热膨胀系数大，上层一片的热膨胀系数小。当双金属片受热时，会出现弯曲变形。使用时，把热组件串接于电动机的主电路中，而常闭触点串接于电动机的控制电路中。

图 1-21　热继电器的实物图

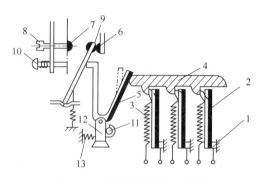

图 1-22　热继电器原理示意图

1—推杆　2—主双金属片　3—热组件　4—导板
5—补偿双金属片　6—静触点（动断）　7—静触点（动合）
8—复位调节螺钉　9—动触点　10—复位按钮
11—调节旋钮　12—支撑件　13—弹簧

当电动机正常运行时，热组件产生的热量虽能使双金属片弯曲，但还不足以使热继电器的触点动作。当电动机过载时，双金属片弯曲位移增大，推动导板使动断触点断开，从而切断电动机控制电路以起保护作用。热继电器动作后一般不能自动复位，要等双金属片冷却后按下复位按钮复位。热继电器动作电流的调节可以借助旋转凸轮于不同位置来实现。

热继电器的双金属片从升温到发生形变断开动断触点有一个时间过程，不可能在短路瞬时迅速分断电路，所以不能作为短路保护，只能作为过载保护。这种特性符合电动机等负载的需要，可避免电动机起动时的短时过电流造成不必要的停车。热继电器在保护形式上分为二相保护式和三相保护式两类。

（2）热继电器的技术参数

1）整定电流。热继电器的主要技术数据是整定电流。整定电流是指长期通过发热组件而不致使热继电器动作的最大电流。当发热组件中通过的电流超过整定电流值的 20% 时，热继电器应在 20min 内动作。热继电器的整定电流大小可通过整定电流旋钮来改变。选用和整定热继电器时一定要使整定电流值与电动机的额定电流值一致。

由于热继电器是受热而动作的，热惯性较大，因而即使通过发热组件的电流短时间内超过整定电流几倍，热继电器也不会立即动作。只有这样，在电动机起动时热继电器才不会因起动电流大而动作，否则电动机将无法起动。反之，如果电流超过整定电流不多，但时间一长也会动作。由此可见，热继电器与熔断器的作用是不同的，热继电器只能作为过载保护而不能作为短路保护，熔断器则只能作为短路保护而不能作为过载保护。在一个较完善的控制电路中，特别是功率较大的电动机中，这两种保护都应具备。

2）额定电压。热继电器能够正常工作的最高电压值，一般为交流 220V、380V、600V。

3）额定频率。一般而言，其额定频率按照 45~62Hz 设计。

（3）带断相保护的热继电器　有些型号的热继电器还具有断相保护功能。

1）断相原因及危害。三相异步电动机在断相情况下运行，会造成电动机定子绕组烧毁的事故。造成断相运行的原因有多种，如：供电变压器的一次侧或二次侧的一相熔断器熔断，电动机供电线路有故障，熔丝螺钉未拧紧或拧得过紧；熔丝选择不合适或熔芯质量不好，个别提早拧断；电动机绕组一相断线或接线处接头接触不良，铜铝接头处发生电化反应，造成接触电阻增大等。

三相异步电动机断相运行，会烧损电动机的原因是：一相断电后，逆序磁场产生较大的制动力矩，减少了电动机的输出力矩，当外加负载不变时，转差率增大，定子绕组中的电流比正常运转时增大很多（如负载为 100%时，电流将增大到额定电流的 1.7～2.0 倍），致使铜损增大。此外，电动机转子被接近于 100Hz 的逆序磁场交变磁化，铁损也增大。由于铜损、铁损都增大，结果使电动机温度增高，最终导致定子绕组烧毁。

2）热继电器的断相保护原理。由于热继电器是串联在电动机主电路中的，所以其通过的电流就是线电流。对于丫联结，当电路发生断相运行时，另两相电流明显增大，流过热继电器的电流等于电动机相（绕组）电流，热继电器可以起到保护作用。而对于△联结，电动机的相电流小于线电流，热继电器是按线电流来整定的，当电路发生断相运行时，另两相电流明显增大，但不至于超过线电流值或超过的数值有限，这时热继电器就不会动作，也就起不到保护作用。所以，对于△联结的电路必须采用带断相保护装置的热继电器。

带断相保护装置的热继电器是在普通热继电器的基础上增加一个差动机构，对 3 个电流进行比较。其原理图如图 1-23 所示。

图 1-23a 是通电前的位置；图 1-23b 是三相均通以额定电流，即正常通电时的情况，此时三相双金属片均匀受热，同时向左弯曲，内、外导板一起平行左移一段距离到达图示位置；图 1-23c 是当三相电流均衡过载时，三相双金属片同时向左弯曲，推动下导板 2 向左移动，通过杠杆 5 使动断触点断开，从而切断控制电路，达到保护电动机的目的；图 1-23d 是 C 相断路时，则该相双金属片逐渐冷却并向右弯曲，推动上导板向右移，而另两相双金属片在电流加热下仍使下导板向左移，这样，上导板、下导板一左一右移动，产生

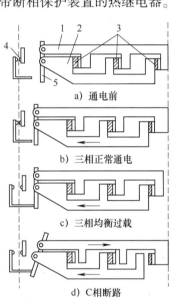

a) 通电前

b) 三相正常通电

c) 三相均衡过载

d) C 相断路

图 1-23 热继电器差动式断相保护机构动作原理图
1—上导板 2—下导板 3—双金属片 4—动断触点 5—杠杆

了差动作用，并通过杠杆的放大作用，使触点迅速动作，切断控制回路，从而保护电动机。

（4）热继电器的选用 选用热继电器时需要注意以下几个问题：

1）在电动机短时过载和起动的瞬间，热继电器应不受影响（不动作）。

2）当热继电器用于保护长期工作制或间断长期工作制的电动机时，一般按电动机的额定电流来选用。例如，热继电器的整定值可等于 0.95～1.05 倍的电动机额定电流，或者取热继电器整定电流的中值等于电动机的额定电流，然后进行调整。

3）当热继电器用于保护反复短时工作制的电动机时，热继电器仅有一定范围的适应性。如果短时间内操作次数很多，就要选用带速饱和电流互感器的热继电器。

4）对于正反转和通断频繁的特殊工作制电动机，不宜采用热继电器作为过载保护装置，而应使用埋入电动机线圈的温度继电器或热敏电阻来保护。

5）为了正确地反映电动机的发热，在选择热继电器时应采用适当的热组件，即热组件的额定电流与电动机的额定电流值相等。同一种热继电器有多种规模的热组件。

6）注意热继电器所处的周围环境温度，应保证它与电动机有相同的散热条件，特别是有温度补偿装置的热继电器。

7）由于热继电器有热惯性，大电流出现时不能立即动作，故热继电器不能用作为短路保护。

8）用热继电器保护三相异步电动机时，至少需要用有两个热组件的热继电器，从而在不正常的工作状态下，也可对电动机进行过载保护。例如，电动机单相运行时，至少有一个热组件能起作用。当然，最好采用有 3 个热组件带断相保护的热继电器。

我国目前生产的热继电器主要有 JR0、JR1、JR2、JR9、JR10、JR15、JR16 等系列。

① JR1、JR2 系列热继电器采用间接受热方式，其主要缺点是双金属片靠热组件间接加热，热耦合较差；双金属片的弯曲程度受环境温度影响较大，不能正确反映负载的过电流情况。

② JR15、JR16 等系列热继电器采用复合加热方式并采用了温度补偿组件，因此较能正确反映负载的工作情况。

③ JR16 和 JR20 系列热继电器均为带断相保护的热继电器，具有差动式断相保护机构。

热继电器的选择主要根据电动机定子绕组的联结方式来确定热继电器的型号，在三相异步电动机电路中，对Y联结的电动机可选两相或三相结构的热继电器，一般采用两相结构的热继电器，即在两相主电路中串接热组件。对于三相感应电动机，定子绕组为△联结的电动机必须采用带断相保护的热继电器。

a) 热组件 b) 动断触点

图 1-24 热继电器的图形符号和文字符号

（5）热继电器的图形符号和文字符号 热继电器的图形符号和文字符号如图 1-24 所示。

7. 晶闸管

（1）晶闸管外形结构与工作原理 从外形上看，晶闸管主要有螺栓型和平板型两种封装结构，均引出阳极 A、阴极 K 和控制极 G 3 个连接端。对于螺栓型封装，通常螺栓是其阳极，做成螺栓状是为了能与散热器紧密连接且安装方便。另一侧较粗的端子为阴极，细的为控制极。平板型封装的晶闸管可由两个散热器将其夹在中间，其两个平面分别是阳极和阴极，引出的细长端子为控制极。图 1-25a 所示为晶闸管的外形结构，图 1-25b 所示为晶闸管的图形符号和文字符号。

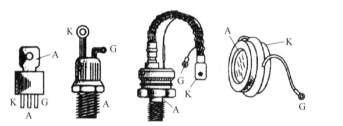

a) 外形结构 b) 图形符号和文字符号

图 1-25 晶闸管外形结构和电气符号

晶闸管内部是 PNPN 4 层电子结构，分别命名为 P_1、N_1、P_2、N_2 4 个区，如图 1-26a 所示。P_1 区引出阳极 A，N_2 区引出阴极 K，P_2 区引出控制极 G。4 个区形成 J_1、J_2、J_3 3 个

PN 结。如果正向电压（阳极高于阴极）加到器件上，则 J_2 处于反向偏置状态，器件 A、K 两端之间处于阻断状态，只能流过很小的漏电流。如果反向电压加到器件上，则 J_1 和 J_3 反偏，该器件也处于阻断状态，仅有极小的反向漏电流通过。晶闸管导通的工作原理可以用双晶体管模型来解释，如图 1-26b 所示。

晶闸管可视为由 $P_1 N_1 P_2$ 和 $N_1 P_2 N_2$ 构成的两个晶体管 V_1、V_2 组合而成，如图 1-26b 所示。如果外电路向控制极注入驱动电流 I_G，则 I_G 流入晶体管 V_2 的基极，即产生集电极电流 I_{C2}；I_{C2} 构成晶体管 V_1 的基极电流，它被放大成集电极电流 I_{C1}，又进一步增大 V_2 的基极电流……如此形成强烈的正反馈，最后 V_1 和 V_2 进入完全饱和状态，即晶闸管导通。此时如果撤掉外电路注入控制极的电流 I_G，晶闸管由于内部已形成了强烈的正反馈会仍然维持导通状态，如图 1-26c 所示。若要使晶闸管关断，必须去掉阳极所加的正向电压，或者给阳极施加反向电压，或者设法使流过晶闸管的电流降低到接近于零的某一数值以下。

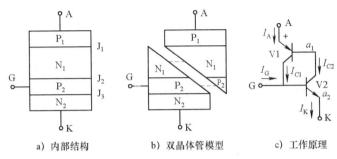

a) 内部结构　　b) 双晶体管模型　　c) 工作原理

图 1-26　晶闸管的内部结构、双晶体管模型及其工作原理

向晶闸管控制极注入驱动电流 I_G 的过程称为触发，产生注入控制极的触发电流 I_G 的电路称为控制极触发电路。由于通过其控制极只能控制晶闸管开通，不能控制其关断，因此晶闸管被称为半控型器件。

（2）晶闸管的伏安特性　晶闸管的伏安特性如图 1-27 所示。位于第 I 象限的是正向特性，位于第 III 象限的是反向特性。当 $I_G = 0$ 时，如果在器件两端施加正向电压，则晶闸管处于正向阻断状态，只有很小的正向漏电流流过。如果正向电压超过临界极限——正向转折电压 U_{BO}，则漏电流急剧增大，器件开通（由高阻区经虚线负阻区到低阻区）。

随着控制极电流幅值的增大，正向转折电压降低。导通后的晶闸管特性和二极管的正向特性相仿。晶闸管本身的压降也很小，在 1V 左右。导通期间，如果控制极电流为

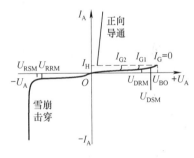

图 1-27　晶闸管的伏安特性

零，并且阳极电流降至接近于零的某一数值 I_H 以下，则晶闸管又回到正向阻断状态。I_H 称为维持电流。当在晶闸管上施加反向电压时，其伏安特性类似二极管的反向特性。晶闸管处于反向阻断状态时，只有极小的反向漏电流通过。当反向电压超过一定限度，到达反向击穿电压后，外电路如无限制措施，则反向漏电流急剧增大，会导致晶闸管发热损坏。

总结前面介绍的工作原理，分析晶闸管的伏安特性，可以简单归纳出晶闸管正常工作时的 4 个特点：

1）当晶闸管承受反向电压时，不论控制极是否有触发电流，晶闸管都不会导通。

2）当晶闸管承受正向电压时，仅在控制极有触发电流的情况下晶闸管才能导通。

3）晶闸管一旦导通，控制极就失去控制作用，不论控制极触发电流是否还存在，晶闸管都保持导通。

4）若要使已导通的晶闸管关断，只能利用外加反向电压和外电路的作用使流过晶闸管的电流降到接近于零的某一数值以下。

控制极触发电流也往往是通过触发电路在控制极和阴极之间施加触发电压而产生的。为了保证可靠、安全地触发，对控制极触发电路所提供的触发电压、触发电流和功率都有一定的要求。

（3）晶闸管的主要参数　普通晶闸管在反向稳态下，一定是处于阻断状态。而与半导体二极管不同的是，晶闸管在正向工作时不但可能处于导通状态，也可能处于阻断状态。因此，在提到晶闸管的参数时，断态和通态都是为了区分正向的不同状态，因此"正向"二字可省去。此外，各项主要参数的给出往往是与晶闸管的结温相联系的，在实际应用时都应注意参考器件参数和特性曲线的具体规定。

1）电压参数。

① 断态重复峰值电压 U_{DRM}。断态重复峰值电压是在控制极断路而结温为额定值时，允许重复加在器件上的正向峰值电压。国标规定重复频率为 50Hz，每次持续时间不超过 10ms。规定断态重复峰值电压 U_{DRM} 为断态不重复峰值电压（即断态最大瞬时电压）U_{DSM} 的 90%，断态不重复峰值电压应低于正向转折电压 U_{BO}。

② 反向重复峰值电压 U_{RRM}。反向重复峰值电压是在控制极断路而结温为额定值时，允许重复加在器件上的反向峰值电压。规定反向重复峰值电压 U_{RRM} 为反向不重复峰值电压（即反向最大瞬态电压）U_{RSM} 的 90%。反向不重复峰值电压应低于反向击穿电压。

③ 通态（峰值）电压 U_{TM}。这是晶闸管通以某一规定倍数的额定通态平均电流时的瞬态峰值电压。通常取晶闸管的 U_{DRM} 和 U_{RRM} 中较小的标值作为该器件的额定电压。选用时，额定电压要留有一定裕量，一般取额定电压为正常工作时晶闸管所承受峰值电压的 2~3 倍。

2）电流参数：

① 通态平均电流 $I_{T(AV)}$。国标规定通态平均电流为晶闸管在环境温度为 40℃ 和规定的冷却状态下，稳定结温不超过额定结温时所允许流过的最大工频正弦半波电流的平均值。这也是标称其额定电流的参数，这个参数是按照正向电流造成的器件本身的通态损耗的发热效应来定义的。因此在使用时同样应按照实际波形的电流与通态平均电流所造成的发热效应相等，即有效值相等的原则来选取晶闸管的此项电流额定值，并应留一定的裕量。一般取其通态平均电流为按此原则所得计算结果的 2~3 倍。

② 维持电流 I_H。维持电流是指使晶闸管维持导通所必需的最小电流，一般为几十到几百毫安。I_H 与结温有关，结温越高，则 I_H 越小。

③ 擎住电流 I_L。擎住电流是晶闸管刚从断态转入通态并移除触发信号后，能维持导通所需的最小电流。对同一晶闸管来说，通常 I_L 为 I_H 的 2~4 倍。

④ 浪涌电流 I_{TSM}。浪涌电流是指由于电路异常情况引起的使结温超过额定结温的不重复性最大正向过载电流。

3）开关参数：

① 晶闸管的开通时间 t_{gt} 和关断时间 t_q。这是指晶闸管在实现开通和关断两种工作状态的转换时所经历的时间，在电路频率要求较高时，应考虑开关参数。控制极电流阶跃开始到阳极电流上升为稳态值的 90% 所需的时间称为开通时间 t_{gt}，普通晶闸管 t_{gt} 约为 5μs；把晶闸管关断时正向阳极电流下降为零到它恢复正向阻断能力所需的时间称为关断时间 t_q，普通晶

闸管 t_q 约为数百微秒。

② 断态电压临界上升率 du/dt。这是指在额定结温和控制极开路的情况下，不导致晶闸管从断态到通态转换的外加电压最大上升率。如果电压上升率过大，使充电电流足够大，就会使晶闸管误导通。使用中实际电压上升率必须低于此临界值。

③ 通态电流临界上升率 di/dt。这是指在规定条件下，晶闸管能够承受而无有害影响的最大通态电流上升率。如果电流上升太快，则晶闸管刚一开通，便会有很大的电流集中在控制极附近的小区域内，从而造成局部过热而使晶闸管损坏。

（4）派生晶闸管　科技的发展以及工艺水平的提高，使得许多结构上和普通晶闸管一样的派生晶闸管得以生产出来。它们之所以称为"派生"，是因为这些产品都是由 4 层 PNPN 半导体构成和具有 3 个外接端子。各种派生晶闸管统称为特殊晶闸管。

1）快速晶闸管（FST）。

快速晶闸管包括所有专为快速应用而设计的晶闸管，有常规的快速晶闸管和工作在更高频率的高频晶闸管。它们可分别应用于 400Hz 和 10kHz 以上的斩波或逆变电路中。快速晶闸管的开关时间以及 du/dt 和 di/dt 的耐量都有了明显改善。从关断时间来看，普通晶闸管一般为数百微秒，快速晶闸管为数十微秒，而高频晶闸管则为 $10\mu s$ 左右。与普通晶闸管相比，高频晶闸管的不足在于其电压和电流定额都不易做高。由于工作频率较高，选择快速晶闸管和高频晶闸管的通态平均电流时不能忽略其开关损耗的发热效应。

2）双向晶闸管（TRIAC）。

双向晶闸管可以认为是一对反向并联连接的普通晶闸管的集成，其电气图形符号和伏安特性如图 1-28 所示。

由电气图形符号可见，双向晶闸管有两个主电极 T_1 和 T_2，一个控制极 G。控制极使器件在主电极的正反两方向均可触发导通，所以双向晶闸管在第 I 和第 III 象限有对称的伏安特性。双向晶闸管比一对反向并联的晶闸管经济，而且控制电路比较简单，所以在交流调压电路、固态继电器（SSR）和交流电动机调速等领域应用较多。

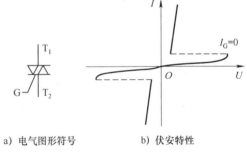

a) 电气图形符号　　b) 伏安特性

图 1-28　双向晶闸管的电气图形符号和伏安特性

由于双向晶闸管通常用在交流电路中，因此不用平均值而用有效值来表示其额定电流值。

3）光控晶闸管（LTT）。

光控晶闸管又称光触发晶闸管，是利用一定波长的光照信号触发导通的晶闸管。其电气图形符号和伏安特性如图 1-29 所示。

小功率光控晶闸管只有阳极和阴极两个端子，大功率光控晶闸管还带有光缆，光缆上装有作为触发光源的发光二极管或半导体激光器。由于采用光触发保证了主电路与控制电路之间的绝缘，而且可以避免电磁干扰的影响，因此光控晶闸管

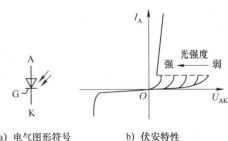

a) 电气图形符号　　b) 伏安特性

图 1-29　光控晶闸管的电气图形符号和伏安特性

目前在高压大功率的场合，如高压直流输电和高压核聚变装置中占据重要的地位。

4）控制极可关断晶闸管（GTO）。

控制极可关断晶闸管（GTO）也是晶闸管的一种派生器件。如普通晶闸管一样，可以在其控制极施加正脉冲电流使其导通；还可以通过在控制极施加负脉冲电流使其关断，因而它属于全控型器件，既可控制其导通，也可以控制其断开。GTO 具有电压、电流容量较大的性能特点，在特大功率场合有较多的应用。

1.2.2 开关电器

1. 刀开关

刀开关又称隔离开关，是一种结构简单的手动电器，主要用于隔离电源，以确保电路和设备维修的安全；也可用来非频繁地接通和分断容量较小的低压配电电路。刀开关在安装时，手柄头应向上，不能倒装或平装，避免手柄由于重力自由下落导致误动作或合闸。接线时，将电源进线接在静触点侧进线座，负载线接在动触点侧出线座，这样能保证拉闸后，手柄及负载与电源隔离，避免发生意外。操作时分合闸动作应迅速，使电弧较快熄灭。

常用的刀开关的外形如图 1-30 所示。刀开关的图形和文字符号如图 1-31 所示。

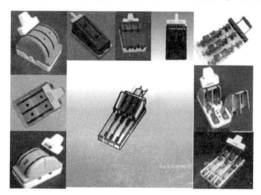

图 1-30　常用的刀开关的外形

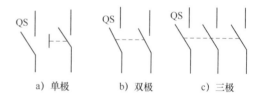

a）单极　　b）双极　　c）三极

图 1-31　刀开关的图形和文字符号

刀开关按极数可分为单极、双极与三极。按转换方式分为单投和双投。刀开关的主要类型有：大电流刀开关、负荷开关和熔断器式刀开关。常用的产品有：HD11～HD14 系列和 HS11～HS13 系列刀开关。

刀开关选择时应考虑以下两个方面：

1）刀开关结构形式的选择，应根据刀开关的作用来选择，如是否带灭弧装置，若用于分断负载电流，则应选择带灭弧装置的刀开关；根据装置的安装形式来选择，如是正面、背面或侧面操作形式，是直接操作还是杠杆传动，是板前接线还是板后接线的结构形式等。

2）刀开关的额定电流的选择，一般应等于或大于所分断电路中各个负载额定电流的总和。对于电动机负载，应考虑其起动电流，所以应选用额定电流大一级的刀开关。若再考虑电路出现的短路电流，则还应选用额定电流更大一级的刀开关。

QA 系列、QF 系列、QSA（HH15）系列隔离开关用于低压配电系统中，HY122 系列是带有明显断口的数模化隔离开关，广泛用于楼层配电、计量箱及终端组电器中。

HR3 熔断器式刀开关具有刀开关和熔断器的双重功能，采用这种组合开关电器可以简化配电装置结构，经济实用，已越来越广泛地用在低压配电屏上。

HK1、HK2系列开启式负荷开关用作电源开关和小容量电动机非频繁起动的操动开关。HH3、HH4系列封闭式负荷开关的操动机构具有速断弹簧与机械联锁，用于非频繁起动、28kW以下的三相异步电动机。封闭式负荷开关的额定电压应不小于工作电路的额定电压；额定电流应等于或稍大于电路的工作电流。用于控制电动机工作时，考虑到电动机的起动电流较大，应使开关的额定电流不小于电动机额定电流的3倍。目前，封闭式负荷开关的使用有逐步减小的趋势，取而代之的是大量使用的低压断路器。

2. 低压断路器

低压断路器俗称自动空气开关，是低压配电网中的主要开关电器之一，它不仅可以接通和分断正常负载电流、电动机工作电流和过载电流，而且可以接通和分断短路电流，主要用在不频繁操作的低压配电线路或开关柜（箱）中作为电源开关使用，并对线路、电器设备及电动机等实行保护，当它们发生严重过电流、过载、短路、断相、漏电等故障时，能自动切断线路，起到保护作用，应用十分广泛。

低压断路器是低压配电系统中的主要电器，也是结构最复杂的低压电器，与低压熔断器比较，具有保护方式多样化、可以多次使用、恢复供电快等优点，又有结构复杂和价格高等缺点。低压断路器除用于低压配电电路之外，也可以作为不频繁起动的电动机的控制和保护电器。低压断路器的实物图如图1-32所示。

图1-32 低压断路器的实物图

（1）低压断路器的结构和工作原理 低压断路器的种类虽然很多，但其结构和工作原理基本相同，主要由触点系统、灭弧系统、各种脱扣器和开关机构等组成。脱扣器包括过电流脱扣器、欠电压脱扣器、热脱扣器、分励脱扣器和自由脱扣结构。低压断路器的内部结构如图1-33所示。开关是靠操作机构手动或电动合闸的。触点闭合后，自由脱扣器机构将触点锁在合闸位置上。当电路发生故障时，通过各自的脱扣器使自由脱扣机构动作，自动跳闸，实现保护作用。

当电路发生短路或严重过载时，过电流脱扣器的衔铁吸合，使自由脱扣机构动作，主触点断开主电路；当电路过载时，热脱扣

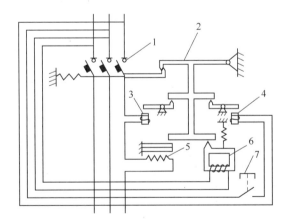

图1-33 低压断路器的内部结构

1—主触点 2—自由脱扣器 3—过电流脱扣器
4—分励脱扣器 5—热脱扣器 6—失压脱扣器 7—按钮

器的热组件发热使双金属片上弯曲，推动自由脱扣机构动作；当电路欠电压时，欠电压脱扣器的衔铁释放，也使自由脱扣机构动作；分励脱扣器则作为远距离控制用，在正常工作时，其线圈是断电的，在需要远距离控制时，按下启动按钮使线圈通电，衔铁带动自由脱扣机构动作，使主触点断开。

以上介绍的是低压断路器可以实现的功能，但并不是每一个低压断路器都具备这些功能，如有的低压断路器没有分励脱扣器，有的没有热保护等。大部分低压断路器都具有过电流保护和欠电压保护等。

（2）低压断路器的典型产品　低压断路器主要是以结构形式分类，即开启式和装置式两种。开启式又称为框架式或万能式，装置式又称为塑料壳式。常见的典型产品还有智能化断路器、漏电保护断路器。

1）装置式断路器。装置式断路器有绝缘塑料外壳、内装触点系统、灭弧室及脱扣器等，可手动或电动（对大容量断路器而言）合闸，有较高的分断能力和动稳定性，有较完善的选择性保护功能，广泛用于配电线路。

目前常用的有 DZ15、DZ20、DZX19 和 C45N（目前已升级为 C65N）等系列产品。其中 C45N（C65N）断路器具有体积小，分断能力高、限流性能好、操作轻便，型号规格齐全、可以方便地在单极结构基础上组合成二极、三极、四极断路器等优点，广泛使用在 60A 及以下的民用照明支干线及支路中，多用于住宅用户的进线开关及商场照明支路开关。

2）开启式断路器。开启式断路器一般容量较大，具有较高的短路分断能力和较高的动稳定性，适用于交流 50Hz，额定电压 380V 的配电网络中作为配电干线的主保护。开启式断路器主要由触点系统、操作机构、过电流脱扣器、分励脱扣器、欠电压脱扣器、附件及框架等部分组成，全部组件进行绝缘后装于框架结构底座中。

目前我国常用的有 DW15、ME、AE、AH 等系列的框架式低压断路器。DW15 系列断路器是我国自行研制生产的，全系列具有 1000A、1500A、2500A 和 4000A 等型号。ME、AE、AH 等系列断路器是引进技术生产的。它们的规格型号较为齐全（ME 开关电流等级从 630～5000A 共 13 个等级），额定分断能力比 DW15 系列更强，常用于低压配电干线的保护。

3）智能化断路器。目前国内生产的智能化断路器有框架式和塑料壳式两种。框架式智能化断路器主要用做自动配电系统中的主断路器，塑料壳式智能化断路器主要用在配电网络中分配电能和作为线路及电源设备的控制与保护，也可用作三相笼型异步电动机的控制。智能化断路器的特征是采用了以微处理器或单片机为核心的智能控制器（智能脱扣器），它不仅具备普通断路器的各种保护功能，同时还具备实时显示电路中的各种电气参数（如电流、电压、功率和功率因数等），对电路实现在线监视、自行调节、测量、试验、自诊断、可通信等功能，能够对各种保护功能的动作参数进行显示、设定和修改，保护电路动作时的故障参数能够存储在非易失存储器中以便查询。DW45、DW40、DW914（AH）、DW18（AE-S）、DW48、DW19（3WE）、DW17（ME）等框架式智能化断路器和塑料壳式智能化断路器，都配有 ST 系列智能控制器及配套附件，ST 系列智能控制器采用积木式配套方案，可直接安装于断路器本体，无须重复二次接线，并可多种方案任意组合。

4）漏电保护断路器。漏电保护断路器用于防止用电设备发生漏电及人体触电等事故。当发生上述情况时，它能在安全时间内自动切断故障电路，避免设备和人体受到危害。漏电保护断路器有电磁式电流动作型、电压动作型和晶体管电流动作型。漏电保护断路器的常用型号有 DZ15LE、DZL16、DZL18 等系列。

对于照明、电热等负载可以选用一般的漏电保护专用断路器或漏电、过电流、短路保护兼用的漏电保护断路器。漏电保护断路器有电动机保护与配电保护之分,对于电动机负载应选用漏电、电动机保护兼用的漏电保护断路器,保护特性应与电动机过载特性相匹配。

（3）断路器的主要技术参数　断路器的主要技术参数包括:额定电压、额定电流、极数、脱扣器类型及其整定电流范围、分断能力、动作时间等。

1）额定电压:低压断路器长时间运行所能承受的工作电压。

2）额定电流:低压断路器长时间运行时的允许持续电流。

3）分断能力:它是指在规定条件下能够接通和分断的短路电流值。通常采用额定极限短路分断能力和额定运行短路分断能力两种表示法。

4）限流能力。当电路出现故障时,动触点受短路电流产生的电动斥力的作用快速打开,动作速度快,在 8～10ms 时间内全部断开,要求限流电器的固有动作时间不大于 3ms。一般要求限流系数 K（指实际分断电流峰值与预期短路电流峰值之比）在 0.3～0.6 之间。

5）动作时间。从网络出现短路的瞬间开始至触点分离后电弧熄灭,电路完全分断所需的时间,称全分断时间或动作时间。框架式、塑壳式低压断路器的动作时间一般为 30～60ms;限流式、快速低压断路器动作时间一般小于 20ms。

（4）低压断路器的选用原则

1）根据线路对保护的要求确定断路器的类型和保护形式,确定选用框架式、装置式或限流式等。

2）断路器的额定电压应等于或大于被保护线路的额定电压。

3）断路器欠电压脱扣器的额定电压应等于被保护线路的额定电压。

4）断路器的额定电流及过电流脱扣器的额定电流应大于或等于被保护线路的计算电流。

5）断路器的极限分断能力应大于线路的最大短路电流的有效值。

6）配电线路的上、下级断路器的保护特性应协调配合,下级的保护特性应位于上级保护特性的下方且不相交。

7）断路器的长延时脱扣电流应小于导线允许的持续电流。

（5）断路器的图形符号和文字符号　断路器的图形符号和文字符号如图 1-34 所示。

图 1-34　断路器的图形符号和文字符号

3. 熔断器

低压熔断器广泛应用于低压配电系统和控制系统中,主要起严重过载和短路保护作用,同时也是单台电器设备的重要保护组件之一。熔断器的熔体串接于被保护的电路中,当通过它的电流超过规定值（电路发生短路或严重过载）一定时间后,以其自身产生的热量使熔体熔断,从而自动切断电路,实现短路保护及过载保护。熔断器与其他开关电器组合可构成各种熔断器组合电器,如熔断器式刀开关等。

熔断器结构上一般由熔断管（或座）、熔体、填料及导电部件等部分组成。其中,熔断管一般由硬质纤维或瓷质绝缘材料制成封闭或半封闭式管状外壳,熔体装于其内,并有利于熔体熔断时熄灭电弧;熔体是由金属材料制成不同的丝状、带状、片状或笼形,除丝状外,其他通常制成变截面积结构,目的是改善熔体材料性能及控制不同故障情况下的熔化时间。

使用时，熔体与被它保护的电路及电气设备串联，当通过熔体的电流为正常工作电流时，熔体的温度低于材料的熔点，熔体不熔化；当电路中发生过载或短路故障时，通过熔体的电流增加，熔体的电阻损耗增加，使其温度上升，达到熔体金属的熔点，于是熔体自行熔断，故障电路被分断，完成保护任务。

　　熔断器具有结构简单、体积小、重量轻、使用维护方便、价格低廉、分断能力较强和限流能力良好等优点，与其他低压电器配合使用，有很好的技术经济效果，因此在电路中得到广泛应用。螺旋式熔断器的实物如图 1-35 所示。熔断器的图形符号和文字符号如图 1-36 所示。

图 1-35　螺旋式熔断器的实物图

图 1-36　熔断器的图形符号和文字符号

　　（1）常用的熔断器　常用的熔断器有螺旋式熔断器、插入式熔断器、有填料封闭管式熔断器、无填料封闭管式熔断器、快速熔断器及自复式熔断器，品种规格很多。

　　1）螺旋式熔断器。螺旋式熔断器的结构如图 1-37 所示。螺旋式熔断器有 RLS 系列和 RL1 系列。在熔断管装有石英砂，用于熔断时的消弧和散热，熔体埋于其中，当熔体熔断时，电弧喷向石英砂及其缝隙，可迅速降温而熄灭。为了便于监视，石英砂瓷管头部装有一个染成红色的熔断指示器，一旦熔体熔断，指示器马上弹出脱落，透过瓷帽上的玻璃孔可以看到，起到指示的作用。螺旋式熔断器具有较大的热惯性和较小的安装面积，额定电流为 5~200A，分断电流较大，它常用于机床电气控制设备中，其缺点是熔体为一次性使用的，成本较高。

　　2）插入式熔断器。插入式熔断器的结构如图 1-38 所示，常用的插入式熔断器有 RC1A 系列。由软铝丝或铜丝制成熔体，这种熔断器一般用在 380V 及以下电压等级低压照明线路末端或分支电路中作为短路保护及高倍过电流保护之用。其特点是结构简单，尺寸小，更换方便，价格低廉。

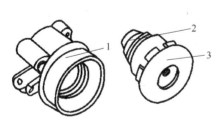

图 1-37　螺旋式熔断器的结构
1—底座　2—熔体　3—瓷帽

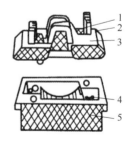

图 1-38　插入式熔断器
1—动触点　2—熔体　3—瓷插件　4—静触点　5—瓷座

　　3）有填料封闭管式熔断器。有填料封闭管式熔断器的结构如图 1-39 所示，有的还包括熔断指示器和熔断体盖板。有填料封闭管式熔断器有 RT0、RT14 系列。熔体采用纯铜箔冲制的网状熔片并联而成，装配时将熔片围成笼形，使填料与熔体充分接触，这样既能均匀分布电弧能量，提高分断能力，又可使管体受热较为均匀而不易断裂。熔断指示器是一个机械信号装置，指示器上焊有一根很细的康铜丝，与熔体并联。在正常情况下，由于康铜丝的电阻很大，电流基本上从熔体流过。当熔体熔断时，电流流过康铜丝，使其迅速熔断。此时，指示器在弹簧的作用下立即向外弹出，显现出醒目的红色信号。像 RT14、RT18 等一些新型的熔断器采用发光二极管作为熔断指示器，当熔体熔断时，电流流过发光二极管而发光指示。绝缘手柄用来装卸熔体的可动部件。瓷质管体内充满了石英砂填料，起冷却和消弧的作用，加上熔体的特殊结构，使有填料封闭管式熔断器可以分断较大的电流，故常用于大容量的配电线路中。

4）无填料封闭管式熔断器。无填料封闭管式熔断器的结构如图 1-40 所示。无填料封闭管式熔断器有 RM10 系列。当发生短路时，熔体在最细处熔断，并且多处同时熔断，有助于提高分断能力。熔体熔断时，电弧被限制在封闭管内，不会向外喷出，故使用起来较为安全。另外，在熔断过程中，密闭管内产生大量气体，气体压力达到 30~80 个标准大气压。在此气压的作用下，电弧受到剧烈的压缩，加强了复合作用，促使电弧很快熄灭，从而提高了熔断器的分断能力。无填料封闭管式熔断器常用于低压电力线路或成套配电设备中的连续过载和短路保护。

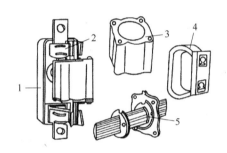

图 1-39　有填料封闭管式熔断器

1—瓷底座　2—弹簧片　3—管体
4—绝缘手柄　5—熔体

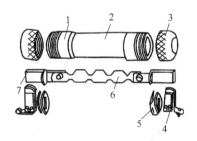

图 1-40　无填料封闭管式熔断器

1—铜圈　2—熔断管　3—管帽　4—插座
5—特殊垫圈　6—熔体　7—熔片

5）快速熔断器。快速熔断器是一种快速动作型的熔断器，由熔断管、触点底座、动作指示器和熔体组成。快速熔断器有 RS0 系列和 RS3 系列。它主要用于半导体整流组件或整流装置的短路保护。半导体器件的过载能力很低，只能在极短的时间内（数毫秒至数十毫秒）承受过载电流。而一般熔断器的熔断时间是以秒计的，所以不能用来保护半导体器件。为此，必须采用在过载时能迅速动作的快速熔断器。快速熔断器的结构与有填料封闭管式熔断器基本一致，不同的是快速熔断器采用以银片冲制成的有 V 形深槽的变截面积熔体。

6）自复式熔断器。自复式熔断器采用低熔点金属钠作为熔体。当发生短路故障时，短路电流产生高温使钠迅速汽化，呈现高阻状态，从而限制了短路电流的进一步增加。一旦故障消失，温度下降，金属钠蒸气冷却并凝结，重新恢复原来的导电状态，为下一次动作做好准备。由于自复式熔断器只能限制短路电流，却不能真正切断电路，故常与断路器配合使用。它的优点是不必更换熔体，可重复使用。

（2）熔断器的保护特性　熔断器的保护特性也就是熔体的熔断特性，一般也称为安秒特性。所谓安秒特性是指熔体的熔化电流与熔化时间的关系，如图 1-41 所示。

从特性曲线上可以看出，熔断器的熔断时间与通过熔体的电流大小有关，流过熔体的电流越大，熔断时间越短，因为熔体在熔化和气化过程中，所需热量是一定的，所以保护特性是反时限特性曲线。

从图 1-41 中还可以看到存在一条熔断电流与不熔断电流的分界线，当电流值为 I_R 时，熔断时间为无穷大，称此电流为最小熔断电流或临界电流。熔断器熔体的额定电流 I_N 必须小于熔体的最小熔断电流 I_R。

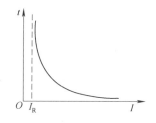

图 1-41 熔断器的保护特性曲线

熔断器熔体的最小熔断电流 I_R 与额定电流 I_N 之比称为熔断器的熔化系数，熔化系数主要取决于熔体的材料、工作温度和结构。一般情况下，当通过的电流不超过 $1.25I_N$ 时，熔体将长期工作；当电流不超过 $2I_N$ 时，在 $30\sim40s$ 后熔断；当电流达到 $2.5I_N$ 时，约在 8s 左右熔断；当电流达到 $4I_N$ 时，约在 2s 左右熔断；当电流达到 $10I_N$ 时，熔体瞬时熔断。所以当电路发生短路时，短路电流使熔体瞬时熔断。

熔断器的结构简单、价格低廉，但动作准确性较差，熔体熔断以后需重新更换，而且若只熔断一相还会造成电动机的断相运行，所以它只适用于自动化程度和其动作准确性要求不高的场合。

（3）熔断器的选择　熔体和熔断器只有经过正确选择，才能起到保护作用。一般根据被保护电路的需要，首先选择熔体的规格，再根据熔体的规格确定熔断器的规格。

1）熔体额定电流的选择。

① 对于照明和电热设备等阻性负载电路的断路保护，熔体的额定电流应稍大于或等于负载的额定电流。

② 由于电动机的起动电流很大，必须考虑起动时熔丝不能断，因此熔体的额定电流选得要大些。

单台电动机：熔体的额定电流 =（1.5~2.5）×电动机的额定电流。

多台电动机：熔体的额定电流 =（1.5~2.5）×容量最大的电动机额定电流+其余电动机的额定电流之和。

减压起动电动机：熔体的额定电流 =（1.5~2.0）×电动机的额定电流。

直流电动机和绕线转子电动机：熔体的额定电流 =（1.2~1.5）×电动机的额定电流。

2）熔断器的选择。

熔断器的额定电压和额定电流应不小于线路的额定电压和所装熔体的额定电流。熔断器的类型根据线路要求和安装条件而定。

4. 按钮

按钮是主令电器之一。在控制系统中，主令电器是一种专门发布命令、直接或通过电磁式继电器间接作用于控制电路的电器，常用来控制电力拖动系统中电动机的起动、停车、调速及制动等。按钮是一种结构简单、使用广泛的手动主令电器，它可以与接触器或继电器配合，对电动机实现远距离的自动控制，还可用于实现控制电路的电气联锁。

按钮由按钮帽、复位弹簧、触点和外壳等组成，通常做成复合式，即具有动断触点和动合触点。复合按钮是将动合与动断按钮组合为一体的按钮。未按下时，动断触点是闭合的，动合触点是断开的。按下按钮时，先断开动断触点，后接通动合触点；按钮释放后，在复位弹簧的作用下，按钮触点自动复位，触点动作与按下按钮时的先后顺序相反。通常，在无特殊说明的情况下，有触点电器的触点动作顺序均为"先断后合"。按钮的实物图和结构图如

图 1-42 所示。按钮的图形符号和文字符号如图 1-43 所示。

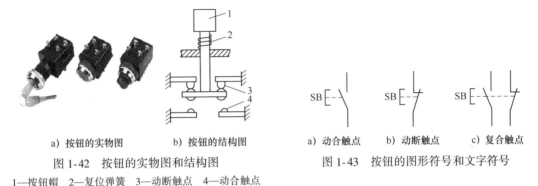

a）按钮的实物图　　b）按钮的结构图
图 1-42　按钮的实物图和结构图
1—按钮帽　2—复位弹簧　3—动断触点　4—动合触点

a）动合触点　　b）动断触点　　c）复合触点
图 1-43　按钮的图形符号和文字符号

　　在电气控制电路中，动合按钮常用来起动电动机，也称为启动按钮，动断按钮常用于控制电动机停车，也称为停车按钮，复合按钮常用于联锁控制电路中。控制按钮的种类很多，在结构上有紧急式、钥匙式、旋钮式及带灯式等。

　　按钮有 LA2、LA18、LA19、LA20、LAY1 和 SFAN-1 等系列，其中 SFAN-1 型为消防打碎玻璃按钮，LA2 系列为老产品，新产品有 LA18、LA19、LA20 等系列。LA18 系列采用积木式结构，触点数目可按需要拼装至六动合六动断结构，一般装成两动合两动断结构。LA19、LA20 系列有带指示灯和不带指示灯两种，前者按钮帽用透明塑料制成，兼作指示灯罩用。

　　按钮选择的主要依据是使用场所，确定所需要的触点数量、种类及颜色。按钮使用时应注意触点间的清洁，防止油污、杂质进入而造成短路或接触不良等事故的发生，在高温下使用的按钮应加紧固垫圈或在接线柱螺钉处加绝缘套管。带指示灯的按钮不宜长时间通电，应设法降低指示灯电压以延长其使用寿命；应根据工作状态指示需要和工作情况要求来选择按钮或指示灯的颜色。如启动按钮可选用白、灰或黑色，优先选用白色，也可选用绿色；急停按钮应选用红色；停止按钮可选用黑、灰或白色，优先用黑色，也可选用红色。根据控制电路的需要选择按钮的数量，如单联钮、双联钮和三联钮。

　　5. 指示灯

　　指示灯在电气控制设备中应用较为广泛，它用于指示电路的工作状态，也可用作预警、故障及其他信号的指示。如指示设备或系统是否已供电（电源指示），设备或系统是否已运行（运行指示或工作指示）、设备或系统是否发生故障（故障指示）等。指示灯品种和规格较多，颜色各异，一般红色为电源指示或故障指示，绿色为设备正在运行或运行正常指示，黄色为预警指示等；电压等级也不同，常用交流 220V、直流 24V、交流 6.3V 等。图 1-44 为常用指示灯外形图。

图 1-44　常用指示灯外形图

在电气控制线路中，指示灯的图文符号如图 1-45 所示。照明用灯一般用 EL 表示，其电压等级有交流 220V 和交流 36V；电源及信号指示灯一般用 HL 表示。

图 1-45　指示灯图文符号

6. 万能转换开关

万能转换开关是一种多档式、控制多回路的主令电器。万能转换开关主要用于各种控制电路的转换、电压表和电流表的换相测量控制、配电装置线路的转换和遥控等。万能转换开关还可以用于直接控制小容量电动机的起动、调速和换向。万能转换开关的实物如图 1-46 所示。

万能转换开关由多组相同结构的触点组件叠装而成，LW12 系列转换开关某一层的结构示意图如图 1-47 所示。LW12 系列转换开关每层最多可装 4 对触点，由底座中间的凸轮进行控制。由于每层凸轮可做成不同的形状，当手柄转到不同位置时，通过凸轮的作用，使各对触点按需要的规律接通和分断。

图 1-46　万能转换开关的实物图

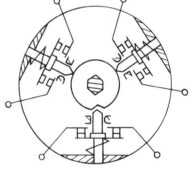

图 1-47　LW12 系列转换开关某一层的结构示意图

万能转换开关手柄操作位置是以角度表示的。不同型号的万能转换开关，手柄有不同的操作位置。

万能转换开关的触点在电路图中的图形符号如图 1-48 所示。由于其触点的分合状态与操作手柄的位置有关，除在电路图中画出触点的图形符号外，还应画出操作手柄与触点分合状态的关系。如图 1-48a 所示，在万能转换开关的图形符号中，触点下方虚线上的"．"表示当操作手柄处于该位置时，该对触点闭合；如果虚线上没有"．"，则表示当操作手柄处该位置时，

触点	位置		
—	左	0	右
1-2		×	
3-4			×
5-6	×		×
7-8	×		

a) 画"．"标记表示　　b) 分合表表示

图 1-48　万能转换开关的图形符号

该对触点处于断开状态。图 1-48a 中，当万能转换开关打向左 45°时，触点 5-6、7-8 闭合，触点 1-2、3-4 断开；打向 0°时，只有触点 1-2 闭合；打向右 45°时，触点 3-4、5-6 闭合，触点 1-2、7-8 断开。

为了更清楚地表示万能转换开关的触点分合状态与操作手柄的位置关系，在电气控制系统图中经常把万能转换开关的图形符号和触点分合表结合使用。如图 1-48b 所示，在触点分合表中，用"×"表示手柄处于该位置时触点的闭合状态。

万能转换开关的常用产品有 LW5 和 LW6 系列。LW5 系列可控制 5.5kW 及以下的小功率电动机；LW6 系列只能控制 2.2kW 及以下的小功率电动机。用于可逆运行控制时，只有在电动机停车后才允许反向起动。LW5 系列万能转换开关按手柄的操作方式可分为自复式和自定位式两种。所谓自复式是指用手拨动手柄于某一档位时，手松开后，手柄自动返回原位；定位式则是指手柄被置于某档位时，不能自动返回原位而停在该档位。手柄的操作位置以角度表示，一般有 30°、45°、60°、90°等，根据型号不同而有所不同。

7. 防雷装置

（1）现代防雷技术的特点　通常，所谓雷击，是指一部分带电的云层与另一部分带异种电荷的云层，或者是带电的云层与大地之间迅猛地放电。这种迅猛的放电过程产生强烈的闪光并伴随巨大的声音。当然，云层之间的放电主要对飞行器有危害，对地面上的建筑物和人、畜没有很大影响。然而，云层对大地的放电，则对建筑物、电子电气设备和人、畜危害甚大。

现代防雷技术的理论基础在于：闪电是电流源，防雷的基本途径就是要提供一条雷电流（包括雷电电磁脉冲辐射）对地泄放的合理的阻抗路径，而不能让其随机性选择放电通道，简言之就是要控制雷电能量的泄放与转换。德国专家希曼斯基在《过电压保护理论与实践》中提出了现代防雷保护的三道防线：

1）外部保护——将绝大部分雷电流直接引入大地泄散。

2）内部保护——防止沿电源线或数据线、信号线侵入的雷电波危害设备。

3）过电压保护——限制被保护设备上的雷电过电压幅值。

这三道防线相互配合，各尽其职，缺一不可。

目前提高防雷技术需从两个方面开展工作，一是不断探讨和完善现代防雷理论，二是开发和研制新一代的防雷产品，对于现代避雷器应同时具有以下技术性能：

① 具有完全的防雷功能，即对雷电陡波和雷电幅值同样有限压保护作用。

② 其防雷保护作用不会造成网络接地故障或线间短路故障；保证网络正常、安全运行的重要要求。

③ 动作特性应具有长期运行稳定性，免受暂态过电压危害。

④ 应具有连续雷电冲击保护能力。

⑤ 应有较小的外形尺寸，小型化、轻量化更便于安装。

⑥ 具有高的技术性能指标和低的损耗。

⑦应具有 20 年以上使用寿命。

（2）现代防雷产品　现代防雷产品种类繁多，大致可分为三大类：

1）接闪器。

为免遭直击雷破坏，建筑物一般设有独立避雷针、构架避雷针、避雷线保护。其结构均分为接闪器、引下线和接地体，防雷原理相同。为了防止反击，要求避雷针与被保护设备之间空中距离不小于 5m，地中距离不小于 3m。

避雷针是最早的接闪器，也是目前世界上公认的最成熟的防直击雷装置。避雷带、避雷网、避雷线是避雷针的变形，其接闪原理是一致的。对避雷针的接闪原理的认识是有一个发展过程的，现在的滚球法理论比较全面地解释了接闪器吸引雷电的各种现象，被国内外标准所采纳。滚球法理论认为：接闪器的保护范围是，半径为 R 的球与接闪器和地面相切绕接闪器滚动一周所形成的阴影区域即为接闪器的保护范围。R 根据不同的防雷类别分别选为 30m、45m、60m。在保护范围内并不是没有雷击，只是雷击能量较小。滚球半径 R 越小，进入保护范围的雷击能量也越小，也就是说接闪器的防雷效果越好。接闪器并非越高越好，超过 60m 的接闪器在技术上没有多大意义。

理论上任何接地良好的金属物体都可以作为接闪器，因此随着经济的发展，人们对接闪器的外形提出了要求，希望能与漂亮的现代建筑物协调，出现了一些形状各异、五彩缤纷的接闪器，但其防雷原理并没有改变。

2）消雷器。

消雷器是国内近年来有一定影响的防雷产品。它通过改变接闪器的材料和形状来产生电流以中和雷云中的电荷，让雷云在消雷器的保护范围内无法建立起接闪所需的场强，以达到消雷的目的。

3）避雷器。

避雷器的作用是在最短的时间（纳秒级）内将被保护线路连入等电位系统中，使设备各端口等电位，同时将电路上因雷击而产生的大量脉冲能量短路泄放到大地，故避雷器的电流泄放能力将直接影响对电路的保护能力。

8. EMI 滤波器

电磁干扰，简称 EMI。供电电源常由于负载的通断过渡过程、半导体元器件的非线性、脉冲设备及雷电的耦合等因素，而成为电磁干扰源。抑制电磁干扰的技术越来越受到重视，接地、屏蔽和滤波是抑制电磁干扰的三大措施，下面主要介绍在电源中采用各种抑制措施的基本原理和正确应用方法。

（1）电磁干扰噪声 电子设备的供电电源，如 220V/50Hz 交流电网或 115V/400Hz 交流发电机，都存在各式各样的 EMI 噪声，其中人为的 EMI 干扰源有各种雷达、导航、通信等设备的无线电发射信号，会在电源线和电子设备的连接电缆上感应出电磁干扰信号；还有自然干扰源，如雷电放电现象和宇宙中的电磁噪声，前者的持续时间短但能量很大，后者的频率范围很宽。这些电磁干扰噪声，通过辐射和传导耦合的方式影响在此环境中运行的各种电子设备的正常工作。

另一方面，电子设备在工作时也会产生各种各样的电磁干扰噪声。如数字电路是采用脉冲信号（方波）来表示逻辑关系的，对其脉冲波形进行傅里叶分析可知，其谐波频谱范围很宽。另外，在数字电路中还有多种重复频率的脉冲串，这些脉冲串包含的谐波更丰富，频谱更宽，产生的电磁干扰噪声也更复杂。

各类稳压电源本身也是一种电磁干扰源。在线性稳压电源中，因整流而形成的单向脉冲电流也会引起电磁干扰；开关电源具有体积小、效率高的优点，在现代电子设备中应用越来越广泛，但是因为它在功率变换时处于开关状态，本身就是很强的 EMI 噪声源，其产生的 EMI 噪声既有很宽的频率范围，又有很高的强度。这些电磁干扰噪声同样通过辐射和传导的方式污染电磁环境，从而影响其他电子设备的正常工作。

对电子设备，当 EMI 噪声影响到模拟电路时，会使信号传输的信噪比变坏，严重时会使要传输的信号被 EMI 噪声所淹没，而无法进行处理。当 EMI 噪声影响到数字电路时，会引起逻辑关系出错，导致错误的结果。

对于电源设备，其内部除了功率变换电路以外，还有驱动电路、控制电路、保护电路、输入/输出电平检测电路等，电路相当复杂。这些电路主要由通用或专用集成电路构成，当受电磁干扰而发生误动作时，会使电源停止工作，导致电子设备无法正常工作。采用电网噪声滤波器，可有效地防止电源因外来电磁噪声干扰而产生误动作。

另外，从电源输入端进入的 EMI 噪声，其一部分可出现在电源的输出端，它在电源的负载电路中会产生感应电压，成为电路产生误动作或干扰电路中传输信号的原因。这些问题同样也可用噪声滤波器来加以防止。

（2）电源滤波器的作用　交流电源滤波器是低通滤波器，不妨碍工频电流的通过，而对高频电磁干扰呈高阻态，有较强的抑制能力。使用交流电源滤波器应根据其两端阻抗和参数要求选择滤波器的形式。在电源设备中采用电源滤波器的作用如下：

1）防止外来电磁噪声干扰电源设备本身控制电路的工作。

2）防止外来电磁噪声干扰电源负载的工作。

3）抑制电源设备本身产生的 EMI。

4）抑制由其他设备产生而经过电源传播的 EMI。

（3）EMI 噪声和滤波器的类型　在电源设备输入引线上存在两种 EMI 噪声：共模噪声和差模噪声，如图 1-49 所示。把在交流输入引线与地之间存在的 EMI 噪声称为共模噪声，它可看作在交流输入线上传输的电位相等、相位相同的干扰信号，如图 1-49 所示中的电压 U_1 和 U_2。

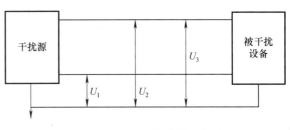

图 1-49　电磁干扰信号示意图

把交流输入引线之间存在的 EMI 噪声称为差模噪声，它可看作与交流输入线传输的信号相位差 180° 的干扰信号，如图 1-49 所示中的电压 U_3。共模噪声是从交流输入线流入大地的干扰电流，差模噪声是在交流输入线之间流动的干扰电流。对任何电源输入线上的传导 EMI 噪声，都可以用共模噪声和差模噪声来表示，并且可把这两种 EMI 噪声看作独立的 EMI 源进行分别抑制。

在对电磁干扰噪声采取抑制措施时，主要应考虑抑制共模噪声。因为共模噪声在全频域特别在高频域占主要部分，而在低频域差模噪声占比例较大，所以应根据 EMI 噪声的这个特点来选择适当的 EMI 滤波器。

电源用噪声滤波器按形状可分为一体化式和分立式。一体化式是将电感线圈、电容器等封装在金属或塑料外壳中；分立式是在印制电路板上安装电感线圈、电容器等，构成抑制噪声滤波器。到底采用哪种形式要根据成本、特性、安装空间等来确定。一体化式成本高，特性较好，安装灵活；分立式成本较低，但屏蔽不好，可自由分配在印制电路板上。

（4）噪声滤波器的应用　电源 EMI 噪声滤波器是一种无源低通滤波器，它无衰减地将交流电传输到电源，可大大衰减随交流电传入的 EMI 噪声；同时又能有效地抑制电源设备产生的 EMI 噪声，阻止它们进入交流电网干扰其他电子设备。一种 EMI 滤波器外形图如图 1-50 所示。

图 1-50　一种 EMI 滤波器外形图

在设计和选择电源噪声滤波器时，因为它们工作在高电压、大电流、恶劣的电磁干扰环境中，首先必须考虑所用电感器和电容器的安全性能。对于电感线圈，其磁芯、绕线的材料、绝缘材料和绝缘距离、线圈温升等都应予以重视。对于电容器，其电容种类、耐压、安全等级、容量、漏电流等都应优先考虑，特别要求选择国际安全机构安全认证的产品。

电源噪声滤波器的使用应注意如下几点：

1）滤波器应尽量靠近设备交流电入口处安装，应使未经过滤波器的交流进线在设备内尽量短。

2）滤波器中的电容器引线应尽可能短，以免引线感抗和容抗在较低频率上产生谐振。

3）滤波器接地线上有大的电流流过，会产生电磁辐射，应对滤波器进行良好的屏蔽和接地。

4）滤波器的输入线和输出线不能捆绑在一起，布线时尽量增大其间距离，以减小它们之间的耦合，可加隔板或屏蔽层。

电磁干扰滤波器的设计和选用，主要依据噪声干扰特性和系统电磁兼容性的要求，在了解电磁干扰的频率范围，估计干扰的大致量级的基础上进行。首先要了解滤波器的使用环境（使用电压、负载电流、环境温湿度、振动冲击、安装方式和位置等），要重点考虑其安全性能参数，因为这关系到设备及人身安全；还要使滤波器对 EMI 噪声产生最佳的抑制效果。应根据接入电路的要求，以产生最大阻抗不匹配的原则来选择滤波器的网络结构和参数。为了获得最佳的电磁噪声衰减特性，滤波器应该正确地安装在电子设备上。

1.3　机床主要传感器件

1.3.1　位置开关

位置开关包括有触点的行程开关、无触点的接近开关和磁性感应开关。

1. 行程开关

行程开关，也称机械式行程开关，是一种短时接通或断开的用于小电流电路的电器，用于控制机械设备的行程及限位保护。在实际生产中，将行程开关安装在预先安排的位置，当装于生产机械运动部件上的模块撞击行程开关时，行程开关的触点动作，实现电路的切换。

因此，行程开关是一种根据运动部件的行程位置而切换电路的电器，它的作用原理与按钮类似。有时将行程开关安装于运动机械行程终端，以限制其行程，进行终端限位保护，这时又称为限位开关。

行程开关广泛用于各类机床和起重机械，用于控制生产机械的运动方向、速度、行程或位置。例如在电梯的控制电路中，利用行程开关来控制开关轿门的速度、自动开关门的限位，轿厢的上、下限位保护。机床上也有很多行程开关，用它控制工件运动或自动进刀的行程，避免发生碰撞事故。有时利用行程开关使被控物体在规定的两个位置之间自动换向，从而得到不断的往复运动。

行程开关按其结构可分为直动式、滚轮式、微动式和组合式行程开关。

（1）直动式行程开关　其结构原理如图 1-51 所示，由推杆、复位弹簧、触点和外壳组成，具有结构简单、价格低廉的优点。

直动式行程开关动作原理与按钮类似，所不同的是：按钮是手动，行程开关则由运动部件的撞块碰撞。当外界运动部件上的撞块碰压行程开关的推杆，使其触点动作，当运动部件离开后，在弹簧作用下其触点自动复位。行程开关触点的分合速度取决于生产机械的运行速度，不宜用于速度低于 0.4m/min 的场合。当移动速度低于 0.4m/min 时，触点分断缓慢，不能瞬时切换电路，触点易被电弧烧损。

（2）滚轮式行程开关　滚轮式行程开关如图 1-52 所示。滚轮式行程开关又分为单滚轮自动复位式和双滚轮（羊角式）非自动复位式，双滚轮行程开关具有两个稳态位置，有记忆功能，在某些情况下可以简化线路。

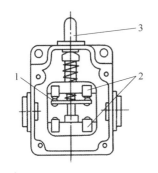

图 1-51　直动式行程开关
1—动触点　2—静触点　3—推杆

图 1-52　滚轮式行程开关

当运动机械的挡铁（撞块）压到行程开关的滚轮上时，传动杠连同转轴一同转动，使凸轮推动撞块，当挡铁碰压到一定位置时，推动微动开关快速动作。当滚轮上的挡铁移开后，复位弹簧就使行程开关复位。这种是单滚轮自动复位式行程开关。而双滚轮旋转式行程开关不能自动复位，它是依靠运动机械反向移动时，挡铁碰撞另一滚轮将其复位。

滚轮式行程开关触点的分合速度不受运动机械移动速度的影响。

（3）微动式行程开关　微动式行程开关如图 1-53 所示。常用的有 LXW-11 系列产品。微动开关安装了弯形片状弹簧，使推杆在很小的范围内移动时，可使触点因簧片的翻转而改变状态。它具有体积小、重量轻、动作灵敏、能瞬时动作、实现微小动作行程等优点，常用于行程控制要求准确度较高的场合。行程开关图形符号和文字符号如图 1-54 所示。

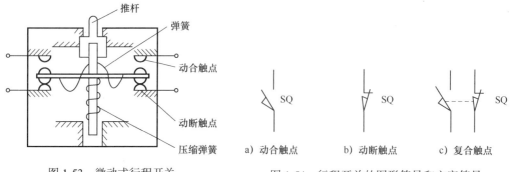

图 1-53 微动式行程开关

图 1-54 行程开关的图形符号和文字符号

a) 动合触点　　b) 动断触点　　c) 复合触点

2. 接近开关

接近开关又称无触点行程开关,当某种物体与其感应头接近到一定距离时就发出动作信号,它不像机械行程开关那样需要施加机械力,而是通过其感应头与被测物体间介质能量的变化来获取信号。接近开关的应用已远超出一般行程控制和限位保护的范畴,例如用于高速计数、测速、液面控制,检测金属体的存在、零件尺寸以及无触点按钮等。即便用于一般行程控制,其定位精度、操作频率、使用寿命和对恶劣环境的适应能力也优于一般机械式行程开关。

接近开关的原理框图及图形符号如图 1-55 所示。它是由感应头、振荡器、放大电路和输出器组成。当运动部件与接近开关的感应头接近时,使其输出一个电信号。

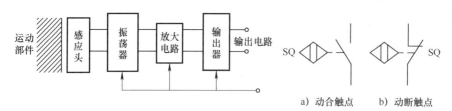

a) 动合触点　　b) 动断触点

图 1-55 接近开关的原理框图及图形符号

因为位移传感器可以根据不同的原理和不同的方法做成,而不同的位移传感器对物体的感知方法也不同。常见的接近开关有以下几种:

(1) 涡流式接近开关　这种开关有时也称为电感式接近开关,其外形图如图 1-56a 所示。它是利用导电物体在接近这个能产生电磁场的接近开关时,使物体内部产生涡流。这个涡流反作用到接近开关,使开关内部电路参数发生变化,由此识别出有无导电物体接近,进而控制开关的接通或断开。这种接近开关的检测对象必须是导电体。

(2) 电容式接近开关　这种开关的测量探头通常是构成电容器的一个极板,而另一个极板是开关的外壳。这个外壳在测量过程中通常是接地或与设备的机壳相连接。当有物体移向接近开关时,不论它是否为导体,由于它的接近总会使电容的介电常数发生变化,从而使电容量发生变

a) 电感式接近开关　　b) 光电开关

图 1-56 几种接近开关外形图

化，使得和测量头相连的电路状态随之发生变化，由此便可控制开关的接通或断开。这种接近开关的检测对象不限于导体，可以是绝缘的液体或粉状物等。

（3）霍尔接近开关　霍尔组件是一种磁敏组件。利用霍尔组件做成的开关称为霍尔开关。当磁性对象移近霍尔开关时，开关检测面上的霍尔组件因产生霍尔效应而使开关内部电路状态发生变化，由此识别附近有磁性物体存在，进而控制开关的接通或断开。这种接近开关的检测对象必须是磁性物体。

（4）光电开关　光电开关是利用光电感应原理实现开关动作的电气元器件，是接近开关的又一种形式，其外形图如图 1-56b 所示。将发光器件与光电器件按一定方向装在同一个检测头内，当有反光面（被检测物体）接近时，光电器件接收到反射光后便有信号输出，由此便可感知有物体接近。

光电开关除克服了接触式行程开关存在的诸多不足外，还克服了接近开关作用距离短、不能直接检测非金属材料等缺点。它具有体积小、功能多、寿命长、精度高、响应速度快、检测距离远以及抗电磁干扰能力强等优点，还可非接触、无损伤地检测和控制各种固体、液体、透明体、黑体、柔软体和烟雾等物质的状态和动作。目前，光电开关已被用于物位检测、液位检测、产品计数、尺寸判别、速度检测、定长控制、孔洞识别、信号延时、自动门控、色标检出以及安全防护等诸多领域。

光电开关按检测方式可分为对射式、反射式和镜面反射式 3 种类型。

1）反射式光电开关是利用物体把光电开关发射出的红外线反射回去，由光电开关接收，从而判断是否有物体存在。如有物体存在，光电开关接收到红外线，其触点动作，否则其触点复位。

2）对射式光电开关是由分离的发射器和接收器组成。当无遮挡物时，接收器接收到发射器发出的红外线，其触点动作；当有物体挡住时，接收器便接收不到红外线，其触点复位。

3）镜面反射式光电开关由发射器和接收器构成，从发射器发出的光束在对面的反射镜被反射，即返回接收器，当光束被中断时会产生一个开关信号的变化，有效作用距离为 0.1~20m。它可以辨别不透明的物体，不易受干扰，适用于野外或者有灰尘的环境中。

（5）热释电式接近开关　用可以感知温度变化的组件做成的开关称为热释电式接近开关。这种开关是将热释电器件安装在开关的检测面上，当有与环境温度不同的物体接近时，热释电器件的输出便产生变化，由此便可检测出有物体接近。

（6）其他形式的接近开关　当观察者或系统对波源的距离发生改变时，接收到的波的频率会发生偏移，这种现象称为多普勒效应。声呐和雷达就是利用这个效应的原理制成的。利用多普勒效应可制成超声波接近开关、微波接近开关等。当有物体移近时，接近开关接收到的反射信号会产生多普勒频移，由此可以识别出有无物体接近。

3. 磁性感应开关

用永磁体来驱动的干簧继电器称为磁性感应开关。

干簧继电器是一种具有密封触点的电磁式继电器。干簧继电器可以反映电压、电流、功率以及电流极性等信号，在检测、自动控制、计算机控制技术等领域中应用广泛。干簧继电器主要由干式舌簧片与励磁线圈组成。干式舌簧片（触点）是密封的，由铁-镍合金做成，干式舌簧片的接触部分通常镀有贵重金属（如金、铑、钯等），接触性良好，具有良好的导电性能。触点密封在充有氮气等惰性气体的玻璃管中，因而有效地防止了尘埃的污染，减少了对触点的腐蚀，提高了工作可靠性。干簧继电器的结构如图 1-57 所示。

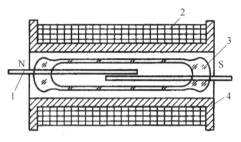

当线圈通电后，玻璃管中两干式舌簧片的自由端分别被磁化成 N 极和 S 极，并相互吸引，因而接通被控电路。线圈断电后，干式舌簧片在本身的弹力作用下分开，将电路切断。图 1-58 为由线圈控制的干簧继电器的工作原理图。

图 1-57　干簧继电器的结构图

1—干式舌簧片　2—线圈　3—玻璃管　4—骨架

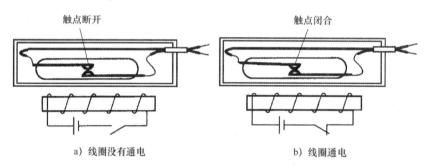

a) 线圈没有通电　　　　　b) 线圈通电

图 1-58　干簧继电器工作原理图

干簧继电器结构简单、体积小、吸合功率小、灵敏度高，一般吸合与释放时间均在 0.5~2ms 以内；触点密封，不受尘埃、潮气及有害气体污染，动片质量小、动程小，触点电气寿命长，一般可达 10^7 次左右。

当用永磁体来驱动干簧继电器，即用作磁性感应开关时，可以反映非电信号，适用于限位、行程控制及非电量检测等。图 1-59 为磁性感应开关的工作原理图，图 1-60 为磁性感应开关在气缸上的应用，在气缸的活塞上有环形磁铁，当活塞在左位时，活塞上的磁铁使气缸左边干簧继电器的触点吸合，同时左边干簧继电器上的指示灯亮，表明左边干簧继电器的触点处于闭合状态，右边干簧继电器的触点处于断开状态。同理，当活塞在右边时，活塞上的磁铁使气缸右边干簧继电器的触点吸合，同时右边干簧继电器上的指示灯亮，表明右边干簧继电器的触点处于闭合状态，左边干簧继电器的触点处于断开状态。由于开关的接通或断开，使电磁阀换向，从而实现气缸的往复运动。

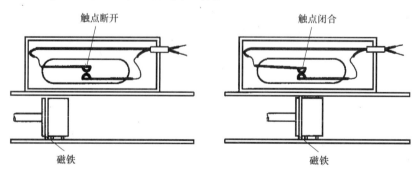

图 1-59　磁性感应开关工作原理图

a) 应用现场实物图

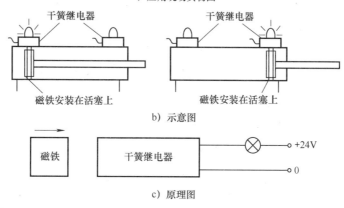

b) 示意图

c) 原理图

图 1-60 磁性感应开关在气缸上的应用

1.3.2 闭环监控检测元件

在闭环电气自动控制系统中,使用反馈信号和指令信号的比较结果来进行速度和位置控制。速度反馈是用来测量和控制运动部件的速度。位置反馈是用来测量和控制运动部件的位移。其运动精度主要由位置检测装置的精度决定。

位置检测装置一般由两部分组成:一部分为测量装置本身,称为检测元件;另一部分则是保证检测元件正常工作而必需的电路,称为辅助电路。位置检测装置的精度通常用分辨率和系统精度来表示。分辨率是指测量装置所能检测的最小单位。它是由传感器本身的品质所决定的。系统精度是指在测量范围内,传感器输出所代表的速度或位移的数值与实际的速度或位移的数值之间的最大误差。分辨率不仅取决于检测元件本身,也取决于测量线路。选择检测装置的分辨率和系统精度时,一般要求比机床加工精度高一个数量级。

由于机床的类型不同,工作条件和检测要求各异,所以,在机床闭环电气自动控制系统中有多种检测方式和检测元件。

1) 增量式和绝对式:增量式检测只检测位移的增量,每移动一个测量单位就发一个测量信号,其特点是结构简单,任何一个点都可以作为测量的起点。然而在运动过程中,一旦发生意外中断,则不能再找到中断前的位置,只能重新开始。绝对式检测则无此缺点,任何位置都由一个固定点算起,也就是说每一点都有一个相应值与之对应。这种方式要求的分辨率越高,则结构越复杂。

2) 数字式和模拟式:数字式是将被测的量进行单位量化后以数字的形式表示,其特点是被测的量化后转换成脉冲个数,便于处理。检测精度取决于测量单位,监测装置比较简单，脉冲信号抗干扰能力强。模拟式检测是将被测的量用连续的变量来表示，如用电压、相位或幅值来表示。可直接测量被测的量，无须再量化，在小量程内可以实现高精度测量。

检测元件还可以采用回转型和直线型、接触式和非接触式、电磁式、感应式、光电式等不同分法。

对机床的直线位移采用直线型检测元件测量，称为直接测量。其测量精度主要取决于测量元件的精度，不受机床传动精度的影响。

对机床的直线位移采用回转型检测元件测量，称为间接测量。其测量精度取决于测量元件和机床传动链两者的精度。为了提高定位精度，常常需要对机床的传动误差进行补偿。

1. 光电编码器

编码器又称编码盘或码盘，是一种旋转式测量元件。编码器根据内部结构和检测方式可分为接触式、光电式和电磁式三种形式，其中，光电式编码器的精度和可靠性都优于其他两种，因而广泛应用于数控机床上。另外，按照每转发出的脉冲数又分为 2000/r、2500/r、3000/r、4000/r 等多种型号。根据数控机床滚珠丝杠的螺距来选用不同型号的编码器。

编码器通常安装在被检测轴上，随被测轴一起转动，可将被测轴的机械角位移转换成增量脉冲形式或绝对式的代码形式。它具有精度高、结构紧凑和工作可靠等优点，常在半闭环伺服系统中作为角位移数字式检测元件。

图 1-61 所示为编码器与主轴安装的两种形式（即同轴安装和异轴安装），主要作用是当数控机床加工螺纹时，用编码器作为主轴位置信号的反馈元件，将发出的主轴转角位置变化信号输送给计算机，控制机床纵向或横向电动机运转，实现螺纹加工的目的。

（1）光电式编码器的结构　光电式编码器是一种光电式非接触式转角检测装置。码盘用透明及不透明区域按一定编码构成。根据其编码方式的不同，可分为增量式光电编码器和绝对式光电编码器。

光电编码器利用光电原理把机械角位移变换成电脉冲信号，是数控机床最常用的位置检测元件。光电编码器按输出信号与对应位置的关系，通常分为增量式光电编码器、绝对式光电编码器和混合式光电编码器。

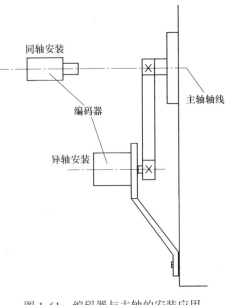

图 1-61　编码器与主轴的安装应用

图 1-62 所示为光电脉冲编码器的结构。它由电路板、圆光栅、指示光栅、轴、光敏元件、光源和连接法兰等组成。其中，圆光栅是在一个圆盘的周围刻有相等间距的线纹，分为透明和不透明部分，圆光栅和工作轴一起旋转。与圆光栅相对平行地放置一个固定的扇形薄片，称为指示光栅，上面刻有相差 1/4 节距的两个狭缝和一个零位狭缝。光电编码器通过十字连接头或键与伺服电动机相连，它的法兰固定在电动机端面上，罩上防尘罩，构成一个完整的检测装置。

（2）增量式光电编码器的工作原理　增量式光电编码器能够把回转件的旋转方向、旋转角度和旋转角速度准确地测量出来，然后通过光电转换将其转换成相应的脉冲数字量，然后由微机数控系统或计数器计数得到角位移或直线位移量。绝对式光电脉冲编码器可将被测转角转换成相应的代码来指示绝对位置而没有累计误差，是一种直接编码式的测量装置。

图 1-63 所示为增量式光电编码器测量系统的原理图。在码盘的边缘上设有间距相等的透光缝隙，码盘的两侧分别安装光源与光敏元件（如光电池、光敏晶体管等）。当码盘随被测轴一起旋转时，每转过一个缝隙就有一次光线的明暗变化，投射到光敏元件上的光强就会发生变化，光敏元件把光线的明暗变化转变成电信号的变化。然后经放大、整形处理后，输出脉冲信号，脉冲的个数等于转过的缝隙数。如果将脉冲信号送到计数器中计数，就可以测出码盘转过的角度。测出单位时间内脉冲的数目，就可以求出码盘的旋转速度。

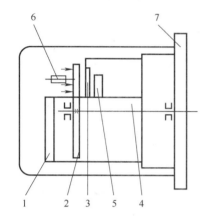

图 1-62 光电脉冲编码器结构
1—电路板 2—圆光栅 3—指示光栅
4—轴 5—光敏元件 6—光源 7—连接法兰

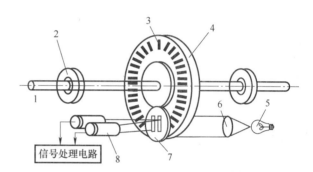

图 1-63 增量式光电编码器测量系统的原理图
1—旋转轴 2—滚珠轴承 3—透光夹缝 4—光电编码器
5—光源 6—聚光镜 7—光栏板 8—光敏元件

在图 1-63 中，因测得的角度值都是相对于上一次读数的增量值，所以是一种增量式角位移检测装置，其输出的信号是脉冲，通过计量脉冲的数目和频率，即可测出被测轴的转角和转速。

由于增量式光电编码器每转过一个分辨角就发出一个脉冲信号，由此可得出如下结论：

1）根据脉冲的数目可得出工作轴的回转角度，然后由传动比换算为直线位移距离。

2）根据脉冲的频率可得出工作轴的转速。

3）根据光栏板上两条狭缝中信号的先后顺序（相位）可判别光电编码盘的正反转向。

此外，在光电编码器的内圈还增加一条透光条纹 Z，每转产生一个零位脉冲信号。在进给电动机所用的光电编码器上，零位脉冲用于精确确定机床的参考点，而在主轴电动机上，则可用于主轴准停以及螺纹加工等。

进给电动机常用增量式光电编码器的分辨率有 2000p/r、2024p/r、2500p/r 等。目前，光电编码器每转可发出数万至数百万个方波信号，因此可满足高精度位置检测的需要。

光电编码器的安装有两种形式，一种是安装在伺服电动机的非输出轴端，称为内装式编码器，用于半闭环控制；另一种是安装在传动链末端，称为外置式编码器，用于闭环控制。光电编码器的安装要保证连接部位可靠、不松动，否则会影响位置检测精度，使进给运动不稳定，并使机床产生振动。

（3）绝对式光电编码器的工作原理 绝对式光电编码器的光盘上有透光和不透光的编码图案，编码方式可以有二进制编码、二进制循环编码、二至十进制编码等。绝对式光电编码器通过读取编码盘上的编码图案来确定位置。

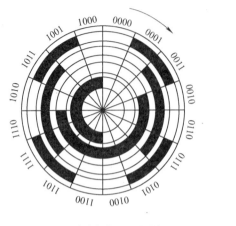

a) 绝对式光电编码器原理图

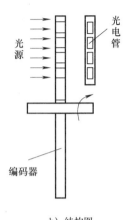

b) 结构图

图 1-64　绝对式光电编码器

图 1-64a 所示为绝对式光电编码器原理图，图 1-64b 是其结构图。在图 1-64a 中，码盘上有 4 条码道。码道就是码盘上的同心圆。按照二进制分布规律，把每条码道加工成透明和不透明相间的形式。码盘的一侧安装光源，另一侧安装一排径向排列的光电管，每个光电管对准一条码道。当光源照射码盘时，如果是透明区，则光线被光电管接收，并转变成电信号，输出信号为 1；如果不是透明区，光电管接收不到光线，则输出信号为 0。被测轴带动码盘旋转时，光电管输出的信息就代表了轴的相应位置，即绝对位置。

绝对式光电编码器转过的圈数由 RAM 保存，断电后由后备电池供电，保证机床的位置即使断电或断电后又移动过也能够正确地被记录下来。因此，采用绝对式光电编码器进给电动机的数控系统只要出厂时建立过机床坐标系，则以后就不用再做回参考点的操作，从而保证机床坐标系一直有效。绝对式光电编码器与进给驱动装置或数控装置通常采用通信的方式反馈位置信息。

（4）编码器正反转向辨别　随着码盘的转动，光敏元件输出的信号不是方波，而是近似正弦波。为了测出转向，光栅板的两个狭缝距离应为 $m \pm p/4$（p 为码盘两个狭缝之间的距离即节距，m 为任意整数），使两个光敏元件的输出信号相差 $\pi/2$ 相位，如图 1-65 所示。

为了判别码盘的旋转方向，可在码盘两侧再装一套光电转换装置，两套光电装置在圆周方向错开 $p/4$ 节距，它们分别用 A 和 B 表示。两套光电转换装置产生两组近似于正弦波的电流信号 I_A 和 I_B，两者相位相差 90°，经放大和整形电路处理后变成方波，如图 1-65 所示。若电流 I_A 的相位超前于 I_B，对应电动机为正向旋转；若 I_B 相超前于 I_A 时，对应电动机为反向旋转。若以该方波的前沿或后沿产

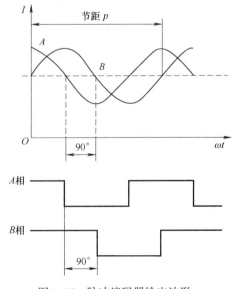

图 1-65　脉冲编码器输出波形

生计数脉冲，则可以形成代表正向位移和反向位移的脉冲序列。

光电编码器的优点是没有接触磨损，码盘寿命长，允许转速高，精度较高。缺点为结构复杂，价格高，光源寿命短。

2. 光栅

在高精度数控机床和数显系统中，常使用光栅作为位置检测装置。它是将机械位移或模拟量变为数字脉冲，反馈给 CNC 或数显装置来实现闭环控制的。计量光栅可分为圆光栅和长光栅两种。由于激光技术的发展，光栅制作的精度得到了很大的提高，现在光栅精度可以达到微米级，甚至亚微米级，再通过细分电路可以达到 $0.1\mu m$，甚至更高的分辨率。

（1）光栅的结构 光栅装置的结构由标尺光栅和光栅读数头两部分组成。光栅读数头由光源、透镜、指示光栅、光敏元件和驱动线路组成。图 1-66 所示为垂直入射光栅读数头。

在光栅测量中，通常由一长一短两块光栅尺配套使用，其中长的一块称为主光栅或标尺光栅，固定在机床的活动部件上，随运动部件移动，要求与行程等长。短的一块称为指示光栅，安装在光栅读数头中，光栅读数头安装在机床的固定部件上。两光栅尺上的刻线密度均匀且相互平行放置，并保持一定的间隙（0.05mm 或 0.1mm）。图 1-67 所示为一光栅尺的简单示意图。

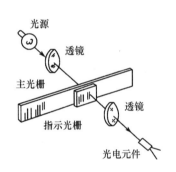

图 1-66 垂直入射光栅读数头结构示意图

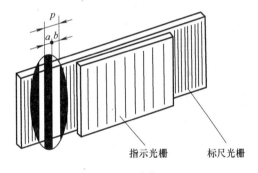

图 1-67 光栅尺

两个光栅尺上均匀刻有很多条纹，从其局部放大部分来看，白的部分 b 为透光宽度，黑的部分 a 为不透光宽度，若 P 为栅距，则 $P=a+b$。通常情况下，光栅尺刻线的不透光宽度和透光宽度是一样的，即 $a:b=1:1$。

在图 1-66 中，主光栅不属于光栅读数头，但它要穿过光栅读数头，且保证指示光栅有准确的位置对应关系。主光栅和指示光栅统称为光栅尺。栅距与线纹密度互为倒数，常见的直线光栅线纹密度为 50 条/mm、100 条/mm 和 200 条/mm。

（2）光栅的工作原理 图 1-68 所示为莫尔条纹。在安装时，将两块栅距相同、黑白宽度相同的标尺光栅和指示光栅刻线面平行放置，将指示光栅在其自身平面内倾斜一很小的角度，以便使它的刻线与标尺光栅的刻线间保持一个很小的夹角 θ。这样，在光源的照射下，就形成了光栅刻线几乎垂直的横向明暗相同的宽条纹，即莫尔条纹。由于光的干涉效应，在 a 线附近，两块光栅尺的刻线相互重叠，光栅尺上的透光狭缝互不遮挡，透光性最强，形成亮带；在 b 线附近，两块光栅尺的刻线互相错开，一块光栅尺的不透光部分刚好遮住另一光栅尺的透光部分，所以透光性最差，形成暗带。

图 1-69 所示为横向莫尔条纹参数间的关系。

$$BC = AB\sin\frac{\theta}{2}$$

其中
$$BC = \frac{P}{2} \qquad AB = W$$

因而
$$W = \frac{P}{2\sin\frac{\theta}{2}}$$

由于 θ 值很小，上式可简化为 $W = \dfrac{P}{\theta}$，式中 θ 的单位为 rad。

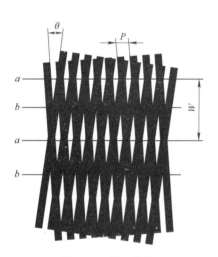

图 1-68　莫尔条纹

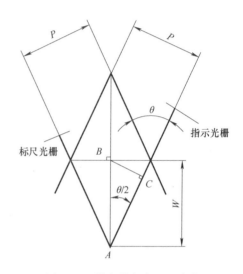

图 1-69　横向莫尔条纹的参数

（3）光栅的种类　光栅的种类繁多，可分为计量光栅、物理光栅、透射光栅和反射光栅等。

1）物理光栅。物理光栅刻线细且密，节距很小（200~500 条/mm），主要是利用光的衍射现象。物理光栅常用于光谱分析和光波波长测定。

2）计量光栅。计量光栅刻线较粗（25 条/mm、50 条/mm、100 条/mm、250 条/mm），主要是利用光的透射和反射现象。由于计量光栅应用莫尔条纹原理，因而所测的位置精度相当高，有很高的分辨率，很容易达到 0.1mm 的分辨率，最高分辨率可达 0.025mm。

计量光栅按形状可分为长光栅（测量直线位移）和圆光栅（测量角位移）。长光栅又称直线光栅，用于直线位移的测量；圆光栅是在玻璃圆盘的外环端面上，做成黑白间隔条纹，根据不同的使用要求，在圆周上的线纹数也不相同。圆光栅一般有三种形式：六十进制、十进制和二进制。它用于角位移测量。

3）透射光栅。在玻璃的表面上制成透明与不透明间隔相等的线纹，称为透射光栅。而玻璃透射光栅是在光学玻璃的表面上涂上一层感光材料或金属镀膜，再在涂层上刻出光栅条纹，用刻蜡、腐蚀、涂黑等办法制成光栅条纹。光栅的几何尺寸主要根据光栅线纹的长度和安装情况来具体确定。其特点是：光源可以采用垂直入射，光电元件可直接接收光信号，因此，信号幅度大，读数头结构简单；每 mm 上的线纹数多，一般常用的黑白光栅可做到 100 条/mm，再经过电路细分，可达到微米级的分辨率。

根据光栅的工作原理，玻璃透射光栅可分为莫尔条纹式光栅和透射直线式光栅两类。

① 莫尔条纹式光栅。莫尔条纹式光栅应用很普遍。莫尔条纹具有以下特点。

a. 起平均误差的作用。莫尔条纹是由若干光栅刻线通过光的干涉形成的，如250 条/mm 光栅是指 1mm 宽的莫尔条纹由 250 条刻线组成。这样一来，栅距之间的误差就被平均化了。

b. 起放大作用。调整两光栅的倾斜角 θ，就可以改变放大倍数。

c. 莫尔条纹的移动与栅距之间的移动成正比。

当光栅移动时，莫尔条纹就沿着垂直于光栅的运动方向移动，并且光栅每移动一个栅距 P，莫尔条纹就准确地移动一个节距。只要测量出莫尔条纹的数目，就可以知道光栅移动了多少个栅距，从而计算出光栅的移动距离。当光栅移动方向相反时，莫尔条纹的移动方向也相反。

② 透射直线式光栅。透射直线式光栅由光源、长光栅（标尺光栅）、短光栅（指示光栅）、光敏元件组成。当两块光栅之间有相对移动时，由光敏元件把两光栅相对移动产生的变化转换为电流变化。当指示光栅的刻线与标尺光栅的透明间隔完全重合时，光敏元件接收到的光通量最弱；当指示光栅的刻线与标尺光栅的刻线完全重合时，则光敏元件接收到光通量最强。光敏元件接收到的光通量忽强忽弱，产生近似于正弦波的电流，再由电子线路转变为以数字显示的位移量。

4）反射光栅。在金属的镜面上制成全反射与漫反射间隔相等的线纹，称为反射光栅，也可以把线纹做成具有一定衍射角度的定向光栅。而金属反射光栅是在钢直尺或不锈钢带的镜面上用照相腐蚀或用钻石刀直接刻划制作光栅条纹。其特点是标尺光栅的线膨胀系数很容易做到与机床材料一致；标尺光栅的安装和调整比较方便；安装面积较小；易于接长或制成整根的钢带长光栅；不易碰碎。目前常用的线纹数为 4、10、25 和 40（条/mm）。

（4）光栅测量系统

1）光栅测量的基本电路。光栅测量系统由光源、透镜、标尺光栅、光敏元件和一系列信号处理电路组成，如图 1-70 所示。信号处理电路又包括放大、整形和鉴向倍频。通常情况下，除标尺光栅与工作台装在一起随工作台移动外，光源、透镜、指示光栅、光敏元件和信号处理均装在一个壳体内，做成一个单独部件固定在机床上，这个部件称为光栅读数头，其作用是将莫尔条纹的光信号转换成所需的电脉冲信号。读数头的结构形式按光路来分有：分光读数头、垂直入射读数头和反射读数头。

首先分析光栅移动过程中位移量与各转换信号之间的相互关系。当光栅移动一个栅距时，莫尔条纹便移动一个节距。通常，光栅测量中的光敏元件常使用硅光电池，它的作用是将近似正弦的光强信号变为同频率的电压信号。但由于硅光电池产生的电压信号较弱，所以需要经过差动放大器放大到幅值足够大的同频率正弦波，再经整形器变为方波。由此可以看出，每产生一个方波，就表示光栅移动了一个栅距。最后通过鉴向倍频电路中的微分电路变为一个窄脉冲，这样就变成了由脉冲来表示栅距，通过对脉冲计数便可得到工作台的移动距离。鉴向倍频电路还起到辨别方向和细分的作用。

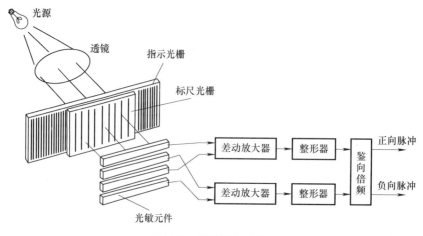

图 1-70　光栅测量系统

2）鉴向倍频电路。在光栅检测装置中，将光源来的平行光调制后作用于光电元件上，从而得到与位移成比例的电信号。当光栅移动时，从光电元件上将获得一正弦电流。若仅用一个光电元件检测光栅的莫尔条纹变化信号，只能产生一个正弦信号用作计数，不能分辨运动方向。为了辨别方向，至少要放置两个光敏元件，两者相距 1/4 莫尔条纹节距，这样当莫尔条纹移动时，将会得到两路相位相差 $\pi/2$ 的波形。如图 1-71a 所示，光敏元件 2 上得到的波形信号 S_2 比光敏元件 1 上得到的波形信号 S_1 超前。反之，则滞后，如图 1-71b 所示。这两路信号经放大整形后送鉴向倍频电路，由鉴向环节判别出其移动方向。

为了提高光栅的分辨精度，除了增大刻线密度和提高刻线精度外，还可以用倍频的方法细分。倍频细分中有 4 倍频细分，所谓 4 倍频细分就是从莫尔条纹原来的一个脉冲信号，变为在 0、$\pi/2$、π、$3\pi/2$ 都有脉冲输出，从而使精度提高 4 倍。实现 4 倍频的方法是每隔 1/4 莫尔条纹节距放置一个硅光电池。

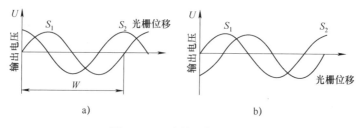

图 1-71　两光敏元件的波形

（5）常用光栅的精度　光栅的精度主要取决于标尺光栅本身的制造精度，也就是光栅任意两点间的误差。由于激光技术的发展，光栅的制作精度得到很大提高，目前光栅精度可以达到微米级，再通过细分电路可以达到 0.1μm，甚至更高的分辨率。表 1-1 列出了几种光栅的精度数据。表中精度指两点间最大均方差根误差。从表 1-1 可以看出，各种光栅中以玻璃衍射光栅的精度最高。

表 1-1　常用光栅的精度

光　　栅		光栅长度(直径)/mm	线纹数/(条/mm)	精度/μm
长光栅	玻璃透射光栅	1000	100	10
		1100	100	10
		1100	100	3~5
		500	100	5
		500	100	2~3
	金属反射式	1220	40	13
		500	25	7
	高精度金属反射光栅	1000	50	7
	玻璃衍射光栅	300	250	±1.5

3. 测速发电机

测速发电机是一种旋转式速度检测元件，可将输入的机械转速变为电压信号输出，在数控系统的速度控制单元和位置控制单元中都得到应用。尤其常作为伺服电动机的检测传感器，将伺服电动机的实际转速转换为输出电压或输出脉冲与给定电压或参考频率进行比较后，发出速度控制信号，以调节伺服电动机的转速。为了准确反映伺服电动机的转速，就要求测速发电机的输出电压与转速严格成正比。测速发电机分为直流测速发电机和交流测速发电机。

直流测速发电机是一种直流电机，其定子、转子结构和直流伺服电动机基本相同。如果按定子磁极的励磁来分，可以分为电磁式和永磁式两大类。直流测速发电机的工作原理与一般直流发电机相同，如图 1-72 所示。

在恒定磁场中，旋转的电枢绕组切割磁通，并产生感应电动势，使测速发电机的输出电压与转速严格成正比。图 1-73a 所示为理想情况下直流测速发电机在带负载时的输出特性。可以看出，对于不同的负载电阻，测速发电机的输出特性的斜率也有所不同，它随负载的减小而降低。

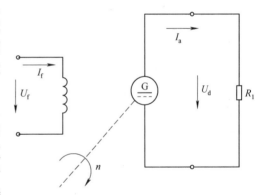

图 1-72　直流测速发电机原理图

而实际运行中，直流测速发电机的输出电压与转速间并不能严格保证正比关系。这是因为加上负载后，直流测速发电机电枢反映的是去磁作用削弱了磁场磁通，磁通 Φ 不再是常数，它随负载的大小而改变。这样，测速发电机的输出电压就不再和转速 n 严格成正比，其输出特性如图 1-73b 所示。另一个原因是因为电刷的接触压降，使得发电机在低速时输出电压变得很小，导致在这个低速范围内测速发电机虽有转速输入信号，但输出电压很小。为了改善其输出特性，常常相应地采取某些措施。

直流测速发电机的优点是易于得到线性的输出特性而无相位误差，因此适用于许多自控系统。缺点是换向器与电刷相对滑动接触，易造成机械磨损。在数控系统中，测速发电机常用于伺服电动机的转速测量。在检测时，往往将测速发电机与伺服电动机同轴接在一起，其输出电压可作为转速反馈的模拟信号，送至比较环节与给定信号比较，再发出速度控制信号，以调节伺服电动机的转速。

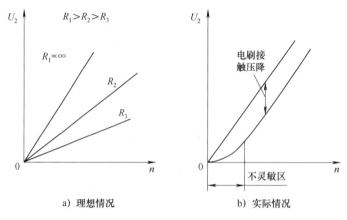

图 1-73　直流测速发电机的输出特性

习　题

1. 低压电器的定义是什么？常用的低压电器有哪些？

2. 电磁式电器主要由哪几部分组成？各部分的作用是什么？

3. 常用的灭弧方法有哪些？

4. 低压断路器有哪些基本组成部分？它在电路中的作用是什么？

5. 熔断器有哪些用途？一般应如何选用？在电路中应如何连接？

6. 在电动机的主电路中装有熔断器，为什么还要装热继电器？

7. 电动机的起动电流较大，当电动机起动时，热继电器会不会动作？为什么？

8. 普通的两相或三相结构的热继电器，为什么不能对三角形联结的电动机进行断相保护？

9. 中间继电器与交流接触器有什么区别？什么情况下可用中间继电器代替交流接触器使用？

10. 简述固态继电器的优缺点。

11. 画出下列低压电器的图形符号，并标注其文字符号。

1）时间继电器的所有线圈和触点。

2）热继电器的热元件和动断触点。

3）行程开关的动合、动断触点。

4）复合按钮。

5）熔断器和低压断路器。

6）速度继电器的动合、动断触点。

7）接触器的线圈和所有触点。

8）中间继电器的线圈和动合、动断触点。

单元2 机床基本电气控制电路

本单元主要介绍绘制电气控制系统图的基本原则，介绍三相笼型异步电动机常见控制电路和典型生产机械电气控制电路的分析。本单元是分析和设计机械设备电气控制电路的基础，要求大家熟练掌握。

2.1 电气控制系统图的绘制

由电动机、仪表和许多必要的电气元器件组成，用导线按照一定要求连接起来，从而完成某种特定的控制功能，这样的系统称为电气控制系统。为了表达生产机械电气控制系统的结构、原理等设计意图，也为了便于对控制系统进行设计、安装、接线、运行、维护，需将电气控制系统中各电气元器件的连接关系用一定的图形符号和文字符号表示出来，这种图就是电气控制系统图。

2.1.1 电气控制系统图的图形符号和文字符号

电气控制系统图中用来表示某个电器设备的图形，称为电气图形符号；用来区分不同的电气设备、电气元器件，或用来区分同类设备、电气元器件时，在相对应的图形、标记旁标注的文字称为文字符号。

为了提高电气系统图的通用性，电气控制系统图的绘制必须符合国家标准，用统一的文字符号、图形符号及画法，以便于设计人员的绘图及现场技术人员、维修人员的识图。在电气图中，代表电动机、各种电气元器件的图形符号和文字符号应按照我国已颁布实施的有关国家标准绘制。中国国家标准化管理委员会制订了我国电气设备的有关国家标准，并颁布了GB/T 4728—2005《电气简图用图形符号》、GB/T 5465—2009《电气设备用图形符号》、GB/T 6988—2008《电气技术用文件的编制》、GB/T 5094—2005《电气技术中的项目代号》等标准。

常用电气图形符号见表2-1，常用电气文字符号见表2-2。

表2-1 常用电气图形符号

名　称	图形符号		名　称	图形符号
三极刀开关	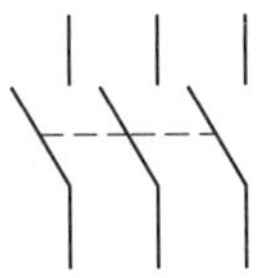	行程开关	动合触点	
低压断路器	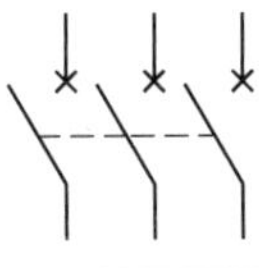		动断触点	

（续）

名　称		图形符号	名　称		图形符号
行程开关	复合触点		接触器	动合辅助触点	
接触器	线圈			动断辅助触点	
	主触点		速度继电器	动合触点	n
	转换开关			动断触点	n
按钮	动合触点		时间继电器	线圈	
	动断触点			延时闭合动合触点	
	复合触点			延时断开动断触点	
时间继电器	延时闭合动合触点			熔断器	
	延时断开动断触点			熔断器式刀开关	
	通电延时线圈		热继电器	热元件	
	断电延时线圈			动断触点	

（续）

名　　称	图形符号	名　　称	图形符号
中间继电器线圈	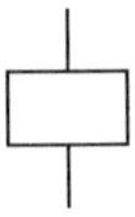	桥式整流装置	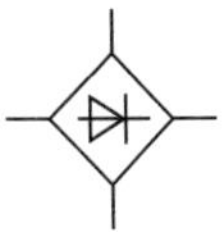
欠电压继电器线圈	$U<$	蜂鸣器	
过电流继电器线圈	$I>$	信号灯	
欠电流继电器线圈	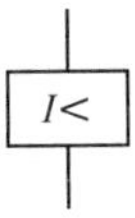 $I<$	电阻器	
动合触点		接插器	
动断触点		电磁铁	
电磁吸盘	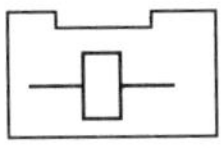	变压器	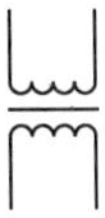
串励直流电动机	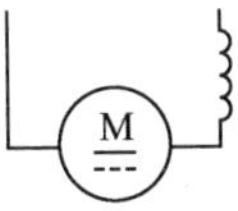 M	三相自耦变压器	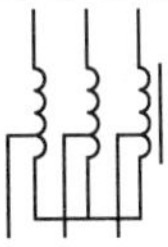
并励直流电动机	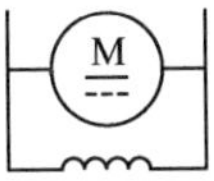 M	带滑动触点的电位器	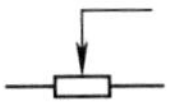
他励直流电动机	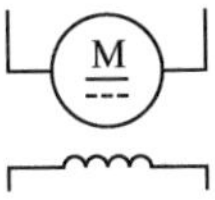 M	PNP 型晶体管	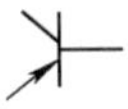
复励直流电动机	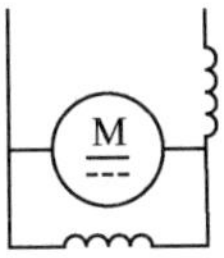 M	NPN 型晶体管	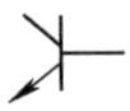

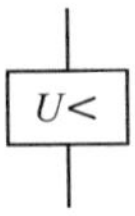

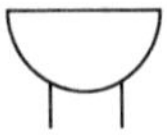

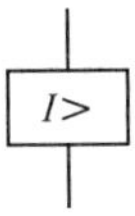

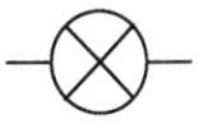

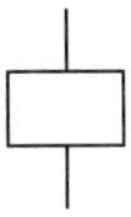

（第一列左侧纵向标注：继电器）

（续）

名　称	图形符号	名　称	图形符号
直流发电机		晶闸管（阳极侧受控）	
三相笼型异步电动机		半导体二极管	
三相绕线转子异步电动机		接近开关动合触点	
接近开关常闭触点		带线端标记的端子板	1　2　3
与门	&	导线的连接	
或门	≥1	导线跨跃面不连接	
非门	1	屏蔽线	
阀的一般符号		中性线	
电磁阀		保护线	
电动阀	M	先断后合的转换触点	
屏、台、箱、柜的一般符号		中间断开的双向触点	
配电箱			

表 2-2　常用电气文字符号

名　称	符　号	名　称	符　号	名　称	符　号
直流发电机	GD	断路器	QF	起动电阻器	RS
交流发电机	GA	刀开关	QK	制动电阻器	RB
同步发电机	GS	转换开关	SC	频坡电阻器	RF
异步发电机	GA	控制开关	SA	电容器	C
直流电动机	MD	行程开关	SQ	电感器	L
交流电动机	MA	微动开关	SS	电抗器	L
同步电动机	MS	按钮	SB	熔断器	FU
异步电动机	MA	接近开关	SP	照明灯	EL
笼型电动机	MC	电压继电器	KV	指示灯	HL
电枢绕组	WA	电流继电器	KA	晶体管	VT
定子绕组	WS	时间继电器	KT	晶闸管	VTH
转子绕组	WR	控制继电器	KC	半导体二极管	VD
电力变压器	TM	速度继电器	KS	稳压管	VS
控制变压器	TC	接触器	KM	压力变换器	BP
自耦变压器	TA	电磁铁	YA	位置变换器	BQ
整流变压器	TR	电磁阀	YV	温度变换器	BT
电流互感器	TA	电磁离合器	YC	速度变换器	BV
电压互感器	TV	电阻器	R	测速发电机	BR
整流器	U	电位器	RP		

2.1.2　电气控制系统图的绘制原则

电气控制系统图有 3 种类型：电气原理图、电气安装接线图和电气元器件布置图。每种图都有其不同的用途和规定的表达方式。电气原理图主要用于表示系统控制原理、参数、功能及逻辑关系，是最详细表示控制规律和参数的工程图；电气安装接线图主要用于表示各电气元器件在设备中的具体位置分布情况，以及连接导线的走向；电气元器件布置图主要是表明机械设备上所有电气设备和电气元器件的实际位置。下面以 C620 卧式车床电气控制系统图的绘制为例，分别说明 3 种电气控制系统图的绘制。

1. 电气原理图

电气原理图是采用将电气元器件以展开的形式绘制而成的一种电气控制系统图，它只表示电气元器件的导电部件和接线关系。电气原理图并不按照电气元器件的实际安装位置来绘制，也不反映电气元器件的实际外观及尺寸。

电气原理图是根据工作原理而绘制的，具有结构简单、层次分明、便于研究和分析电路的工作原理等优点。在各种生产机械的电器控制中，无论在设计部门或生产现场都得到广泛的应用。电气控制电路常用的图形符号、文字符号必须符合国家标准。

电气原理图的作用是：便于操作者详细了解其控制对象的工作原理；用以指导安装、调试与维修以及为绘制接线图提供依据。

依据国家标准和控制要求所绘制的 C620 卧式车床电气原理图如图 2-1 所示。

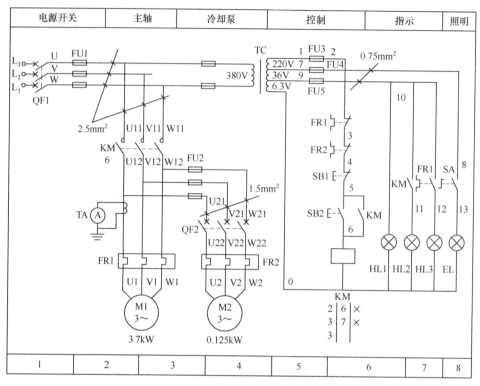

图 2-1 C620 卧式车床电气原理图

（1）电气原理图的绘制原则

1）原理图一般分为主电路、控制电路和辅助电路。主电路是设备的驱动电路，是从电源到电动机大电流通过的路径；控制电路是由接触器和继电器线圈、各种电器的触点组成的逻辑电路，实现所要求的控制功能；辅助电路包括信号、照明和保护等电路。

2）电气元器件的布局应根据便于阅读的原则安排。一般主电路画在左边或上方；控制电路和辅助电路画在右边或下方。主电路、控制电路和辅助电路中各元器件位置都应按操作顺序绘制，自左而右或自上而下，同一电气元器件的各个部件可以不画在一起。

3）原理图可水平或垂直布置，并尽可能减少线条和避免线条交叉。如果图中有直接电联系的交叉导线的连接点（即导线交叉处），要用黑圆点表示；无直接电联系的交叉导线，交叉处不能画黑圆点。

4）原理图中所有电动机、电器等元器件都应采用国家统一规定的图形符号和文字符号来表示。属于同一电器的线圈和触点，都要用同一文字符号表示。当使用相同类型电器时，可在文字符号后加注阿拉伯数字序号来区分，如两个接触器，可用 KM1 和 KM2 来区别。

5）电气原理图中的电气元器件是按未通电和没有受外力作用时的状态绘制。

在不同的工作阶段，各个电器的动作不同，触点时闭时开。而在电气原理图中只能表示出一种情况。因此，规定所有电器的触点均表示在原始情况下的位置，即在没有通电或没有发生机械动作时的位置。对于接触器，是线圈未通电，触点未动作时的位置；对于按钮，是手指未按下按钮时触点的位置；对于热继电器，是动断触点在未发生过载动作时的位置；对于控制器，是手柄处于零位时的位置。

6）原理图中使触点动作的外力方向必须是：当图形垂直放置时为从左到右，即垂线左侧的触点为动合触点，垂线右侧的触点为动断触点；当图形水平放置时为从下到上，即水平线下方的触点为动合触点，水平线上方的触点为动断触点。

7）在原理图的上方将图分成若干图区，并标明该区电路的用途与作用；在继电器、接触器线圈下方列有触点表，以说明线圈和触点的从属关系。

（2）接线端子标记

1）三相交流电路引入线采用 L1、L2、L3、N、PE 标记，直流系统的电源正、负线分别用 L+、L-标记。

2）分级三相交流电源主电路采用三相文字代号 U、V、W。

3）各电动机分支电路各结点标记采用三相文字代号后面加数字来表示，数字中的个位数表示电动机代号，十位数字表示该支路各节点的代号，从上到下按数值大小顺序标记。如 U11 表示 M1 电动机的第一相的第一个节点代号，U21 表示 M1 电动机的第一相的第二个节点代号，依次类推。

4）控制电路采用阿拉伯数字编号。标注方法按"等电位"原则进行，在垂直绘制的电路中，标号顺序一般按自上而下、从左至右的规律编号。凡是被线圈、触点等元器件所间隔的接线端点，都应标以不同的线号。一般以主要电气元器件线圈为分界，左边用奇数标号，右边用偶数标号。直流控制电路中，正极按奇数标号，负极按偶数标号。

（3）电气原理图图面区域的划分　为了便于检索电路，方便阅读，可以在各种幅面的图样上进行分区。按照规定，分区数应该是偶数，每一分区的长度一般不小于 25mm，不大于 75mm。每个分区内竖边方向用大写拉丁字母，横边方向用阿拉伯数字分别编号。编号的顺序应从标题栏相对的左上角开始。编号写在图样的边框内，是为了便于检索电气电路，方便阅读分析而设置的。在编号下方和图面的上方设有功能、用途栏，用于注明该区域电路的功能和作用，以利于理解全电路的工作原理。

（4）电气原理图符号位置的索引　在较复杂的电气原理图中，对继电器、接触器线圈的文字符号下方要标注其触点位置索引；而在其触点的文字符号下方要标注其线圈位置的索引。符号位置的索引，用图号、页次和图区编号的组合索引法，索引代号的组成如下：

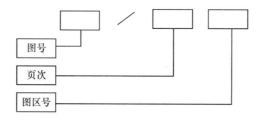

当与某一组件相关的各符号元素出现在不同图号的图样上，而每个图号仅有一页图样时，索引代号可以省去页次；当与某一组件相关的各符号元素出现在同一图号的图样上，而该图号有几张图样时，索引代号可省去图号，依次类推。当与某一组件相关的各符号元素出现在只有一张图样的不同图区时，索引代号只用图区号表示。如图 2-1 的图区 2 中，接触器 KM1 主触点下面的 6，即表示接触器 KM 的线圈位置在图区 6。

在电气原理图中，接触器和继电器的线圈与触点的从属关系，应当用附图表示，即在原理图中相应线圈的下方，给出触点的图形符号，并在其下面注明相应触点的索引代号，未使用的触点用"×"表明。有时也可采用省去触点图形符号的表示法，如图 2-1 图区 6 中 KM 线圈的下方是接触器 KM 相应触点的位置索引。如图 2-1 所示，在接触器 KM 触点的位置索引中，左栏为主触点所在的图区号（有 3 个主触点在图区 2 和图区 3），中栏为动合辅助触点所在的图区号（一个触点在图区 6，另一个在图区 7），右栏为动断辅助触点所在的图区号（两个触点都没有使用）。

2. 电气安装接线图

电气安装接线图是用规定的图形符号，按各电气元器件相对位置绘制的实际接线图，所表示的是各电气元器件的相对位置和它们之间的电路连接状况，并标注出所需数据，如接线端子号、连接导线参数等。实际应用中通常与电路图和布置图一起使用。

电气安装接线图主要用于电气设备的安装配线、线路检查、线路维修和故障处理。在电气安装接线图中各电气元器件的文字符号、组件连接顺序、线路号码编制都必须与电气原理图一致。图 2-2 是 C620 卧式车床电气安装接线图。

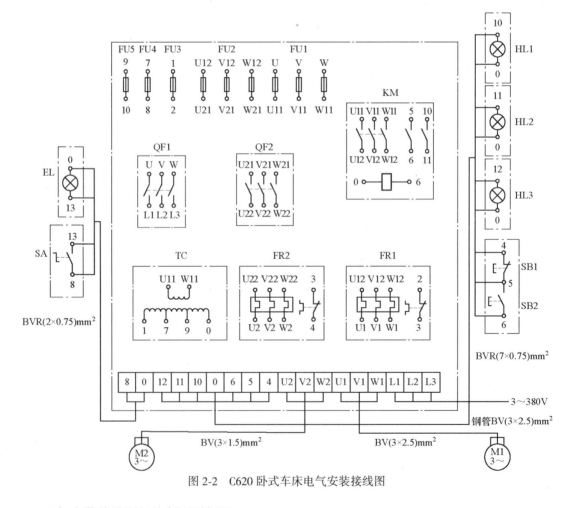

图 2-2　C620 卧式车床电气安装接线图

电气安装接线图的绘制原则如下：

1）绘制电气安装接线图时，各电气元器件均按其在安装底板中的实际位置绘出。组件所占图面按实际尺寸以统一比例绘制。

2) 绘制电气安装接线图时, 一个组件的所有部件绘在一起, 并用点画线框起来, 有时将多个电气元器件用点画线框起来, 表示它们是安装在同一安装底板上的。

3) 绘制电气安装接线图时, 安装底板内外的电气元器件之间的连线通过接线端子板进行连接, 安装底板上有几条接至外电路的引线, 端子板上就应绘出几条线的接点。

4) 绘制电气安装接线图时, 走向相同的相邻导线可以绘成一股线。

3. 电气元器件布置图

电气元器件布置图主要是用来表明电气系统中所有电气元器件的实际位置, 为生产机械电气控制设备的制造、安装提供必要的资料。一般情况下, 电气元器件位置图是与电气安装接线图组合在一起使用的, 既起到电气安装接线图的作用, 又能清晰表示出所使用的电气元器件的实际安装位置, 是电气控制设备制造、安装和维修必不可少的技术文件。图 2-3 所示为 C620 卧式车床电气元器件布置图。

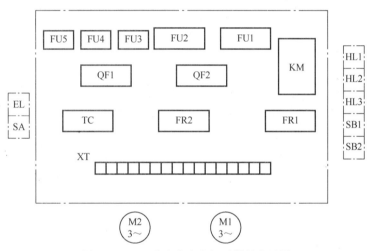

图 2-3 C620 卧式车床电气元器件布置图

电气元器件布置图的绘制原则如下:

1) 绘制电气元器件布置图时, 机床的轮廓线用细实线或点画线表示, 电气元器件均用粗实线绘制出简单的外形轮廓。

2) 绘制电气元器件布置图时, 电动机要和被拖动的机械装置画在一起; 行程开关应画在获取信息的地方; 操作手柄应画在便于操作的地方。

3) 绘制电气元器件布置图时, 各电气元器件之间, 上、下、左、右应保持一定的间距, 并且应考虑元器件的发热和散热因素, 应便于布线、接线和检修。

4) 体积大和较重的电气元器件应安装在电器板的下面, 而发热元器件应安装在电器板的上面。

5) 强电、弱电分开并注意屏蔽, 防止外界干扰。

6) 电气元器件的布置应考虑整齐、美观、对称。外形尺寸与结构类似的电气元器件安放在一起, 以利于加工、安装和配线。

7) 需要经常维护、检修、调整的电气元器件安装位置不宜过高或过低。

8) 电气元器件布置得不宜过密, 若采用板前走线槽配线方式, 应适当加大各排电气元器件间距, 以利布线和维护。

2.2 三相笼型异步电动机常见控制电路

三相笼型异步电动机具有结构简单、价格便宜、坚固耐用、维修方便等特点，因而获得了广泛应用。

2.2.1 单向直接起动控制电路

三相笼型异步电动机的起动有直接（全压）起动和减压起动两种方式。本节介绍直接起动控制电路。

1. 点动控制

按下按钮，电动机转动，松开按钮，电动机停转，这种控制称为点动控制，它能实现电动机短时转动。一些设备需要对某一工作部件进行单向点动控制来配合完成一定的操作，例如：机床是将金属毛坯加工成机器零件的机器，在使用机床加工工件的准备工序中，通常需要通过对机床工作台的点动控制，来完成切削刀具的对刀调整。点动控制基本环节一般是在接触器线圈中串接动合控制按钮，在实际控制线路中有时也用继电器动合触点代替按钮控制。

电动机单向点动控制电路如图 2-4 所示，图示电路涉及的低压电器有刀开关、熔断器、交流接触器、按钮、三相异步电动机。它们的作用如下：

1）刀开关 QS 作为电源隔离开关。

2）熔断器 FU1、FU2 分别作为主电路、控制电路的短路保护。

3）按钮 SB 控制接触器 KM 的线圈得电、失电，从而实现三相异步电动机的点动。

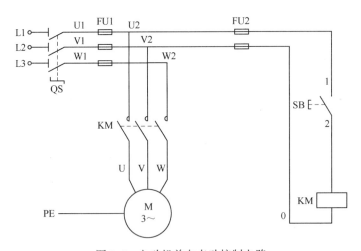

图 2-4 电动机单向点动控制电路

电路工作原理：合上电源开关 QS，按下按钮 SB，按钮动合触点闭合，接触器 KM 线圈得电，铁心中产生磁通，接触器 KM 的衔铁在电磁吸力的作用下，迅速带动动合触点闭合，三相电源接通，电动机起动。当按钮 SB 松开时，按钮动合触点断开，接触器 KM 线圈失电，在复位弹簧的作用下触点断开，电动机停止转动。因为只有在按钮按下时电动机才转动，按钮松开时电动机才停止，所以能实现点动控制。

2. 连续运行控制

实际生产中往往需要电动机驱动工作部件进行单一方向的长时间连续运行，即实现连续控制，例如：在机床对工件的加工中，通过对机床工作台的单向连续运行控制，配合刀具的高速运转，来完成刀具对工件的一次切削。

为了使电动机起动后能够实现连续运行，必须采用自锁控制。主电路电动机由于要长时间连续运行，所以要串接热继电器进行过载保护。

电动机单向连续运行控制电路如图 2-5 所示，图示电路涉及的低压电器有刀开关、熔断器、交流接触器、热继电器、按钮、三相异步电动机。它们的作用如下：

1）刀开关 QS 作为电源隔离开关。

2）熔断器 FU1、FU2 分别作为主电路、控制电路的短路保护。

3）停止按钮 SB1 控制接触器 KM 的线圈失电，启动按钮 SB2 控制接触器 KM 的线圈得电。

4）接触器 KM 的动合辅助触点实现自锁控制。

5）热继电器对电动机进行过载保护。

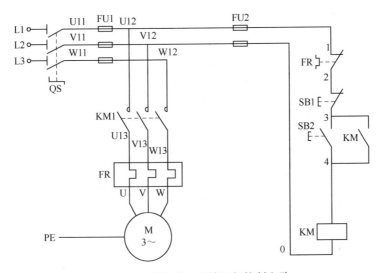

图 2-5　电动机单向连续运行控制电路

电路工作原理：合上电源开关 QS，按下启动按钮 SB2 时，接触器 KM 吸合，主电路接通，电动机 M 起动运行。同时并联在启动按钮 SB2 两端的接触器动合辅助触点也闭合，故即使松开按钮 SB2，控制电路也不会断电，电动机仍能继续运行。按下停止按钮 SB1 时，KM 线圈失电，接触器 KM 所有触点断开，切断主电路，电动机停止转动。这种依靠接触器自身的辅助触点来使其线圈保持通电的现象称为自锁或自保持。

2.2.2　正反转控制电路

设备在生产加工过程中，往往要求电动机实现正、反两个方向的转动，如工作台的前进与后退、起重机吊钩的上升与下降等。

从电动机原理可知，改变电动机三相电源的相序即可改变电动机的旋转方向。而改变三相电源的相序只需任意调换电源的两根进线即可。千万不要将三相电源同时调换，这样电动机的转向可能不会改变，即电源的相序未变。

为了保证电动机进行正转和反转切换控制时能安全运行，电气控制线路必须采用互锁控制。互锁控制就是将本身控制支路组件的动断触点串联到对方控制电路支路中，从而实现在同一时间里两个接触器只允许一个工作的控制方式。实现互锁控制的常用方法有接触器联锁、按钮联锁和接触器、按钮共同构成的复合联锁控制等。

1. 按钮控制的正反转基本控制电路

在主电路中应用两个接触器的主触点来构成正反转相序接线，正反转基本控制电路图如图 2-6 所示。

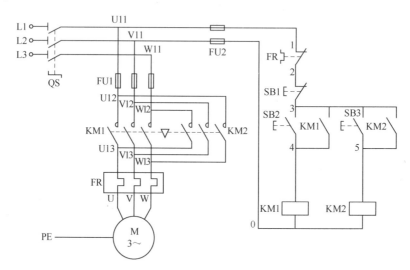

图 2-6　按钮控制的电动机正反转基本控制电路

图中，KM1 为正转接触器，KM2 为反转接触器，它们分别由 SB2 和 SB3 控制。从主电路中可以看出，这两个接触器的主触点所接通电源的相序不同，KM1 按 U-V-W 相序接线，KM2 则按 W-V-U 相序接线。相应的控制线路有两条，分别控制两个接触器的线圈。

电路工作过程如下（先合上电源开关 QS）：

正转控制：按下启动按钮 SB2，KM1 线圈得电，KM1 主触点和自锁触点闭合，电动机正转起动运行。

反转控制：当电动机原来处于正转运行时，必须先按下停止按钮使 KM1 失电，然后按下反转启动按钮 SB3，则 KM2 线圈得电，KM2 主触点和自锁触点闭合，电动机反转起动运行。

此种电路的控制是很不安全的，必须保证在切换电动机运行方向之前要先按下停止按钮，然后再按下相应的启动按钮，否则将会发生主电源侧电源短路的故障。为克服这一不足，提高电路的安全性，需采用互锁（联锁）控制的电路。

2. 接触器联锁的电动机正反转控制

接触器联锁的电动机手动正反转控制电路如图 2-7 所示，其工作过程如下：

正转控制：合上刀开关 QS，按下正向启动按钮 SB2，正向接触器 KM1 通电，一方面使 KM1 主触点和自锁触点闭合，使电动机 M 通电正转；另一方面，KM1 动断辅助触点断开，切断反转接触器 KM2 线圈支路，使得它无法通电，实现互锁。此时，即使按下反转启动按钮 SB3，反转接触器 KM2 线圈因 KM1 互锁触点断开也不能通电。

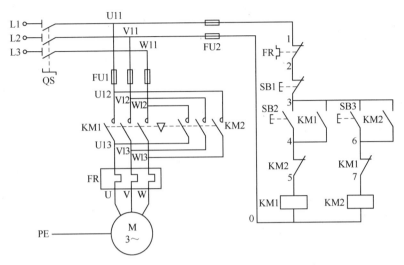

图 2-7　接触器联锁的电动机正反转控制电路

反转控制：合上刀开关 QS，按下反向启动按钮 SB3，反向接触器 KM2 通电，KM2 主触点和自锁触点闭合，电动机 M 反转。

停机：按停止按钮 SB1，KM1（或 KM2）断电，M 停转。

该电路只能实现"正→停→反"或者"反→停→正"控制，即必须按下停止按钮后，再反向或正向起动。这对需要频繁改变电动机运转方向的设备是很不方便的，此时可采用复合联锁控制方式。

3. 复合联锁的电动机正反转控制

如图 2-8 所示，控制电路中启动按钮改用复合按钮，将正转启动按钮 SB2 的动断触点串接在反转控制电路中，将反转启动按钮 SB3 的动断触点串接在正转控制电路中，这样便可以保证正、反转两条控制电路不会同时被接通。若要电动机由正转变为反转，不需要再按下停止按钮，可直接按下反转启动按钮 SB3，反之亦然。

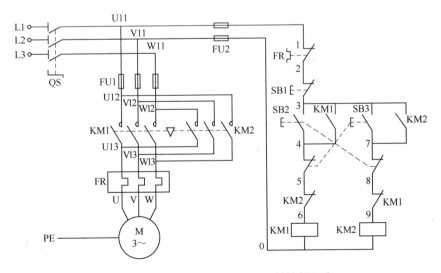

图 2-8　复合联锁的电动机正反转控制电路

这种控制电路操作方便，安全可靠，且换向迅速，因此在小容量的电动机正反转控制中应用广泛。但对于大容量的电动机，由于转动惯量大，马上换向容易引起机械故障，所以还是采用接触器联锁控制电路，先停机再换向，确保电动机工作更加可靠和安全。

2.2.3 工作台自动往返循环控制电路

在机床电气设备中，有些是通过工作台自动往返循环工作的，如龙门刨床、平面磨床加工中工作台的往返加工运动，铣床加工中工作台的左右、前后和上下运动，这都需要通过电动机的正转和反转自动换相控制，来实现工作台的往返可逆运行。

需要工作台在一定距离内能自动往返循环工作，即要求控制电路按照行程控制原则，利用位置开关，根据生产机械运动的工作行程位置实施控制。

行程开关安装位置示意图如图 2-9 所示，图中 SQ 为行程开关，又称限位开关，它装在预定的位置上，在工作台的梯形槽中装有撞块，当撞块移动到此位置时，碰撞行程开关，使其触点动作，从而控制工作台停止和换向，这样工作台

图 2-9　行程开关安装位置示意图

就能实现往返运动。其中撞块 1 只能碰撞 SQ1 和 SQ3，撞块 2 只能碰撞 SQ2 和 SQ4，工作台行程可通过移动撞块位置来调节，以适于加工不同的工件。SQ1、SQ2 安装在机床床身上，用来控制工作台的自动往返；SQ3 和 SQ4 分别安装在向左或向右的某个极限位置上，用来作为终端保护，即限制工作台的极限位置。如果 SQ1 或 SQ2 失灵，工作台会继续向左或向右运动，当工作台运行到极限位置时，撞块就会碰撞 SQ3 和 SQ4，从而切断控制线路，迫使电动机 M 停转，工作台停止移动。SQ3 和 SQ4 在这里实际上起终端保护作用，因此称为终端保护开关或简称为终端开关。

工作台自动往返循环控制电路如图 2-10 所示。电路工作原理：合上电源开关 QS，按下正转启动按钮 SB2，接触器 KM1 通电并自锁，电动机正转使工作台右移。当工作台运动到右端时，固定在工作台上的撞块 2 压动行程开关 SQ2（固定在床身上），其动断触点断开，KM1 断电释放，同时 SQ2 动合触点闭合，使 KM2 通电吸合，电动机反转使工作台左移；当工作台运动到左端时，撞块 1 又使行程开关 SQ1 动作，电动机从反转变为正转。工作台就这样往复循环工作。按下停止按钮，电动机停止转动，工作台停止。SQ3

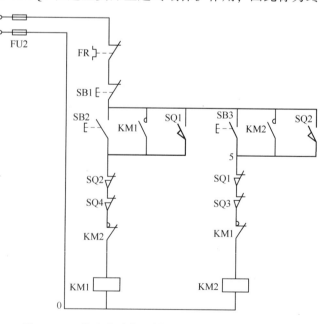

图 2-10　工作台自动往返循环控制电路（主回路略）

和 SQ4 起到极限保护作用。

图 2-10 所示控制电路能在工作台左右运动过程中的任意位置停止或起动；电路使用了电气互锁；电路设有短路、失压欠压、过载和位置极限保护。请组织同学们进行分析和讨论。

2.2.4　多台电动机顺序控制电路

在装有多台电动机的生产机械上，各电动机所起的作用是不同的，有时需按一定的顺序起动或停止，才能保证操作过程的合理和工作的安全可靠。例如，C620 卧式车床的电气控制要求主轴电动机起动后，冷却泵电动机才能起动。

这种要求几台电动机的起动或停止必须按一定的先后顺序来完成的控制方式，称为电动机的顺序控制。

常用的顺序控制电路有两种，一种是主电路的顺序控制，一种是控制电路的顺序控制。

1. 主电路的顺序控制

主电路顺序起动控制电路如图 2-11 所示。电路工作原理：合上自动开关 QF1，按下启动按钮 SB2 时，接触器 KM 吸合，电动机 M1 的主电路接通，M1 起动运行。只有当 KM闭合，电动机 M1 起动运转后，手动合上自动开关 QF2 才能使 M2 得电起动，满足电动机M1、M2 顺序起动的要求。例如 C620 卧式车床的冷却泵电动机是为冷却系统提供动力，由于其所带负载较小，功率相对较低，所以采用手动控制方式对冷却泵电动机进行直接控制。

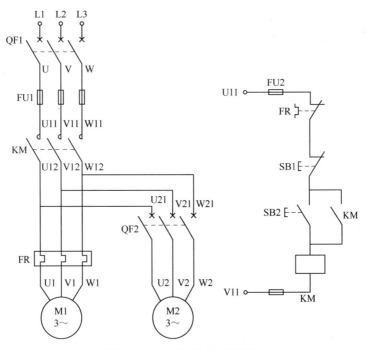

图 2-11　主电路顺序控制电路

2. 控制电路的顺序控制

常见的控制电路顺序起动控制电路如图 2-12 所示。

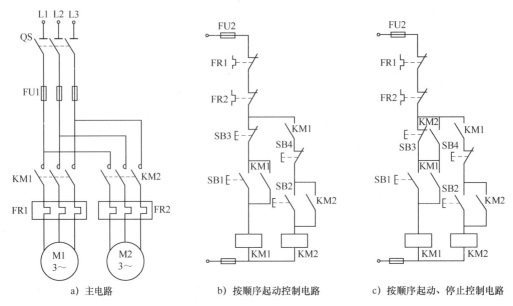

图 2-12   控制电路实现顺序控制电路

如图 2-12b 所示控制线路的特点是：在电动机 M2 的控制电路中串接了接触器 KM1 动合辅助触点。显然，只要电动机 M1 不起动，即使按下 SB2，由于 KM1 的动合辅助触点未闭合，KM2 线圈也不能得电，从而保证了电动机 M1 起动后，电动机 M2 才能起动的控制要求。线路中停止按钮 SB3 控制两台电动机同时停止，SB4 控制电动机 M2 单独停止。

如图 2-12c 所示控制线路，在图 2-12b 所示线路中的 SB3 两端并接了接触器 KM2 的动合辅助触点，从而实现了电动机 M1 起动后电动机 M2 才能起动，而电动机 M2 停止后，电动机 M1 才能停止的控制要求，电动机 M1、M2 是顺序起动，逆序停止。

2.2.5   减压起动控制电路

起动时通过闸刀、磁力起动器或接触器将电动机定子绕组直接接到电源上，也称为全压起动。笼型异步电动机采用直接起动时，起动电流一般可达额定电流的 4 ~7 倍，过大的起动电流会缩短电动机寿命，使变压器二次电压大幅度下降，从而减小电动机本身的起动转矩，甚至使电动机无法起动；过大的电流还会引起电源电压波动，影响同一供电网络中其他设备的正常工作。

判断一台电动机能否直接起动的一般规定是：电动机容量在 10kW 以下，可直接起动；10kW 以上的异步电动机是否允许直接起动，可根据起动次数、电动机容量、供电变压器容量和机械设备是否允许来分析，也可由下面的经验公式来确定：

$$I_{st}/I_N \leq [(3/4)+S/(4P_N)]$$

式中，I_{st} 为电动机起动电流（A）；I_N 为电动机额定电流（A）；S 为电源容量（kVA）；P_N 为电动机额定功率（kW）。

当电动机容量在 10kW 以上，且不满足上述经验公式时，应采用减压起动。有时为了减小和限制起动时对机械设备的冲击，即使允许采用直接起动的电动机，也采用减压起动。减压起动方法的实质就是在电源电压不变的情况下，起动时降低加在定子绕组上的电压，以减小起动电流，待电动机起动后，再将电压恢复到额定值，使电动机在额定电压下运行。

减压起动虽然能降低电动机的起动电流，但由于电动机的转矩与电压的平方成正比，因此，减压起动时电动机的起动转矩也减小得较多，故此法一般适用于电动机空载或轻载起动。

常用的三相笼型异步电动机减压起动方式有定子串电阻（或电抗器）减压起动、丫-△减压起动、自耦变压器减压起动等。绕线式异步电动机的减压起动方式主要有转子串接电阻器起动和转子串接频敏变阻器起动。

1. 定子串电阻减压起动控制电路

图 2-13 所示是定子串电阻减压起动控制电路。电动机起动时，将电阻串入三相定子绕组，使定子绕组上电压降低，起动结束后再将电阻短接，使电动机在额定电压下全压正常运行。图中 KM1 为接通电源接触器，KM2 为短接电阻接触器，KT 为起动时间继电器，R 为减压起动电阻。

电路工作原理如下：合上电源开关 QS，按下启动按钮 SB2，接触器 KM1 通电并自锁，同时时

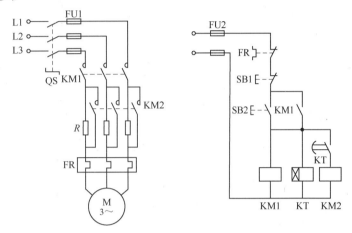

图 2-13　定子串电阻减压起动控制电路

间继电器 KT 通电，电动机定子串入电阻 R 进行减压起动。经一段时间延时后，时间继电器 KT 的延时闭合动合触点闭合，接触器 KM2 通电，三对主触点将主电路中的起动电阻 R 短接，电动机进入全电压运行。KT 的延时长短根据电动机起动过程时间长短来调整。

本电路正常工作时，KM1、KM2、KT 均工作，不但消耗了电能，而且增加了出现故障的概率。若发生时间继电器 KT 的延时闭合动合触点不动作的故障，将使电动机长期在欠电压下运行，致使电动机无法正常工作，甚至烧毁电动机。若在电路中做适当修改，可使电动机起动后，只有 KM2 工作，KM1、KT 均断电，则达到减少电路损耗的目的。

三相异步电动机定子电路串入电抗器或电阻起动时，定子绕组实际所加电压降低，从而减小了起动电流。但定子电路串电阻起动时能耗较大，实际应用并不多。

2. 丫-△减压起动控制电路

对于定子绕组额定运行时联结为三角形的笼型异步电动机，起动时将电动机定子绕组联结成丫形（星形），加在电动机每相绕组上的电压为额定电压的 $1/\sqrt{3}$，起动电流为直接起动时电流的 1/3，起动转矩为直接起动时的 1/3；当起动完毕，电动机转速达到稳定转速时，再将定子绕组接为△形（三角形），使电动机进入额定电压下全电压运行，从而减小了起动电流。

电动机丫-△减压起动控制电路主电路的设计思想是由交流接触器 KM 主触点引入三相交流电源，交流接触器 KM△ 主触点将电动机的定子绕组接成三角形，交流接触器 KM丫 主触点将电动机的定子绕组接成星形；控制电路的设计思想是起动时交流接触器 KM1、KM3 线圈得电，将定子绕组接成星形，同时时间继电器线圈得电开始起动定时；延时时间到后交流接触器 KM、KM△ 线圈得电，将定子绕组接成三角形，电动机起动完成。起动完成时交流接触器 KM丫 线圈必须失电，否则会出现电源三相短路，当然此时时间继电器无须动作，也

将其线圈断电。设计时必须考虑相应的保护环节，具体控制电路如图 2-14 所示。

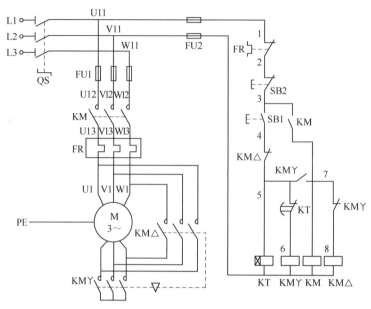

图 2-14　丫-△减压起动控制电路

电路工作原理如下：合上刀开关 QS→按下起动按钮 SB1，接触器 KM 丫通电→KM 丫主触点闭合，KM 丫辅助触点闭合→接触器 KM 通电→KM 主触点闭合，同时 KM 辅助触点闭合实现自锁，定子绕组联结成星形，电动机 M 减压起动；时间继电器 KT 通电延时 t→KT 延时断开动断辅助触点断开，接触器 KM 丫断电，KM 丫主触点断开，KM 丫动断触点闭合→KM△主触点闭合，同时 KM 丫动合触点断开→KT 断电，定子绕组联结成三角形→电动机 M 加以额定电压正常运行。

电动机丫-△减压起动时定子绕组的星形和三角形切换靠交流接触器的主触点来完成，切换时间由时间继电器来控制，一般丫-△切换时间为 3~5s，可根据电动机功率做适当调整，功率越大，起动时间越长。

电动机丫-△减压起动结构简单，价格便宜，缺点是起动转矩也相应下降为直接起动时的 1/3，转矩特性差。因而本电路适用于电网 220/380V、额定电压 380/660V、星形-三角形联结的电动机轻载起动的场合。对于运行时定子绕组为丫形的笼型异步电动机则不能采用丫-△降压起动方法。

3. 自耦变压器减压起动控制电路

自耦变压器减压起动就是电动机起动时，将电源接在自耦变压器一次侧，二次侧接电动机，利用自耦变压器降低加在电动机定子绕组上的起动电压，待起动结束后，再切除自耦变压器，将电源直接加到电动机上使之全压运行的一种起动方法。一般自耦变压器备有多档电压抽头，可根据电动机的负载情况，选择不同的起动电压。减压起动用的自耦变压器又称为起动补偿器。

自耦变压器减压起动电流是直接起动电流的 $1/k^2$，起动转矩也降至 $1/k^2$，k 为自耦变压器的变比，即一次绕组匝数与二次绕组匝数之比，且大于 1。

这种起动方法对于定子绕组采用丫形或△形接法的电动机都可以使用，缺点是设备体积大，投资较大，而且不允许频繁起动。

图 2-15 所示为自耦变压器减压起动控制电路。图中，KM1 为减压接触器、KM2 为运行接触器、KA 为中间继电器、KT 为通电延时时间继电器、T 为自耦变压器。

电路工作原理如下：起动时，合上电源开关 QS，按下启动按钮 SB2，接触器 KM1 线圈和时间继电器 KT 线圈同时通电，KM1 自锁触点闭合，KM1 主触点闭合，将自耦变压器 T

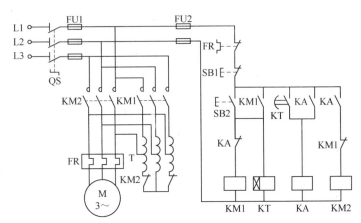

图 2-15　自耦变压器减压起动控制电路

接入电动机的定子绕组；KM1 联锁触点断开，切断 KM2 线圈电路，使自耦变压器做丫形联结，电动机由自耦变压器的二次侧供电实现减压起动。经过一段时间的延时后，通电延时时间继电器 KT 的延时闭合动合触点闭合，使中间继电器 KA 的线圈通电并自锁，KA 的动断触点断开，使 KM1 线圈失电，主触点断开，切除自耦变压器；KM1 动断辅助触点复位，使接触器 KM2 的线圈通电，KM2 的主触点闭合，电动机在全电压下正常运行。

2.2.6　制动控制电路

三相异步电动机从切断电源到完全停止运转，由于惯性的关系，总要经过一段时间，这往往不能适应某些生产机械工艺的要求。卧式镗床、万能铣床、电梯等设备，为提高生产率及准确停位，要求电动机能迅速停车，对电动机进行制动控制。制动方法一般有两大类：机械制动和电气制动。机械制动是利用机械装置使电动机在电源切断后能迅速停转；电气制动是使电动机所产生的电磁转矩（制动转矩）和电动机转子的转速方向相反，从而达到迅速停转的目的。电气制动常用的方法有反接制动、能耗制动、回馈制动和电容制动等。其中，常用的是反接制动与能耗制动。

1. 反接制动

反接制动是利用改变电动机电源的相序，使定子绕组产生相反方向的旋转磁场，因而产生制动转矩的一种制动方法。

反接制动刚开始时，转子与旋转磁场的相对速度接近于两倍的同步转速，所以定子绕组流过的制动电流相当于全压直接起动电流的两倍，因此，反接制动的特点是制动迅速，效果好，但冲击大。故反接制动一般用于电动机需快速停车、系统惯性大、不经常起动与制动的场合，如镗床、铣床、中型车床主轴的制动。为了减小冲击电流，通常要求在电动机主电路中串接一定的电阻以限制反接制动电流。对反接制动的另一个要求是在电动机转速接近于零时，必须及时切断反相序电源，以防止电动机反向再起动。反接制动电阻的接线方法有对称和不对称两种接法。

（1）单向运行反接制动控制电路　图 2-16 所示为单向运行反接制动控制电路。反接制动结束时必须立即切除反向相序电源，否则电动机会反向起动。为了实现较为精确的制动控制，本电路采用速度继电器作为制动结束检测组件，即当速度继电器触点复位时认为反接制动结束，此时迅速切除反相电源。

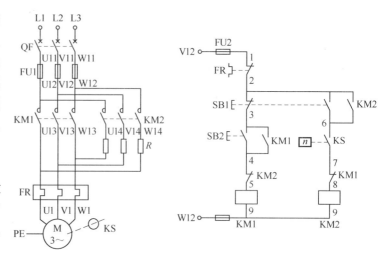

图 2-16 单向运行反接制动控制电路

电路工作过程如下：假设速度继电器的动作值为 120r/min，释放值为 100r/min。合上自动开关 QF，按下启动按钮 SB2→KM1 动作，电动机转速很快上升至 120r/min，速度继电器动合触点闭合。电动机正常运转时，此对触点一直保持闭合状态，为进行反接制动做好准备→当需要停车时，按下停止按钮 SB1→SB1 动断触点断开，使 KM1 断电释放。主回路中，KM1 主触点断开，使电动机脱离正相序电源→同时 SB1 动合触点闭合，KM2 通电自锁，主触点动作引入反相电源，电动机定子串入对称电阻 R 进行反接制动，使电动机转速迅速下降→当电动机转速下降至 100r/min 以下时，速度继电器 KS 动合触点断开复位，使 KM2 断电解除自锁，电动机断开反相电源后自由停车，反接制动结束。

（2）双向可逆运行反接制动的控制电路　图 2-17 为具有反接制动电阻的正、反向可逆运行反接制动控制电路，KM1 为正向电源接触器，KM2 为反向电源接触器，KM3 为短接电阻接触器，电阻 R 为反接制动电阻，同时也具有限制起动电流的作用，即定子串电阻降压起动。

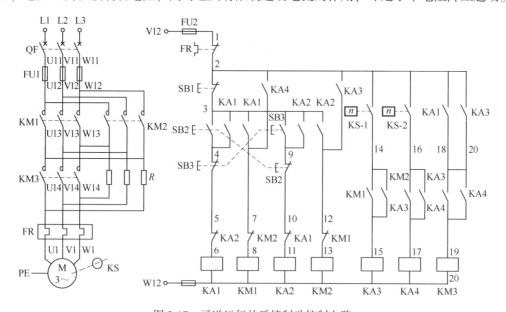

图 2-17 可逆运行的反接制动控制电路

电路分析：正向起动时，KM1 得电，电动机串联电阻 R 限流起动。起动结束，KM1、KM3 同时得电，短接电阻 R，电动机全压运行。制动时，KM1、KM3 断电，KM2 得电，电源反接，电动机串联制动电阻 R 进入反接制动状态。转速接近为零时，KM2 自动断电。

正向运行及反接制动控制原理：合上电源开关 QF，按下正转启动按钮 SB2→中间继电器 KA1 线圈通电并自锁，其动断触点断开，互锁中间继电器 KA2 线圈电路→KA1 动合触点闭合，使接触器 KM1 线圈通电，KM1 的主触点闭合使定子绕组经电阻 R 接通正序三相电源→电动机开始降压起动。此时虽然中间继电器 KA3 线圈电路中 KM1 动合辅助触点已闭合，但是 KA3 线圈仍无法通电，因为速度继电器 KS-1 的正转动合触点尚未闭合。当电动机转速上升到一定值时，KS-1 的正转动合触点闭合→中间继电器 KA3 通电并自锁。这时由于 KA1、KA3 等中间继电器的动合触点均处于闭合状态，接触器 KM3 线圈通电，于是电阻 R 被短接，定子绕组直接加以额定电压，全压运行，电动机转速上升到稳定的工作转速→KM2 线圈上方的 KA3 动合触点闭合，为 KM2 线圈得电做准备（即为反接制动做准备）。在电动机正常运行的过程中，若按下停止按钮 SB1，则 KA1、KM1、KM3 三只线圈相继失电。由于此时电动机转子的惯性转速仍然很高，速度继电器 KS-1 的正转动合触点尚未复原，中间继电器 KA3 仍处于工作状态，所以接触器 KM1 动断触点复位后，接触器 KM2 线圈便通电，其动合主触点闭合，使定子绕组经电阻 R 获得反相序的三相交流电源，对电动机进行反接制动→转子速度迅速下降，当其转速小于 100r/min 时，KS-1 的正转动合触点恢复断开状态→KA3 线圈失电，接触器 KM2 释放，反接制动过程结束。

电动机反向起动和制动停车过程与上述正转时相似。

2. 能耗制动

能耗制动是指电动机脱离交流电源后，立即在定子绕组的任意两相中加入一个直流电源，利用转子感应电流与静止磁场的相互作用，在电动机转子上产生一个制动转矩，使电动机快速停下来。由于该制动方法是通过在定子绕组中通入直流电以消耗转子惯性运转的动能来进行制动的，所以称为能耗制动。又由于能耗制动采用直流电源，故也称为直流制动。按控制方式有时间原则与速度原则。能耗制动可按时间原则由时间继电器来控制，也可按速度原则由速度继电器来控制。

能耗制动的优点是制动准确，平稳且能量消耗小，缺点是需要一套专门的直流电源供制动所用，制动效果不及反接制动明显。

图 2-18 所示为单向运行能耗制动控制电路。图中，KM1 为单向运行接触器，KM2 为能耗制动接触器，TR 为整流变压器，VC 为桥式整流电路，R 为能耗制动电阻。

图 2-18b 为按时间原则控制的单向运行能耗制动控制电路。电动机起动时，合上电源开关 QF，按下启动按钮 SB2，接触器 KM1 的线圈得电吸合，KM1 的主触点闭合，电动机起动、运转。停车时，按下停止按钮 SB1，接触器 KM1 的线圈失电释放，接触器 KM2 和时间继电器 KT 的线圈得电吸合，KM2 的主触点闭合，电动机定子绕组通入全波整流脉动直流电进入能耗制动状态。当转子的惯性转速接近于零时，KT 设定的延时时间到，KT 的动断触点延时断开，接触器 KM2 的线圈失电释放，KM2 的主触点断开全波整流脉动直流电源，电动机能耗制动结束。图中 KT 的瞬时动合触点的作用是为了防止发生时间继电器线圈断线或机械卡住故障时，电动机在按下停止按钮 SB1 后仍能迅速制动，两相的定子绕组不至于长期接入能耗制动的直流电流。所以，在 KT 发生故障后，该电路具有手动控制能耗制动的能

力，即只要停止按钮处于按下的状态，电动机就能够实现能耗制动。

图 2-18c 为按速度原则控制的单向运行能耗制动控制电路，其能耗制动过程请读者自行分析。

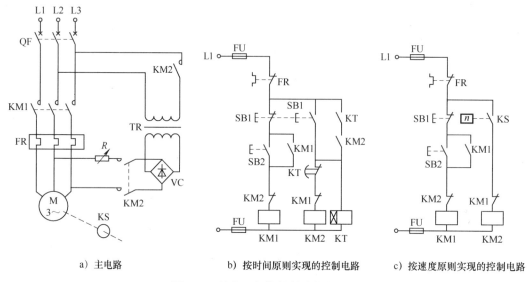

a）主电路 b）按时间原则实现的控制电路 c）按速度原则实现的控制电路

图 2-18 单向运行能耗制动控制电路

2.2.7 调速控制电路

在实际生产中，不同的生产机械要求有不同的运行速度，同一台生产机械在不同的生产过程时也需要不同的运行速度。这就要求生产机械能够根据生产工艺的需要，改变运转速度，即进行调速控制。

调速是指在生产机械负载不变的情况下，人为地改变电动机定子、转子电路中的有关参数，来实现速度变化的目的。

交流异步电动机是应用最广泛的一种动力机械，其转速关系式为

$$n = n_1(1-s) = (1-s) \times 60f_1/p$$

式中，n 为实际转速，n_1 为理想转速，f_1 为供电电源频率，p 为磁极对数，s 为转差率。

从转速关系式可以看出异步电动机的调速有三种方法：

1）改变定子绕组的磁极对数 p——变极调速。

2）改变供电电源的频率 f_1——变频调速。

3）改变电动机的转差率调速 s。此方法又可分为改变电压调速、绕线式电动机转子串电阻调速和串级调速。

三种调速方法中，变极调速控制最简单，价格便宜，但不能无级调速；变频调速控制最复杂，但性能最好，随着其成本日益降低，目前已广泛应用于工业自动控制中。

1. 变极调速控制电路

变极多速电动机的转速有双速、三速和四速 3 种，其中双速电动机和三速电动机是变极调速中常用的两种形式。下面以双速电动机变极调速为例，介绍其变极调速控制电路。

（1）双速电动机 双速电动机属于异步电动机变极调速，它主要是通过改变定子绕组的

连接方法达到改变定子旋转磁场磁极对数的目的，从而改变电动机的转速。变极调速主要用于调速性能要求不高的场合，如铣床、镗床、磨床等机床及其他设备上，它所需设备简单，体积小，质量轻，但电动机绕组引出头较多，调速级数少，级差大，不能实现无级调速。

（2）变极调速原理　变极原理是定子一半绕组中电流方向变化，磁极对数成倍变化。如图 2-19 所示，每相绕组由两个线圈组成，每个线圈看作一个半相绕组。若两个半相绕组顺向串联，电流同向，可产生四极磁场；其中一个半相绕组电流反向，可产生两极磁场。

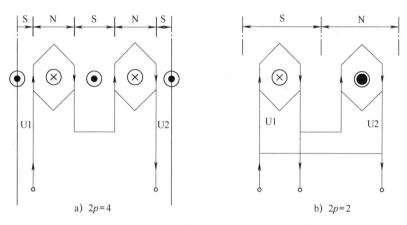

图 2-19　变极调速电动机绕组展开示意图

根据公式 $n_1 = 60f/p$，可知在电源频率不变的条件下，异步电动机的同步转速与磁极对数成反比，磁极对数增加一倍，同步转速 n_1 下降至原转速的一半，电动机额定转速 n 也将下降近似一半，所以改变磁极对数可以达到改变电动机转速的目的。

（3）双速异步电动机定子绕组的连接方式　双速异步电动机的形式有两种：丫-丫丫和△-丫丫。这两种形式都能使电动机极数减少一半。图 2-20a 所示为电动机丫-丫丫联结方式，图 2-20b 所示为△-丫丫联结方式。

当变极前后绕组与电源的接线如图 2-20 所示时，变极前后电动机转向

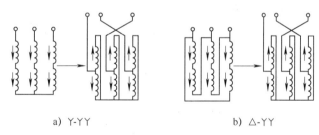

图 2-20　双速异步电动机定子绕组的连接方式

相反，因此，若要使变极后电动机保持原来转向不变，应调换电源相序。

这里介绍的是最常见的单绕组双速电动机，转速比等于磁极倍数比，如 2 极/4 极、4 极/4 极，从定子绕组△联结变为丫丫联结，磁极对数从 $p=2$ 变为 $p=1$，因此转速比等于 2。

（4）双速异步电动机控制电路　根据变极调速原理，图 2-21a 将绕组的 U1、V1、W1 三个端子接三相电源，将 U2、V2、W2 三个端子悬空，三相定子绕组接成三角形（△）。这时每相的两个绕组串联，电动机以 4 极运行，为低速。图 2-21b 将 U2、V2、W2 三个端子接三相电源，U1、V1、W1 连成星点，三相定子绕组连接成双星形（丫丫）。这时每相两个绕组并联，电动机以 2 极运行，为高速。根据变极调速理论，为保证变极前后电动机转动方向不变，要求变极的同时改变电源相序。

图 2-22 所示为△/丫丫双速异步电动机按钮控制电路。其控制原理如下：

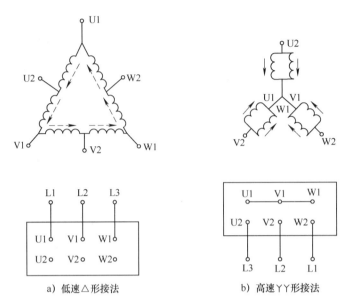

a) 低速△形接法　　　　b) 高速丫丫形接法

图 2-21　4/2 极 △/丫丫形的双速电动机定子绕组接线图

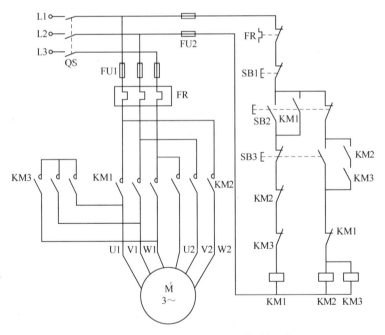

图 2-22　双速异步电动机按钮控制电路

1）低速控制工作原理。合上电源开关 QS，按下低速按钮 SB2，接触器 KM1 线圈通电，其自锁和互锁触点动作，实现对 KM1 线圈的自锁和对 KM2、KM3 线圈的互锁。主电路中的 KM1 主触点闭合，电动机定子绕组做三角形联结，电动机低速起动、运转。

2）高速控制工作原理。合上电源开关 QS，按下高速按钮 SB3，接触器 KM1 线圈断电，在解除其自锁和互锁的同时，主电路中的 KM1 主触点也断开，电动机定子绕组暂时断电。因为 SB3 是复合按钮，动断触点断开后，动合触点就闭合，此刻接通接触器 KM2、

KM3 线圈，KM2 和 KM3 自锁和互锁同时动作，完成对 KM2、KM3 线圈的自锁及对 KM1 线圈的互锁。KM2、KM3 在主电路的主触点闭合，电动机定子绕组做双星形连接，电动机高速运转。

利用时间继电器可使电动机在低速起动后自动切换至高速状态。图 2-23 所示为双速异步电动机自动加速控制电路，其主电路与图 2-22 所示一致。

电路控制过程为：合上电源开关 QS，按下起动按钮 SB2→KM1 通电自锁，主触点闭合，电动机接成△起动。同时，KM1 动合辅助触点闭合，使 KT 线圈通电自锁，KT 开始延时→KT 延时时间到，KT 延时动断辅助触点断开，KM1 断电解除自锁，电动机断开电源→KT 延时动合辅助触点闭合，KM2、KM3 通电自锁。主回路中，KM2、KM3 的主触点闭合，电动机接成丫丫形进入高速运转。

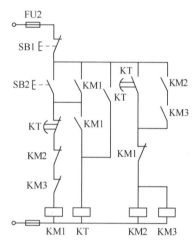

图 2-23 双速异步电动机自动加速控制电路

2. 变频调速控制电路

（1）变频调速 变频调速是利用电动机的同步转速随频率变化的特性，通过改变电动机的供电频率进行调速的一种方法。

变频调速的功能是将电网电压提供的恒压恒频交流电变换为变压变频的交流电，它通过平滑改变异步电动机的供电频率来调节异步电动机的同步转速，从而实现异步电动机的无级调速。这种调速方法由于调节同步转速，故可以由高速到低速保持有限的转差率。在异步电动机诸多的调速方法中，变频调速的性能最好、调速范围广、效率高、稳定性好，是交流电动机一种比较理想的调速方法。

（2）变频器的类型 变频器是近 20 年来发展起来且日趋成熟的一门新技术。由于它完善的功能，实际应用也日趋广泛，对提产增效、节约能源、提高经济效益发挥了重要作用。变频器的类型有很多种，其分类方法也有很多种。

1）根据变流环节分类。

① 交-直-交变频器。该变频器也称为间接变频器。它先将频率固定的交流电"整流"成直流电，经过中间滤波环节之后，再把直流电"逆变"成频率可调的三相交流电。图 2-24 为交-直-交变频器的基本结构。由于把直流电逆变成交流电的环节较易控制，因此，该方法在频率的调节范围及改善变频后电动机的特性等方面都具有明显的优势。大多数变频器都属于交-直-交变频器。

② 交-交变频器。该变频器也称为直接变频器。它没有明显的中间滤波环节，电网固定频率的交流电被直接变成可调频调压的交流电（转换前后的相数相同）。图 2-25 为交-交变频器的基本结构。通常由三相反并联晶闸管可逆桥式变流器组成，具有过载能力强、效率高、输出波形较好等优点，但同时存在着输出频率低（最高频率小于电网频率的 1/2）、使用功率器件多、功率因数低和高次谐波对电网影响大等缺点。交-交变频器可驱动同步电动机和异步电动机，目前在轧钢厂、船舶主传动和矿石粉碎机等低速传动设备上使用较多。

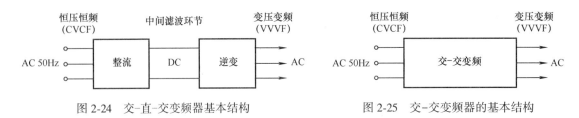

图 2-24 交-直-交变频器基本结构   图 2-25 交-交变频器的基本结构

2）根据直流电路的储能环节分类。

① 电压型变频器。图 2-26a 为电压型变频器的基本结构。它的特点是中间滤波环节的储能元件采用大电容，负载的无功功率将由它来缓冲，直流电压比较平稳。直流电源的内阻较小，相当于电压源，故称电压型变频器，常用于负载电压变化较大的场合。

② 电流型变频器。图 2-26b 为电流型变频器的基本结构。电流型变频器的特点是中间滤波环节采用大电感作为储能环节，缓冲无功功率，即扼制电流的变化，使电压接近正弦波。由于直流电源的内阻较大，近似于电流源，故称为电流型变频器。电流型变频器的优点是能扼制负载电流频繁而急剧的变化，常用于负载电流变化较大的场合。

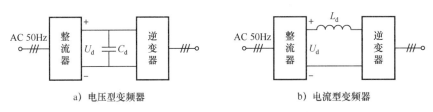

a）电压型变频器   b）电流型变频器

图 2-26 电压型与电流型变频器基本结构

3）根据控制方式分类。

① V/F 控制。V/F 控制是为了得到理想的转矩-速度特性，基于在改变电源频率进行调速的同时，又要保证电动机的磁通不变的思想而提出的。因为仅改变频率，将会产生由弱励磁引起的转矩不足或由过励磁引起的磁饱和现象，使电动机功率因数和效率显著下降。通用型变频器基本上都采用这种控制方式。

V/F 控制机理如下：改变频率的同时控制变频器的输出电压，使电动机的磁通保持一定值，在较大范围内调速运转时，电动机的功率因数和效率不下降。这就是控制电压与频率之比，所以称为 V/F 控制。V/F 控制变频器的结构非常简单，无需速度传感器，为速度开环控制，负载可以是通用标准异步电动机，所以通用性强、经济性好。但开环控制方式不能达到较高的控制性能，而且在低频时必须进行转矩补偿，以改变低频转矩特性，故 V/F 控制变频器常用于速度精度要求不十分严格或负载变动较小的场合。

V/F 控制方式的特点如下：

a. 它是最简单的一种控制方式，不用选择电动机，通用性能优良。

b. 与其他控制方式相比，它在低速区内电压调整困难，故调速范围窄，通常在 1：10 左右的调速范围内使用。

c. 急加速、减速或负载过大时，抑制过电流能力有限。

d. 不能精确控制电动机的实际速度，不适合用于同步运转场合。

② 矢量控制。矢量控制是一种高性能的控制方式。采用矢量控制的交流调速系统在调

速性能上可以和直流电动机相媲美。矢量控制的基本思想是认为异步电动机和直流电动机具有相同的转矩产生机理。

矢量控制的基本原理是通过测量和控制异步电动机的定子电流矢量，根据磁场定向原理，分别对异步电动机的励磁电流和转矩电流进行控制，从而达到控制异步电动机转矩的目的。具体是将异步电动机的定子电流矢量分解为产生磁场的电流分量（励磁电流）和产生转矩的电流分量（转矩电流）分别加以控制，并同时控制两分量间的幅值和相位，即控制定子电流矢量，所以称这种控制方式为矢量控制方式。

由于矢量控制可以使得变频器根据频率和负载情况实时地改变输出频率和电压，因此其动态性能相对完善。矢量控制具有对转矩进行精确控制、系统响应快、调速范围广、加减速性能好等特点。在对转矩控制要求高的场合，以其优越的控制性能受到用户的赞赏。目前在变频器中，实际应用的矢量控制方式主要有基于转差频率控制的矢量控制方式和无速度传感器的矢量控制方式。

矢量控制变频器的特点如下：

a. 调速范围在 1∶100 以上。

b. 速度响应性极高，适合于急加速、急减速运转和连续 4 象限运转，能适用任何场合。

4）根据输入电源的相数分类。

① 单相变频器。单相变频器又称为单进三出变频器。变频器的输入侧为单相交流电，输出侧为三相交流电。家用电器里的变频器均属于此类，通常容量较小。

② 三相变频器。三相变频器又称为三进三出变频器。变频器的输入侧和输出侧都是三相交流电。绝大多数变频器都属于此类。

5）根据输出电压调制方式分类。

① PAM 方式。脉冲幅值调制（PAM，Pulse Amplitude Modulation）方式的特点是，变频器在改变输出频率的同时也改变了电压的振幅值。在变频器中，逆变器负责调节输出频率，而输出电压的调节则由相控整流器或直流斩波器通过调节直流电压去实现。采用相控整流器调压时，供电电源的功率因数随调节深度的增加而变小；采用直流斩波调压时，供电电源的功率因数在不考虑谐波影响时，可以达到 $\cos\Phi \approx 1$。

② PWM 方式。脉冲宽度调制（PWM，Pulse Width Modulation）方式的特点是，变频器在改变输出频率的同时也改变了电压的脉冲占空比。PWM 方式只需控制逆变电路即可实现，通过改变脉冲宽度可以改变输出电压幅值；通过改变调制周期可以控制其输出频率。

6）根据功能用途分类。

① 通用变频器。通用变频器主电路采用电压型逆变器，具有不选择负载的通用性，应用范围很广，适用于多种机械及控制场合。一般情况下与标准电动机结合使用，可获得良好的传动特性。市场上的变频器大部分都是通用变频器。

② 专用变频器。专用变频器是为专门用途设计制造的，设计上与现场机械或控制对象特性紧密结合。与通用变频器相比较，专用变频器能达到更好的传动效果。如西门子公司推出的 Siemens MIC0340 系列电梯专用变频器可更简单、准确地控制电梯运行，达到良好的控制效果。

（3）变频器的组成　各生产厂家生产的变频器，其主电路结构和控制电路并不完全相同，但基本的构造原理和主电路连接方式以及控制电路的基本功能都大同小异。虽然变频器种类很多，但是大多数变频器都具有图 2-27 所示的内部结构。

变频器一般由主电路和控制电路两大部分组成。下面结合图 2-27 简单地介绍变频器各个主要部分的基本作用。

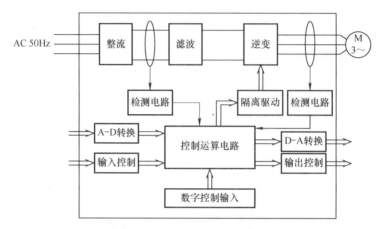

图 2-27　通用变频器内部结构框图

1）主电路。主电路是给异步电动机提供调压调频电源的电力变换部分。主电路由 3 部分构成：将交流工频电源变换为直流电的整流器、吸收在整流器和逆变器产生的电压脉动的滤波回路，以及将直流功率变换为交流功率的逆变器。另外，异步电动机需要制动时，有时要附加制动回路。

① 整流器。它又称为电网侧变流器，是把交流电整流成直流电。常见的整流器有用二极管构成的不可控三相桥式电路和用晶闸管构成的可控三相桥式电路。

② 逆变器。它又称为负载侧变流器。与整流器相反，逆变器是将直流电重新变换为交流电，最常见的结构形式是利用 6 个半导体主开关器件组成三相桥式逆变电路，有规律地控制逆变器中主开关器件的通与断，可以得到任意频率的三相交流电输出。

③ 滤波回路。在整流器整流后的直流电压中，含有电源 6 倍频率的脉动电压，此外逆变器产生的脉动电流也使直流电压变动。为了抑制电压波动，采用电感和电容吸收脉动电压（电流）。装置容量小时，如果电源和主电路构成器件有余量，可以省去电感采用简单的滤波回路。

2）控制电路。给异步电动机供电（电压、频率可调）的主电路提供控制信号的电路，称为控制电路。控制电路的主要作用是将检测到的各种信号送至运算电路，使运算电路能够根据要求为主电路提供必要的驱动信号，同时对异步电动机提供必要的保护。此外，控制电路还提供 A/D、D/A 转换等外部接口，接收/发送多种形式的外部信号，并给出系统内部工作状态，以使调速系统能够和外部设备配合进行各种高性能的控制。

控制电路由以下电路组成：频率、电压的运算电路，主电路的电压、电流检测电路，电动机的速度检测电路，将运算电路的控制信号进行放大的驱动电路以及输入/输出接口控制电路。

① 运算电路。将外部的速度、转矩等指令和检测电路的电流、电压信号进行比较运算，决定逆变器的输出电压、频率。

② 驱动电路。驱动主电路器件的电路。它与控制电路隔离使主电路器件导通、关断。

③ 检测电路。它包括电压、电流检测电路和速度检测电路。电压、电流检测电路与主回路电位隔离检测电压、电流等；速度检测电路是以装在异步电动机轴机上的速度检测器（TG、PLG 等）的信号为速度信号，送入运算回路，根据指令和运算可使电动机按指令速度运转。

④ 输入/输出接口控制电路。它是变频器的主要外部联系通道。输入信号接口主要有频率信号设定端和输入控制信号端；输出信号接口主要有状态信号输出端、报警信号输出端和测量仪表输出端。

⑤ 数字控制输入。可设定电动机的旋转方向，完成频率的分段选择及数据通信等。

（4）变频器的额定值和技术指标

1）输入侧的额定值。

中、小容量通用变频器输入侧的额定值主要指电压和相数。在我国，输入电压的额定值（指线电压）有三相 380V、三相 220V（主要是进口变频器）和单相 220V 这 3 种。此外，输入侧电源电压的频率一般规定为工频 50Hz 或 60Hz。

2）输出侧的额定值。

① 额定电压。由于变频器在变频的同时也要变压，所以输出电压的额定值是指输出电压中的最大值。

② 额定电流。它是指允许长时间输出的最大电流，是用户在选择变频器时的主要依据。

③ 额定容量。由额定输出电压和额定输出电流的乘积决定。

④ 配用电动机容量。在带动连续不变负载的情况下，能够配用的最大电动机容量。

⑤ 输出频率范围。它是指输出频率的最大调节范围，通常以最大输出频率和最小输出频率来表示。

3）变频器的性能指标。

变频器的性能就是通常所说的功能，这类指标可以通过各种测量仪器在较短时间内测量出来的，这类指标是 IEC 标准和国标所规定的出厂所需检验的质量指标。用户选择几项关键指标就可知道变频器的质量高低，而不是单纯看是进口还是国产，是昂贵还是便宜。以下是变频器的几项关键性能指标：

① 在 0.5Hz 时能输出的起动转矩。比较优良的变频器在 0.5Hz 时能输出 200% 的高起动转矩。具有这一性能的变频器，可根据负载要求实现短时间平稳加减速，快速响应急变负载，及时检测出再生功率。

② 频率指标。变频器的频率指标包括频率范围、频率稳定精度和频率分辨率。

a. 频率范围：以变频器输出的最高频率 f_{max} 和最低频率 f_{min} 表示，各种变频器的频率范围不相同。通常，最低工作频率为 0.1～1Hz，最高工作频率为 200～500Hz。

b. 频率稳定精度：也称频率精度，是指在频率给定值不变的情况下，当温度、负载变化，电压波动或长时间工作后，变频器的实际输出频率与给定频率之间的最大误差与最高工作频率之比（用百分数表示）。

c. 频率分辨率：指输出频率的最小改变量，即每相邻两挡频率之间的最小差值。

③ 速度控制精度和转矩控制精度。现有变频器速度控制精度能达到 ±0.005%；转矩控

制精度能达到±3%。

④ 低转速时的脉动情况。低转速时的脉动情况是检验变频器好坏的一个重要标准。

此外，变频器的噪声及谐波干扰、发热量等都是重要的性能指标，这些指标与变频器所选用的开关器件及调制频率和控制方式有关。

（5）变频器的选择　异步电动机利用变频器进行调速控制时，应合理选择变频器。通常变频器的选择包括变频器类型的选择和容量的选择两个方面。

1）类型的选择。

变频器的拖动对象是电动机，变频器类型的选择要根据负载的要求来进行选择：

① 鼓风机泵类负载在过载能力方面的要求较低。低速运行时，负载较轻。对转速精度要求低，通常可以选择价廉的普通功能型变频器。

② 恒转矩类负载。例如挤压机、搅拌机、传送带等需要具有恒转矩特性的设备，但在转速精度以及动态性能方面要求不高，选型时可选无矢量控制的变频器。

③ 有些负载低速时要求有较硬的机械特性和一定的调速精度，但在动态性能方面无较高要求的，可选用无反馈矢量控制功能的变频器。

④ 有些负载对调速精度和动态性能都有较高要求，并要求高精度同步运行的，可采用带速度反馈的矢量控制功能的变频器。

2）容量的选择。

采用变频器驱动异步电动机调速，在异步电动机确定后，通常应根据异步电动机的额定电流来选择变频器，或者根据异步电动机实际运行中的电流值（最大值）来选择变频器，当运行方式不同时，变频器容量的计算方式和选择方法不同，变频器应满足的条件不一样。

选择变频器容量时，变频器的额定电流是一个关键量，变频器的容量应按运行过程中可能出现的最大工作电流来选择。

（6）变频器的主要功能　变频器的主要功能有保护功能、控制功能、升速和降速功能、控制模式的选择功能、频率给定功能等。

1）频率给定功能。

① 面板给定方式：通过面板上的键盘进行给定。

② 外接给定方式：通过外部的给定信号进行给定。对于外接数字量信号接口可用来设定电动机的旋转方向，以及完成分段频率的控制；外接模拟量控制信号时，电压信号通常有0~5V、0~10V 等，电流信号通常有 0~20mA、4~20mA 两种。

③ 通信接口给定方式：由计算机或其他控制器通过通信接口进行给定，如 RS- 485、PROFIBUS 等。

2）控制模式的选择功能。

① V/F 控制模式的选择功能：以往各通用变频器中所使用的控制模式，不会识别电动机参数等。另外，在无法进行矢量控制的自动调整时，使用高速电动机等特殊电动机时，多台电动机驱动时选择此模式；预置 V/F 控制模式：设定变频器的输出频率和电压的基本关系；应输入电动机的容量、极数等基本数据。

② 矢量控制模式的选择功能：通过矢量演算电动机内部的状态，可在输出频率为

0.5Hz 时，取得电动机额定转矩 180% 的输出转矩，是比 V/F 控制更为强力的电动机控制，可以抑制由负载变动而引起的速度变动。它主要包括的控制模式有带速度反馈的矢量控制、无反馈矢量控制和预置矢量控制模式。

3）升降速功能。可以通过预置升/降速时间和升/降速方式等参数来控制电动机的升/降速。

① 升速功能。变频调速系统中，起动和升速过程是通过逐渐升高频率来实现的。

升速时间是指给定频率从 0 上升至基底频率（又称基准频率，一般为额定频率）所需的时间。升速时间越短，频率上升越快，越容易"过电流"。

升速方式主要有以下 3 种：

a. 线性方式。频率与时间呈线性关系，如图 2-28a 中曲线 1 所示。

b. S 形方式。开始和结束阶段，升速的过程比较缓慢，中间阶段按线性方式，如图 2-28a 中曲线 2 所示。

c. 半 S 形方式。在开始阶段，升速过程较缓慢，在中间和结束阶段按线性方式，如图 2-28a 中曲线 3 所示。

② 降速功能。在变频调速系统中，停止和降速过程是通过逐渐降低频率来实现的。

降速时间是指给定频率从基底频率下降至 0 所需的时间。降速时间越短，频率下降得越快，越容易"过电流"和"过电压"。

降速方式主要有 3 种，与升速方式相同。如图 2-28b 所示，曲线 1、2、3 分别为线性方式、S 形方式和半 S 形方式。

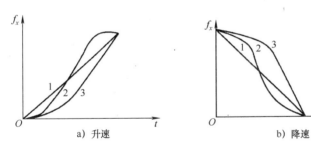

图 2-28　电压型与电流型变频器基本结构

4）保护功能。变频器的保护功能可分为以下两类：

① 检知异常状态后自动地进行修正动作，如防止过电流失速、防止再生过电压失速等。

② 检知异常后封闭电力半导体器件 PWM 控制信号，使电动机自动停机，如过电流切断、再生过电压切断、半导体冷却风扇过热和瞬时停电保护等。

（7）变频器的应用举例　目前实用化的变频器种类很多，下面以西门子 MICROMASTER 440（以下简称为 MM440）为例，简要说明变频器的使用方法。

1）MM440 变频器。MM440 是一种集多种功能于一体的变频器，它适用于各种需要电动机调速的场合。它可通过操作面板或现场总线通信方式操作，通过修改其内置参数，工作于各种场合。

图 2-29 所示为 MM440 变频器内部功能框图。

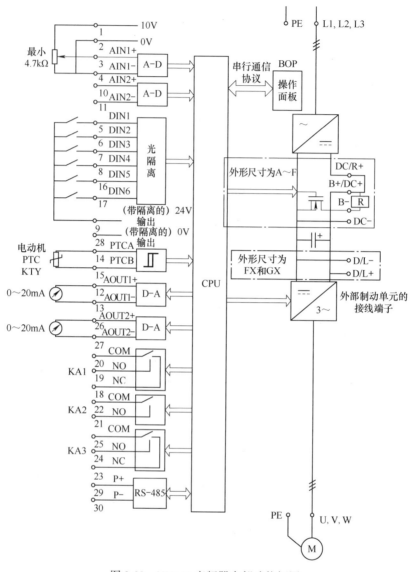

图 2-29　MM440 变频器内部功能框图

DIN1～DIN6 为数字信号输入端子，一般用于变频器外部控制，其具体功能由相应设置决定，例如出厂时设置 DIN1 为正向运行、DIN2 为反向运行等，根据需要通过修改参数可改变其功能。AIN1、AIN2 为模拟信号输入端子，可作为频率给定信号和闭环时反馈信号输入。KA1、KA2、KA3 为继电器输出，其功能也是可编程的。AOUT1、AOUT2 端子为模拟量输出，可输出 0～20mA 信号。PTC 端子用于电动机内置 PTC 测温保护，为 PTC 传感器的输入端。P+、P-为 RS485 通信接口。

2）MM440 变频器在电动机调速控制系统中的应用。图 2-30 所示为西门子 MM440 变频器在异步电动机可逆调速控制电路中的应用实例。此电路可以实现电动机正、反向运行并具有调速和点动功能。根据功能要求，首先要对变频器编程并修改参数来选择控制端子的功能，将变频器 DIN1、DIN2、DIN3 和 DIN4 端子分别设置成正转运行、反转运行、正向点动和反向点动功能。图中，KA1 为变频器的输出继电器，定义为保护继电器，正常工作时，

KA1 触点闭合；当变频器出现故障时或电动机过载时，触点断开。

电路的工作过程如下：

按下 SB2→KM 得电，其触点闭合并自锁运行→MM440 接通电源。

按下 SB3→KA4 得电，其触点闭合并自锁运行→DIN1 得电→电动机 M 正转运行

按下 SB4→KA5 得电，其触点闭合并自锁运行→DIN2 得电→电动机 M 反转运行。

按下 SB5→KA6 得电，其触点闭合→DIN3 得电→电动机 M 正向点动。

按下 SB6→KA7 得电，其触点闭合→DIN4 得电→电动机 M 反向点动。

按下 SB1→KM 失电→主触点断开→MM440 断开电源，电动机 M 停机。

按钮 SB3、SB4 均为复合按钮，实现电动机 M 正转和反转的互锁。

另外，正、反向运行频率由电位器 RP 给定。正、反向点动运行频率可由变频器内部设置。

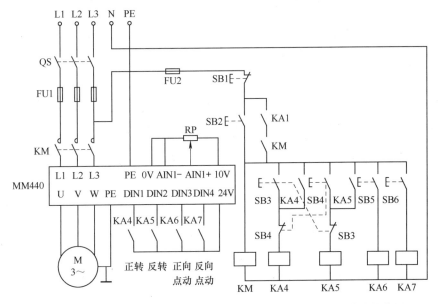

图 2-30　西门子 MM440 变频器在异步电动机可逆调速控制电路中的应用

2.3　典型生产机械电气控制电路的分析

电气控制系统是生产机械的重要组成部分，是保证机械设备各种运动协调与准确动作、生产工艺各项要求得到满足、工作安全可靠及操作实现自动化的主要技术手段。电气控制设备种类繁多，拖动方式各异，控制电路也各不相同。本节在学习了基本电气控制电路的基础上，通过典型生产机械 T68 卧式镗床的电气控制电路的分析，使读者掌握其分析方法，从中找出分析规律，逐步提高阅读电气控制电路图的能力，为进行电气控制电路的设计、调试和维护等工作打下良好的基础。

2.3.1　电气控制电路的分析基础

1. 电气控制电路分析的依据

分析设备电气控制电路的依据是设备本身的基本结构、运动情况、加工工艺要求、电力拖动要求和电气控制要求等。这些依据来自设备本身的有关技术资料，如设备操作使用说明

书、电气原理图、电气安装接线图及电气元件明细表等。

2. 电气控制电路分析的内容和要求

分析电气控制电路的具体内容和要求，主要包括以下几个方面：

（1）设备操作使用说明书　设备操作使用说明书一般由机械（包括液压、气动部分）和电气两大部分组成，在分析时应重点了解以下内容：

1）设备的构造组成、工作原理，传动系统的类型及驱动方式，主要性能指标等。

2）电气传动方式，电动机及执行电器的数量、规格型号、用途、控制要求及安装位置等。

3）设备的操作方式，各种操作手柄、开关、按钮、指示灯的作用与安装位置。

4）与机械、液压部分直接关联的电气元器件，如行程开关、电磁阀、电磁离合器、各种传感器等元器件，它们的安装位置、工作状态及与机械、液压部分的关系，在控制中的作用等。

（2）电气原理图　电气原理图是分析控制电路的中心内容。在分析时，必须与阅读其他技术资料结合起来，例如，各种电动机及执行电器的控制方式、位置及作用，各种与机械设备有关的位置开关、主令电器的状态等。

2.3.2　电气原理图阅读分析的方法与步骤

阅读电气原理图的基本方法可总结为：先机后电、先主后辅、化整为零、集零为整。具体的方法是查线分析法，即以某一电动机或电气元件（如接触器或继电器线圈）为对象，从电源开始，自上而下、自左而右，逐一分析其通断关系，并区分出主令信号、联锁条件和保护环节等，根据图区坐标所标注的检索可方便地分析出各控制条件与输出的因果关系。

电气原理图的分析方法与步骤如下：

1. 分析主电路

从主电路入手，根据每台电动机和执行电器的控制要求去分析各电动机和执行电器的类型、工作方式、起动方式、转向控制、调速和制动等基本控制要求。

2. 分析控制电路

分析控制电路最基本的方法是"查线读图"法。根据主电路中各电动机和执行电器的控制要求，逐一找出控制电路中的控制环节，用前面学过的基本控制电路的知识，将控制电路"化整为零"，按功能不同划分成若干个局部控制电路来进行分析。

3. 分析辅助电路

辅助电路包括执行电器的工作状态显示、电源显示、参数测定、照明和故障报警等部分。辅助电路中很多部分是由控制电路中的元器件来控制的，所以在分析辅助电路时，还要回过头来对照控制电路进行分析。

4. 分析联锁与保护环节

生产机械对于安全性和可靠性有很高的要求。为实现这些要求，除了合理地选择拖动与控制方案外，在控制电路中还设置了一系列电气保护和必要的电气联锁。在分析过程中，电气联锁与电气保护环节是一项重要内容，不能遗漏。

5. 分析特殊控制环节

在某些控制电路中，还设置了一些与主电路、控制电路关系不密切，相对独立的某些特殊环节，如产品计数装置、自动检测系统、晶闸管触发电路、自动调温装置等。这些特殊环节往往自成一个小系统，其读图分析的方法可参照上述分析过程，并灵活运用所学过的电子技术、变流技术、自控原理、检测与转换等知识逐一分析。

6. 总体检查

经过"化整为零",逐步分析了每一局部电路的工作原理以及各部分之间的控制关系之后，还必须用"集零为整"的方法，检查整个控制电路，以免遗漏。特别要从整体角度去进一步检查和理解各控制环节之间的联系，以达到清楚地理解电路图中每一个电气元器件的作用、工作过程及主要参数。

2.3.3 T68型卧式镗床的电气控制线路的分析

1. T68型卧式镗床的主要结构和运动形式

T68型卧式镗床主要由床身、工作台、前立柱、镗头架（主轴箱）、后立柱、镗轴和尾座等部分组成，其结构示意图如图2-31所示。

T68型卧式镗床的运动形式主要有以下三种：

（1）主运动 镗轴和平旋盘的旋转运动。

（2）进给运动包括 镗轴（主轴）的轴向进给运动；平旋盘上刀具溜板的径向进给运动；主轴箱的垂直进给运动；工作台（上、下溜板）的纵向和横向进给运动。

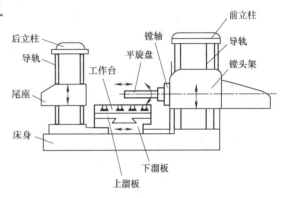

图2-31 T68型卧式镗床的结构示意图

（3）辅助运动包括 主轴箱、工作台等的进给运动的快速调位移动；后立柱的纵向调位移动；后支承架与主轴箱的垂直调位移动；工作台的转位运动。

2. T68型卧式镗床的电力拖动形式和控制要求

1）卧式镗床的主运动和进给运动都用同一台异步电动机拖动。为了适应各种形式和各种工件的加工，要求镗床的主轴有较宽的调速范围，因此多采用由双速或三速笼型异步电动机拖动的滑移齿轮有级变速系统。采用双速或三速电动机拖动，可简化机械变速机构。目前，采用电力电子器件控制的异步电动机无级调速系统已在镗床上获得广泛应用。

2）镗床的主运动和进给运动都采用机械滑移齿轮变速，有利于变速后齿轮的啮合，要求有变速冲动控制。

3）要求主轴电动机能够正反转，可以点动进行调整，并要求有电气制动，通常采用反接制动。

4）卧式镗床的各进给运动部件要求能快速移动，一般由单独的快速进给电动机拖动。

3. T68型卧式镗床的控制电路分析

T68型卧式镗床电气原理图如图2-32所示。

（1）主电路分析 T68型卧式镗床电气控制线路有两台电动机：一台是主轴电动机M1，作为主轴旋转及常速进给的动力，同时还带动润滑油泵；另一台为快速进给电动机M2，作为各进给运动的快速移动的动力。

M1为双速电动机，由接触器KM4、KM5控制：低速时KM4吸合，电动机M1的定子绕组为三角形联结，$n_N = 1460\text{r/min}$；高速时KM5吸合，KM5为两只接触器并联使用，定子绕组为双星形联结，$n_N = 2880\text{r/min}$。KM1、KM2控制M1的正反转。KS为与电动机M1同轴的速度继电器，在电动机M1停车时，由KS控制进行反接制动。为了限制起动电流、制动电流和减小机械冲击，电动机M1在制动、点动及主轴变速和进给变速冲动时串入了限流电阻器R，运行时由KM3短接。热继电器FR作为电动机M1的过载保护。

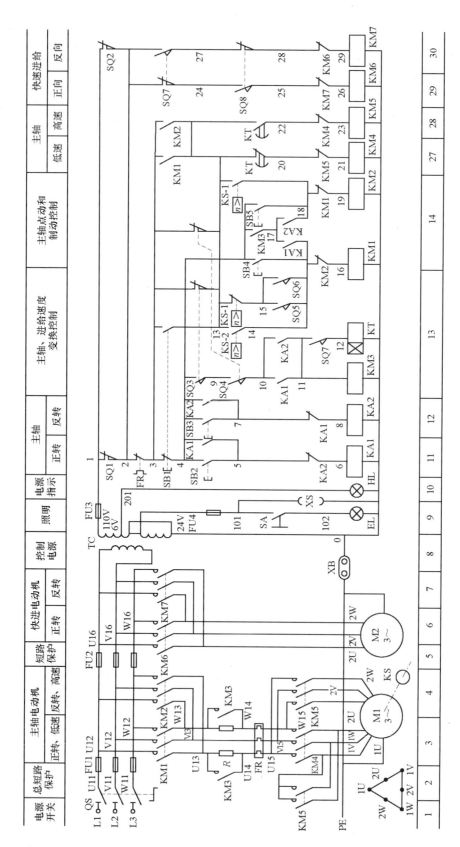

图2-32 T68型卧式镗床电气原理图

M2 为快速进给电动机，由 KM6、KM7 控制正反转。由于电动机 M2 是短时工作制，所以不需要用热继电器进行过载保护。

QS 为电源引入开关，FU1 提供全电路的短路保护，FU2 提供电动机 M2 及控制电路的短路保护。

（2）控制回路分析　控制回路由控制变压器 TC 提供 110V 工作电压，FU3 提供变压器二次侧的短路保护。控制电路包括 KM1~KM7 7 个交流接触器和 KA1、KA2 2 个中间继电器，以及时间继电器 KT 共 10 个电器的线圈支路，该电路的主要功能是对主轴电动机 M1 进行控制。在电动机 M1 起动之前，首先要选择好主轴的转速和进给量，在主轴变速和进给变速时，与之相关的行程开关 SQ3~SQ6 的状态见表 2-3，并且调整好主轴箱和工作台的位置，在调整好后行程开关 SQ1、SQ2 的动断触点（1—2）均处于闭合接通状态。

表 2-3　主轴变速和进给变速行程开关 SQ3~SQ6 状态表

项　　目	相关行程开关的触点	正常工作时	变　速　时	变速后手柄推不上时
主轴变速	SQ3（4—9）	+	-	-
	SQ3（3—13）	-	+	+
	SQ5（14—15）	-	-	+
进给变速	SQ4（9—10）	+	-	-
	SQ4（3—13）	-	+	+
	SQ6（14—15）	-	+	+

注：+表示接通，-表示断开。

1）M1 的正反转控制。SB2、SB3 分别为正、反转起动按钮，下面以正转起动为例。

按下 SB2→KA1 线圈通电自锁→KA1 动合触点（10—11）闭合→KM3 线圈通电，KM3 主触点闭合短接电阻 R→KA1 另一对动合触点（14—17）闭合，与闭合的 KM3 辅助动合触点（4—17）使 KM1 线圈通电→KM1 主触点闭合，KM1 动合辅助触点（3—13）闭合，KM4 通电，电动机 M1 低速起动。

同理，在反转起动运行时，按下 SB3，相继通电的电器为：KA2→KM3→KM2→KM4。

2）电动机 M1 的高速运行控制。若按上述起动控制，电动机 M1 为低速运行，此时机床的主轴变速手柄置于"低速"位置，微动开关 SQ7 不吸合，由于 SQ7 动合触点（11—12）断开，时间继电器 KT 线圈不通电。要使电动机 M1 高速运行，可将主轴变速手柄置于"高速"位置，SQ7 动作，其动合触点（11—12）闭合，这样在起动控制过程中 KT 与 KM3 同时通电吸合，经过 3s 左右的延时后，KT 的动断触点（13—20）断开而动合触点（13—22）闭合，使 KM4 线圈断电而 KM5 通电，电动机 M1 为丫丫联结高速运行。无论电动机 M1 低速运行还是停车，若将变速手柄由低速档转至高速档，电动机 M1 都是先低速起动或运行，再经 3s 左右的延时后自动转换至高速运行。

3）电动机 M1 的停车制动。电动机 M1 采用反接制动，KS 为与电动机 M1 同轴的反接制动控制用的速度继电器，它在控制电路中有三对触点：动合触点（13—18）在电动机 M1 正转时动作，另一对触点（13—14）在反转时闭合，还有一对动断触点（13—15）提供变速冲动控制。当电动机 M1 的转速达到 120r/min 以上时，KS 的触点动作：当转速降至 40r/min 以下时，KS 的触点复位。下面以电动机 M1 正转高速运行，按下停车按钮 SB1 停车制动为例进行分析。

按下 SB1→SB1 动断触点（3—4）先断开，先前得电的线圈 KA1、KM3、KT、KM1、KM5 相继断电→然后 SB1 动合触点（3—13）闭合，经 KS-1 使 KM2 线圈通电→KM4 通电，M1△形接法串电阻反接制动→电动机转速迅速下降至 KS 的复位值→KS-1 动合触点断开，KM2 断电→KM2 动合触点断开，KM4 断电，制动结束。

如果是在 M1 反转时进行制动，则 KS-2（13—14）闭合，控制 KM1、KM4 进行反接制动。

4）电动机 M1 的点动控制。SB4 和 SB5 分别为正、反转点动控制按钮。当需要进行点动调整时，可按下 SB4（或 SB5），使 KM1 线圈（或 KM2 线圈）通电，KM4 线圈也随之通电，由于此时 KA1、KA2、KM3、KT 线圈都没有通电，所以电动机 M1 串入电阻低速转动。当松开 SB4（或 SB5）时，由于没有自锁作用，电动机 M1 停止运行。

5）主轴的变速控制。主轴的各种转速是由变速操纵盘来调节变速传动系统而取得的。在主轴运转时，如果要变速，可不必停车。只要将主轴变速操纵盘的操作手柄拉出，如图 2-33 所示，将手柄拉至②的位置，与变速手柄有机械联系的行程开关 SQ3、SQ5 均复位（见表 2-3），此后的控制过程如下（以正转低速运行为例）：

将变速手柄拉出→SQ3 复位→SQ3 动合触点断开→KM3 和 KT 都断电→KM1 断电，KM4 断电，电动机 M1 断电后由于惯性继续旋转。

SQ3 动断触点（3—13）后闭合，由于此时转速较高，故 KS-1 动合触点为闭合状态→KM2 线圈通电→KM4 通电，电动机△联结进行制动，转速很快下降到 KS 的复位值→KS-1 动合触点断开，KM2、KM4 断电，断开电动机 M1 反向电源，制动结束。

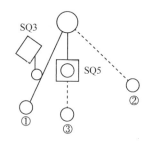

图 2-33 主轴变速手柄位置示意图

转动变速盘进行变速，变速后将手柄推回→SQ3 动作，SQ3 动断触点（3—13）断开→动合触点（4—9）闭合，KM1、KM3、KM4 重新通电，电动机 M1 重新起动。

由以上分析可知，如果变速前主电动机处于停转状态，那么变速后主电动机也处于停转状态。若变速前主电动机处于正向低速（△联结）状态运转，由于中间继电器仍然保持通电状态，变速后主电动机仍处于△联结下运转。同样道理，如果变速前电动机处于高速（丫丫联结）正转状态，那么变速后主电动机仍先连接成△，再经 3s 左右的延时，才进入丫丫联结的高速运转状态。

6）主轴的变速冲动。SQ5 为变速冲动行程开关，由表 2-3 可见，在不进行变速时，SQ5 的动合触点（14—15）是断开的；在变速时，如果齿轮未啮合好，变速手柄就合不上，即在图 2-33 中处于③的位置，则 SQ5 被压合→SQ5 的动合触点（14—15）闭合→KM1 由（13—15—14—16）支路通电→KM4 线圈支路也通电→M1 低速串电阻起动→当电动机 M1 的转速升至 120r/min 时，KS 动作，其动断触点（13—15）断开→KM1、KM4 线圈支路断电→KS-1 动合触点闭合→KM2 通电，KM4 通电，M1 进行反接制动，转速下降→当电动机 M1 的转速降至 KS 复位值时，KS 复位，其动合触点断开，电动机 M1 断开制动电源，动断触点（13—15）又闭合→KM1、KM4 线圈支路再次通电→电动机 M1 转速再次上升……这样使电动机 M1 的转速在 KS 复位值和动作值之间反复升降，进行连续低速冲动，直至齿轮啮合好以后，方能将手柄推合至图 2-33 中①的位置，使 SQ3 被压合，而 SQ5 复位，变速冲动才告结束。

7）进给变速控制。与上述主轴变速控制的过程基本相同，只是在进给变速控制时，拉动的是进给变速手柄，动作的行程开关是 SQ4 和 SQ6。

8）快速移动电动机 M2 的控制。为缩短辅助时间，提高生产率，由快速移动电动机 M2 经传动机构拖动镗头架和工作台做各种快速移动。运动部件及运动方向的预选由装在工作台前方的操作手柄进行，而控制则由镗头架的快速操作手柄进行。当扳动快速操作手柄时，将压合行程开关 SQ8 或 SQ7，接触器 KM6 或 KM7 通电，实现 M2 快速正转或快速反转。电动机带动相应的传动机构拖动预选的运动部件快速移动。将快速移动手柄扳回原位时，行程开关 SQ8 或 SQ7 不再受压，KM6 或 KM7 断电，电动机 M2 停转，快速移动结束。

9）联锁保护。为了防止工作台及主轴箱与主轴同时进给，将行程开关 SQ1 和 SQ2 的动断触点并联接在控制电路（1—2）中。当工作台及主轴箱进给手柄在进给位置时，SQ1 的触点断开，而当主轴的进给手柄在进给位置时，SQ2 的触点断开。如果两个手柄都处在进给位置，则 SQ1、SQ2 的触点都断开，机床不能工作。

（3）照明电路和指示灯电路 由变压器 TC 提供 24V 安全电压供给照明灯 EL，EL 的一端接地，SA 为灯开关，由 FU4 提供照明电路的短路保护。XS 为 24V 电源插座。HL 为 6V 的电源指示灯。

实验 2.1　常用机床电器部件认知

1. 实验目的

认识常用机床电器，理解刀开关、热继电器、接触器、按钮等电器的工作原理和作用，了解常用低压电器的分类、型号意义及技术参数。

2. 实验设备（见表 2-4）

表 2-4　实验设备

序　号	名　　称	型号及规格	数　量	备　注
1	刀开关	HK1-30/3	1 只	
2	熔断器	RC1A-15	1 只	
3	按钮	LA23	2 只	红色、绿色各 1
4	导线	BV1.5mm^2，BVR1mm^2	若干	
5	三相异步电动机	Y-100L2-4	1 台	
6	交流接触器	CJ20-20	1 只	
7	热继电器	JR20-16	1 只	
8	一般电工工具	螺钉旋具、测电笔、万用表、剥线钳等	1 套	

注：依据实验室情况可适当增减实验设备。

3. 实验内容

1）逐一认识各电器的结构、图形符号、接线方法。

2）抄录各电器的铭牌数据。

3）用万用表检查各电器线圈、触点是否完好。

4. 根据实验要求完成实验报告

实验 2.2　三相异步电动机的正反转控制

1. 实验目的

掌握三相异步电动机正反转的控制方法，熟悉常用机床电器，掌握一般电路的布线、接线方法，接线要求和元器件布置方法。

2. 实验设备（见表 2-5）

表 2-5　实验设备

序　号	名　　称	型号及规格	数　量	备　注
1	刀开关	HK1-30/3	1 只	
2	熔断器	RC1A-15	5 只	
3	按钮	LA23	3 只	红色 1、绿色 2
4	导线	BV1.5mm², BVR1mm²	若干	
5	三相异步电动机	Y-100L2-4	1 台	
6	交流接触器	CJ20-20	2 只	
7	热继电器	JR20-16	1 只	
8	一般电工工具	螺钉旋具、测电笔、万用表、剥线钳等	1 套	

3. 实验内容

在实际应用中，往往要求生产机械可以改变运动方向，如工作台前进、后退；电梯的上升、下降等，这就要求电动机能实现正反转。对于三相异步电动机来说，可通过两个接触器来改变电动机定子绕组的电源相序来实现。使两个电器不能同时得电动作的控制，称为互锁（联锁）控制，如为了避免正、反转两个接触器同时得电而造成三相电源短路事故，必须增设互锁控制环节。为了操作的方便，也为防止因接触器主触点长期大电流的烧蚀而偶发触点粘连后造成的三相电源短路事故，通常在具有正反转控制的电路中采用既有接触器的动断辅助触点的电气互锁，又有复合按钮机械互锁的双重互锁的控制环节。通过下面的实验内容，掌握相关知识点和操作技能。

（1）三相异步电动机接触器互锁正反转控制　其电路如图 2-7 所示，接触器 KM1 为正向接触器，控制电动机 M 正转；接触器 KM2 为反向接触器，控制电动机 M 反转。按控制电路进行安装接线，接线时先接主电路，主电路连接完整无误后，再连接控制电路，接好全部电路经指导教师检查后，方可进行通电操作。操作如下：

1）接通三相交流电源。

2）正转控制：合上刀开关 QS→按下正向启动按钮 SB2→正向接触器 KM1 通电→KM1 主触点和自锁触点闭合，互锁动断触点断开→电动机 M 正转。

3）反转控制：合上刀开关 QS→按下反向启动按钮 SB3→反向接触器 KM2 通电→KM2 主触点和自锁触点闭合，互锁动断触点断开→电动机 M 反转。

4）停机：按下停止按钮 SB1→KM1（或 KM2）断电→M 停转。

5）实验完毕，切断实验电路的三相交流电源。

该电路只能实现"正→停→反"或者"反→停→正"控制，即必须按下停止按钮后，再反向或正向起动。这对需要频繁改变电动机运转方向的设备是很不方便的。

（2）三相异步电动机按钮、接触器双重互锁正反转控制　其电路如图 2-8 所示，控制电路中启动按钮改用复合按钮，将正转启动按钮 SB2 的动断触点串接在反转控制电路中，将反转启动按钮 SB3 的动断触点串接在正转控制电路中，这样便可以保证正、反转两条控制电路不会同时被接通。若要电动机由正转变为反转，不需要再按下停止按钮，可直接按下反转启动按钮 SB3；反之亦然。

按控制电路图进行安装接线，接线时先接主电路，主电路连接完整无误后，再连接控制电路，接好全部电路经指导教师检查后，方可进行通电操作。操作如下：

1）接通三相交流电源。

2）正转控制：合上刀开关 QS→按下正向启动按钮 SB2，SB2 互锁动断触点断开→正向接触器 KM1 通电→KM1 主触点和自锁触点闭合，互锁动断触点断开→电动机 M 正转。

3）反转控制：合上刀开关 QS→按下反向启动按钮 SB3，SB3 互锁动断触点断开→反向接触器 KM2 通电→KM2 主触点和自锁触点闭合，互锁动断触点断开→电动机 M 反转。

4）停机：按停止按钮 SB1→KM1（或 KM2）断电→M 停转。

5）实验完毕，切断实验电路的三相交流电源。

该电路可以直接实现"正→反"或者"反→正"控制。

（3）实验注意事项

1）实验期间必须穿工作服或学生服、胶底鞋；注意安全、遵守实习纪律，做到有事请假，不得无故不到或随意离开；实验过程中要爱护实验器材，节约用料。

2）在不通电的情况下，用万用表或肉眼检查各元器件各触点的分合情况是否良好，元器件外部是否完整无缺；检查螺钉是否完好，是否滑丝；检查接触器的线圈电压与电源电压是否相符。

3）接线线头符合工艺要求，要求牢靠、整齐、清楚、安全可靠。

4）操作时要胆大、心细、谨慎，不许用手触及各电气元器件的导电部分及电动机的转动部分，以免触电及意外损伤。

4. 思考及总结

1）比较两个电路：按下正向（或反向）启动按钮，电动机起动后，再去按下反向（或正向）启动按钮，观察有何情况发生？

2）在电动机正反转控制电路中，为什么必须保证两个接触器不能同时工作？采用哪些措施可解决此问题，这些方法有何利弊，最佳方案是什么？

3）在控制电路中，短路、过载、失电压、欠电压保护等功能是如何实现的？在实际运行过程中，这几种保护有何意义？

4）根据实验要求完成实验报告。

习　题

1. 电气原理图的图区划分和区号检索有什么规定？对电路分析有什么帮助？

2. 三相笼式异步电动机在什么条件下可直接起动？

3. 什么是降压起动？三相笼型异步电动机常采用哪些降压起动方法？

4. 电动机反接制动能否实现停车？简述反接制动控制原理。

5. 变频器主要由哪几部分组成？每部分各有什么作用？

6. 双速电动机高速运行时通常须先低速起动而后转入高速运行，这是为什么？

7. V/F 控制方式变频器和矢量控制方式变频器各有哪些特点？

8. 简述电气控制电路分析中，电气原理图分析的基本方法与步骤。

9. 画出点动正反转控制电路，并有过载保护和短路保护。

10. 画出Y-△降压起动控制电路，并说明该线路的优缺点及适用的场合。

11. 设计用按钮和接触器控制电动机 Ml 和 M2 的控制电路，要求能控制两台电动机同时起动和同时停止。

12. 现要求三台笼型电动机 M1、M2、M3 按一定顺序起动，即 M1 起动后，M2 能才起动；M2 起动后，M3 能才起动。画出其控制电路。

13. 某机床有两台三相异步电动机，要求第一台电动机起动运行 5s 后，第二台电动机自行起动，第二台电动机运行 10s 后，两台电动机停止；两台电动机都具有短路、过载保护，设计主电路和控制电路。

14. 在空调设备中的风机工作情况有如下要求，为它设计一个控制电路：

1) 先开风机，再开压缩机。

2) 压缩机可自由停转。

3) 风机停止时，压缩机随即自动停止。

15. 带式运输机由异步电动机拖动。设计由 3 台带式运输机组成的运输系统电气控制电路，要求如下：

1) 起动时，3 台带运输机的工作顺序为 M3、M2、M1，并有一定的时间间隔。

2) 停车时，3 台带运输机的工作顺序为 M1、M2、M3，也要有一定的时间间隔。

3) 具有必要的保护措施。

16. 设计一个小车运行控制电路，要求是：

1) 小车由原位开始前进，到终点后自动停止。

2) 小车在终点停留 2min 后自动返回到原位停止。

3) 要求能在前进或后退中任一位置均可停止或启动。

17. 某机床由两台三相笼型异步电动机 Ml 和 M2 拖动，其控制要求是：

1) M1 功率较大，要求采用Y-△降压起动，停车带有能耗制动。

2) M1 和 M2 的起停控制顺序是：先开 M1，经过 1min 后允许 M2 起动，停车顺序相反，只有在 M2 停车后才允许 M1 停车。

3) M1、M2 的起停控制均可以两地操作。

设计电气控制原理线路图，并设置必要的电气保护。

单元 3　认知 S7-200 PLC

本单元主要介绍 S7-200 PLC 的主要程序结构、寄存器等，介绍 STEP7-Micro/WIN 编程开发软件。

3.1　PLC 的发展历史

3.1.1　PLC 的产生与发展

20 世纪 60 年代，计算机技术已开始应用于工业控制领域。但由于计算机技术本身的复杂性，编程难度高、难以适应恶劣的工业环境以及价格昂贵等原因，未能在工业控制中广泛应用。当时的工业控制，主要还是以继电-接触器组成控制系统。

1968 年，美国通用汽车制造公司（GM）为适应汽车型号的不断更新，试图寻找一种新型的工业控制器，以尽可能减少重新设计和更换继电器控制系统的硬件及接线的时间，从而降低成本。因而设想把计算机的完备功能、灵活通用等优点和继电器控制系统的简单易懂、操作方便、价格便宜等优点结合起来，制成一种适合于工业环境的通用控制装置，并把计算机的编程方法和程序输入方式加以简化，用"面向控制过程，面向对象"的自然语言进行编程，使不熟悉计算机的人员也能方便地使用。针对上述设想，通用汽车公司提出了这种新型控制器所必须具备的十大条件，即有名的 GM10 条：

1）编程简单，可在现场修改程序。

2）维护方便，最好是插件式。

3）可靠性高于继电器控制柜。

4）体积小于继电器控制柜。

5）可将数据直接送入管理计算机。

6）在成本上可与继电器控制柜竞争。

7）输入可以是交流 115V。

8）输出可以是交流 115V，2A 以上，可直接驱动电磁阀。

9）在扩展时，原有系统只要很小的变更。

10）用户程序存储器容量至少能扩展到 4K。

1969 年，美国数字设备公司（GEC）首先研制成功第一台可编程序控制器，并在通用汽车公司的自动装配线上试用成功，从而开创了工业控制的新局面。接着，美国 MODICON 公司也开发出可编程序控制器 084。

1971 年，日本从美国引进了这项新技术，很快研制出了第一台可编程序控制器 DSC-8。1973 年，西欧国家也研制出了他们的第一台可编程序控制器。我国从 1974 年开始研制，1977 年开始工业应用。早期的可编程序控制器是为取代继电器控制线路，存储程序指令，完成顺序控制而设计的，主要用于：逻辑运算，计时、计数等顺序控制，均属开关量控制。

所以，通常称为可编程序逻辑控制器（PLC-Programmable Logic Controller）。进入 20 世纪 70 年代，随着微电子技术的发展，PLC 采用了通用微处理器，这种控制器不再局限于当初的逻辑运算，功能不断增强。因此实际上应称之为 PC -可编程序控制器。

至 20 世纪 80 年代，随着大规模和超大规模集成电路等微电子技术的发展，以 16 位和 32 位微处理器构成的微机化 PC 得到了惊人的发展。使 PC 在概念、设计、性能、价格以及应用等方面都有了新的突破，不仅其控制功能增强，功耗和体积减小，成本下降，可靠性提高，编程和故障检测更为灵活方便，而且随着远程 I/O 和通信网络、数据处理以及图像显示技术的发展，使 PC 向用于连续生产过程控制的方向发展，成为实现工业生产自动化的一大支柱。

3.1.2 主要 PLC 产品

1. 西门子 S7-200，S7-300，S7-400 系列

西门子 S7 系列是市场占有率较高的 PLC，占据市场份额的一半以上。

（1）S7-200 系列　西门子 S7-200CN 系列按照 CPU 类型可以分为 S7-221、S7-222CN、S7-224CN、S7-224XP CN/S7-224XPCN、S7-224XP CN 和 S7-226 CN，如图 3-1 所示。5 种 PLC 的外形尺寸如图 3-1 所示。

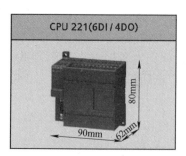
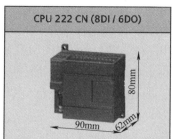
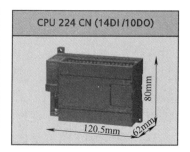
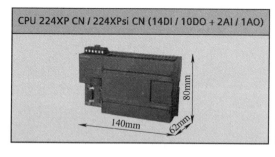
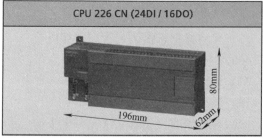

图 3-1　S7-200 PLC

以 S7-226CN 为例，PLC 的接线端口如图 3-2 所示。

（2）S7-300 系列　S7-300 是模块化中小型 PLC 系统，它能满足中等性能要求的应用，并且具有大范围的各种功能模块，可以非常好地满足和适应自动控制任务。

SIMATIC S7-300 结构示意图如图 3-3 所示。

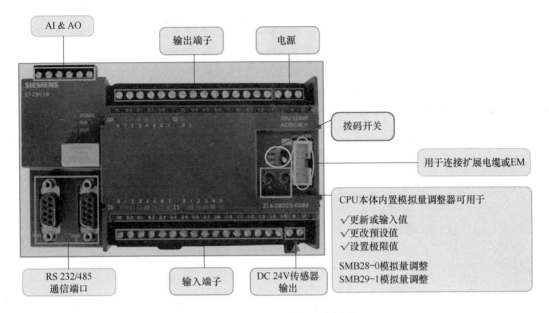

图 3-2 S7-226CN 接口示意图

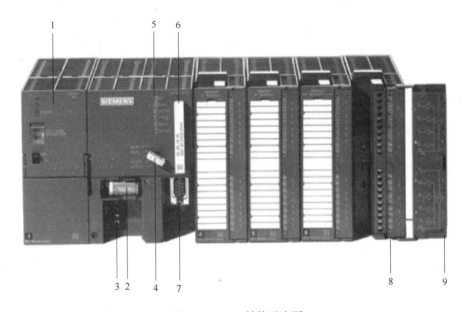

图 3-3 S7-300 结构示意图

1—负载电源（选项） 2—后备电池（CPU 313 以上） 3—DC 24V 连接 4—模式开关

5—状态和故障指示灯 6—存储器卡（CPU 313 以上） 7—MPI 多点接口 8—前连接器 9—前门

（3）S7-400 系列 西门子 SIMATIC S7-400 适用于中高档性能范围的可编程序控制器，适用于通用机械、汽车工业、立体仓库、机床与工具及过程控制等，如图 3-4 所示。

2. 其他厂商（三菱、松下、ABB）的 PLC

1）三菱 FX1S 系列是三菱 PLC 系列中的经典，FX1S 的运算速度比上一代 FX0S 快，其示意图如图 3-5 所示。

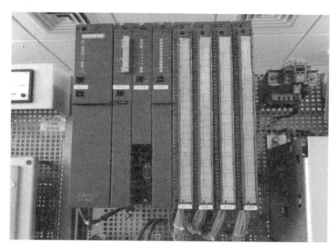

图 3-4　S7-400PLC 结构示意图

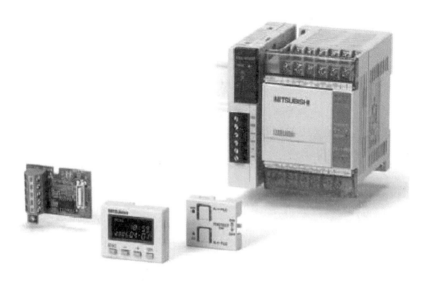

图 3-5　FX1S 示意图

2）三菱 FX2N 系列 PLC 基本单元有继电器或晶体管输出，并且最多可以扩展到 256 点，如图 3-6 所示。

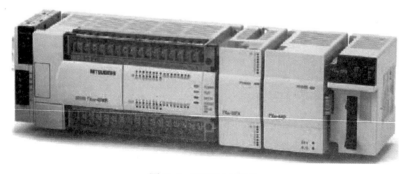

图 3-6　FX2N 示意图

3）松下 FP-X 系列 PLC 配备标准 USB 端口，高程序容量 32K，适用于多轴控制，如图 3-7 所示。

100kHz×2轴　　20kHz×2轴

图 3-7　松下 FP-X 系列 PLC

3.1.3　PLC 的主要应用领域

1. 开关量的逻辑控制

这是 PLC 最基本、最广泛的应用领域，它取代传统的继电器电路，实现逻辑控制、顺序控制，既可用于单台设备的控制，也可用于多机群控及自动化流水线。如注射机、印刷机、包装机械、组合机床、磨床、包装生产线、电镀流水线等。

2. 模拟量的控制

在工业生产过程中，有许多连续变化的量，如温度、压力、流量、液位和速度等都是模拟量。为了使可编程序控制器处理模拟量，必须实现模拟量（Analog）和数字量（Digital）之间的 A－D 转换及 D－A 转换。PLC 厂家都生产配套 A－D、D－A 转换模块，使可编程序控制器用于模拟量控制。

3. 运动控制

PLC 可以用于圆周运动或直线运动的控制。从控制机构配置来说，早期直接用于开关量 I/O 模块连接位置传感器和执行机构，现在一般使用专用的运动控制模块。如可驱动步进电动机或伺服电动机的单轴或多轴位置控制模块。世界上各主要 PLC 厂家的产品几乎都有运动控制功能，广泛用于各种机械、机床、机器人、电梯等领域。

4. 过程控制

过程控制是指对温度、压力、流量等模拟量的闭环控制。作为工业控制计算机，PLC 能编制各种各样的控制算法程序，完成闭环控制。PID 调节是一般闭环控制系统中用得较多的调节方法，大中型 PLC 都有 PID 模块，目前许多小型 PLC 也具有此功能模块。PID 处理一般是运行专用的 PID 子程序。过程控制在冶金、化工、热处理、锅炉控制等领域有非常广泛的应用。

5. 数据处理

现代 PLC 具有数学运算（含矩阵运算、函数运算、逻辑运算）、数据传送、数据转换、排序、查表、位操作等功能，可以完成数据的采集、分析及处理。这些数据可以与存储在存储器中的参考值比较，完成一定的控制操作，也可以利用通信功能传送到别的智能装置，或将它们打印制表。数据处理一般用于大型控制系统，如无人控制的柔性制造系统；也可用于过程控制系统，如造纸、冶金、食品工业中的一些大型控制系统。

    6. 通信及联网

PLC 不但可以单机运行，多个 PLC 还可以构成一个网络，并和工业以太网等连接起来，实现多台设备、多个传感器的互动。随着计算机控制的发展，工厂自动化网络发展得很快，各 PLC 厂商都十分重视 PLC 的通信功能，纷纷推出各自的网络系统。新近生产的 PLC 都具有通信接口，通信非常方便。

3.2 西门子 PLC 的认知

3.2.1 认识 S7-200 PLC

    S7-200 PLC 与其他 PLC 一样，内部一般将一个微处理器、一个集成电源和数字量 I/O 点集成在一个紧凑的封装中，如图 3-8 所示。

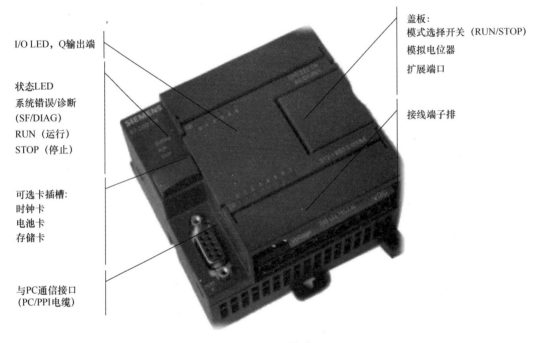

图 3-8　S7-200 微型 PLC

    S7-200 一般采用 24V 供电和 220V 供电两种，输出方式常见的有继电器输出和触点输出，常见的 PLC 型号列表见表 3-1。

表 3-1　S7-200 主要参数

特　性	CPU 221	CPU 222	CPU 224	CPU 224XP	CPU 226
外形尺寸/mm	90×80×62	90×80×62	120.5×80×62	140×80×62	190×80×62
程序存储器： 　可在运行模式下编辑/B 　不可在运行模式下编辑/B	4096 4096	4096 4096	8192 12288	12288 16384	16384 24576

（续）

特 性	CPU 221	CPU 222	CPU 224	CPU 224XP	CPU 226
数据存储区/B	2048	2048	8192	10240	10240
掉电保护时间/h	50	50	100	100	100
本机 I/O 数字量 模拟量	6 入/4 出 —	8 入/6 出 —	14 入/10 出 —	14 入/10 出 2 入/1 出	24 入/16 出 —
扩展模块数量	0 个模块	2 个模块	7 个模块	7 个模块	7 个模块
高速计数器 单相 两相	4 路 30kHz 2 路 20kHz	4 路 30kHz 2 路 20kHz	6 路 30kHz 4 路 20kHz	4 路 30kHz 2 路 200kHz 3 路 20kHz 1 路 100kHz	6 路 30kHz 4 路 20kHz
脉冲输出（DC）	2 路 20kHz	2 路 20kHz	2 路 20kHz	2 路 100kHz	2 路 20kHz
模拟电位器	1	1	2	2	2
实时时钟	配时钟卡	配时钟卡	内置	内置	内置
通信口	1 RS485	1 RS485	1 RS485	2 RS485	2 RS485
浮点数运算	有				
I/O 映象区	256（128 入/128 出）				
布尔指令执行速度	0.22μs/指令				

S7-200 的主控开发环境名称为 STEP-7Micro/WIN，目前主要是 4.0 以上版本，安装完成后桌面上将增加一个图标 ，双击进入编程环境。该开发环境可以进行程序下载、上传、监控程序运行等一系列操作。

3.2.2 调试 PLC 程序

作为一名 PLC 工程师，需要清楚选择地 PLC 型号的关键指标，在 PLC 的选择中，I/O 点数、高速计数器个数、可扩展性、脉冲输出路数是选择的关键指标。如果需要进行电动机控制，需要选择 DC/AC 的方式，如果仅仅是普通的 I/O 输入，则可以选择 DC/RELAY 输出模式，这样 PLC 就是继电器输出，可以直接带负载。

S7-200 PLC 还提供了比较丰富的扩展模块，当 I/O 输入不足时，需要增加扩展模块来实现功能。扩展模块见表 3-2。

表 3-2 S7-200 PLC 的主要扩展模块

扩展模块			
数字量模块			
输入	8×DC 输入	8×AC 输入	16×DC 输入
输出	4×DC 输出	4×继电器	8×继电器
	8×DC 输出	8×AC 输出	

（续）

扩展模块				
混合	4×DC 输入/ 4×DC 输出	8×DC 输入/ 8×DC 输出	16×DC 输入/ 16×DC 输出	32×DC 输入/ 32×DC 输出
	4×DC 输入/ 4×继电器	8×DC 输入/ 8×继电器	16×DC 输入/ 16×继电器	32×DC 输入/ 32×继电器

模拟模块				
输入	4×模拟输入	8×模拟输入	4×热电偶输入	
	2×RTD 输入	2×RTD 输入		
输出	2×输出	4×模拟输出		
混合	4×模拟输入 4×模拟输出			

智能模块				
	位置	调制解调器	PROFIBUS-DP	
	以太网	以太网 IT		

说明:

1）数字量输入可以用直流 24V，也可以为交流 220V。

2）DC 输入、输出代表的输出端口是一个晶体管，提供 24V 高电平，而继电器输出方式输出的是一个触点，没有电压，需要工程师在 L 端给予电压。

3）模拟输入中，4×模拟输入指的是模拟 4~20mA 或者 0~10V，而 RTD 输入指的是不经过模拟量，直接连接热电偶即可，一般用于温度控制系统。

S7-200 PLC 由于其可靠性高，价格相对低廉，编程环境方便，得到了许多工程师的青睐。熟练掌握 PLC 编程和设计，对于机电专业的学生在进行整个系统设计上会得到非常大的帮助。

3.2.3　S7-200 PLC 的硬件连接

S7-200 PLC 是通过 PC/PPI 电缆和计算机相连的，通过 STEP7-Micro/WIN 编程软件完成程序设计，并烧录到 PLC 的内部存储中。整个 PLC 与计算机的连接如图 3-9 所示。

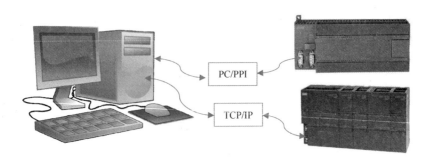

图 3-9　S7-200 PLC 和 S7-200 SMART PLC 连接到 PC

PC/PPI 电缆是 S7-200 PLC 系列的主要连接方式，S7-200 SMART PLC 采用的是工业以太网 RJ-45 接口和 PC/PPI 两种接口。随着 S7-200 PLC 的升级，22 * 系列的 PLC 将退出西门子公司的产品线，S7-200 SMART PLC 将成为西门子微型 PLC 的主流产品。S7-200 SMART PLC 的 DC 供电和 AC 供电连接如图 3-10 所示。

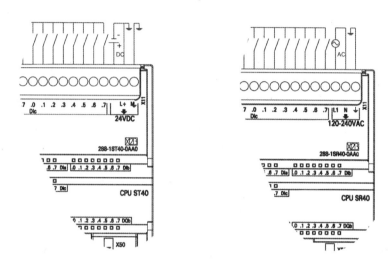

图 3-10　S7-200 SMART PLC 电源的连接

完成 PLC 的电源连接后，接通电源，PLC 将进入工作状态，如果内部存在下载好的程序，将按照内部程序运行。PLC 内部存在一个 CPU，也存在内存管理，实际上就是一台带有梯形图编译功能的工业微型计算机。

3.2.4　S7-200 PLC 的软件

S7-200 PLC 编程环境软件有两种，第一种是传统的 STEP7-Micro/WIN4.0，最新版本是 SP9，这个编译器提供梯形图、STL、FBD 三种模块；第二种是 STEP7-Micro/WIN SMART，两个软件的图标如图 3-11 所示。

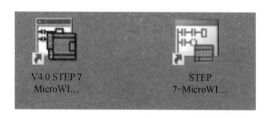

图 3-11　STEP7-Micro/WIN 编程环境图标

双击 STEP7-Micro/WIN4.0 SP9 图标，进入软件环境，即可对 PLC 进行操作，如图 3-12 所示。对于初学者，要记住几个关键的常用操作，即打开与保存、上传与下载、梯形图编辑器、运行和停止。这几个操作也是 PLC 学习者最常用的操作。PLC 的程序文件在 Windows 系统中的存储格式是 ".MWP" 文件。

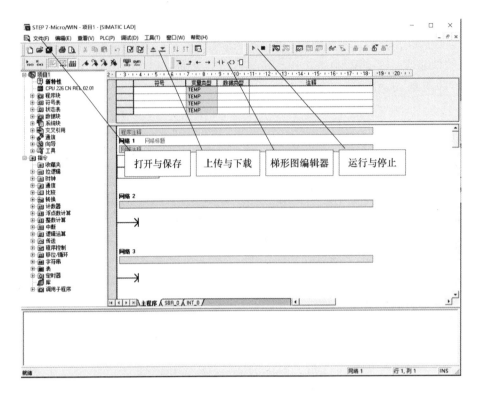

图 3-12　S7-200 PLC 的程序设计工具 STEP7-Micro/WIN 软件界面

S7-200 SMART PLC 的编程环境如图 3-13 所示。相对于传统的 STEP7-Micro/WIN 界面，其更友好一些，编程的操作更为方便，本书将以 STEP7-Micro/WIN4.0 为例介绍程序开发环境。

图 3-13　STEP7-Micro/WIN SMART2.0 的界面

3.3 S7-200 PLC 的工作流程

3.3.1 顺序扫描循环结构

PLC 的工作环节与单片机和其他编程语言都是不同的，它是以扫描周期为单位，在搜寻到满足条件后就去执行，因此，一个 PLC 的扫描循环按照图 3-14 所示：

1）读输入：S7-200 PLC 将物理输入点上的状态复制到输入过程映像寄存器中。

2）执行逻辑控制程序：S7-200 PLC 执行程序指令并将数据存储在各种存储区中。

3）处理通信请求：S7-200 PLC 执行通信任务。

4）执行 CPU 自诊断：S7-200 PLC 检查固件、程序存储器和扩展模块是否工作正常。

5）写输出：在输出过程映像寄存器中存储的数据被复制到物理输出点。

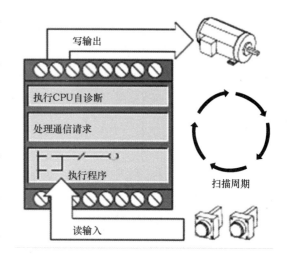

图 3-14 一个 PLC 扫描循环

在今后的编程中，寄存器的概念是所有同学务必掌握的。寄存器是一个存储区域，例如 QB0，最小的一个寄存器的长度是占据内存中 8 位，而每一位的值的集合就是这个寄存器的值。对于 PLC 的输出点 I 和输入点 Q，都有相应的映像寄存器来保存这个数值。对于 Q 输出端，QB0 代表 Q0.7 为最高位、Q0.0 为最低位的八位二进制数的值。我们也可以在编程环境中把这个值转换为十进制数，见表 3-3。

表 3-3 Q0.0~0.7 输出点与 QB0 寄存器

Q0.7	Q0.6	Q0.5	Q0.4	Q0.3	Q0.2	Q0.1	Q0.0	QB0
128	64	32	16	8	4	2	1	
1	0	1	0	1	1	0	0	172
0	0	0	1	0	1	1	1	23
1	0	0	0	1	0	1	0	138

如果是一个灯的控制系统，Q 输出点为 1 时，灯将打开，为 0 时，灯将熄灭。按照表 3-3 的三种情况，根据灯的开关不同，QB0 将获得 3 个不同的寄存器值。那么，如果我们通过图 3-15 所示梯形图直接把 172 传送给 QB0，将会发生什么情况？

如果我们监控 PLC 的 Q0.0~0.7，那么就会发现，其显示的开关状态与表 3-3 对应的 QB0 = 172 一行完全一致，所以 QB0 就像是影子一样，我们称之为映像寄存器。也就是说，如果改变了 QB0 的值，相关对应的 8 个 Q 输出点就会同时发生变化。这样在进行 PLC 的输出控制中, 就可以通过给映像寄存器传输数据完成对开关量的开、关同时执行。读者可以试一下, 将这个梯形图下载到 PLC 中, 得到的结果会是什么样子。

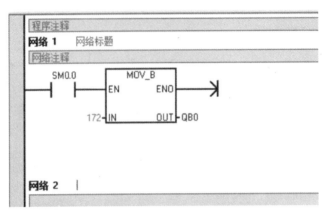

图 3-15   QB 寄存器的直接操作

如果增加 I 寄存器, 也就是用按钮控制 I 寄存器的输入, 输出到 Q 寄存器中, 使 I 寄存器和 Q 寄存器输出同步。我们把 I 寄存器接到按钮上, Q 寄存器接到灯上, 就会看到整个 PLC 的工作过程, 如图 3-16 所示。

图 3-16   PLC 工作过程

3.3.2   常见寄存器、I/O、定时器、功能模块的调用

牢记以下几种常用的寄存器, 它将伴随你成为一名优秀的 PLC 工程师。这几种寄存器分别是:

I: 输入映像寄存器, 建立输入阵列与寄存器的对应关系。

Q: 输出映像寄存器, 建立输出阵列与寄存器的对应关系。

M: 中间映像寄存器, 可以理解为一个内存变量。

SM: 特殊标志寄存器, 图 3-15 中的 SM0.0 就是这个标志寄存器, 作为触点使用。

构成一个 PLC 梯形图, 线圈、触点这两个关键元素是必不可少的, 为了进行对一个被控对象的控制, 需要进行输出变量、打开触点、进入线圈去执行。我们以最简单的程序设计为例, 编写一个能够执行的 PLC 开灯程序。

1) 连接好 PLC 的供电电源, 确认 PLC 通信电缆已经连接好, 打开 STEP7-Micro/WIN 编程软件已经打开, 进入图 3-17 所示界面。

在这个界面中, 最左一列列出了 PLC 的常用指令, 菜单栏下方的两行工具栏是最常用的, 其中 ┤├┤╱├( )□ 是用来编辑梯形图的快捷按钮, 单击各个按钮后会出现下拉菜单, 如图 3-17 所示, 选择动合触点后, 在标志 "???" 中输入 I0.0, 梯形图如图 3-18 所示。

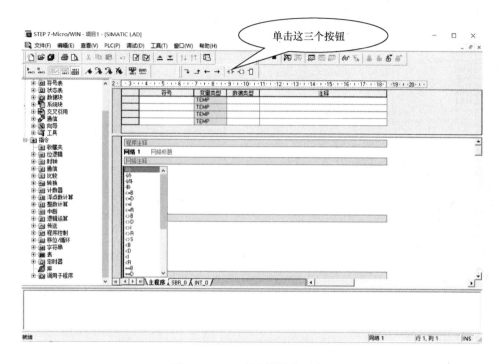

图 3-17　PLC 程序设计主要窗口

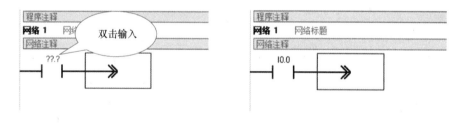

图 3-18　输入触点对应的标志位

2) 继续输入线圈，┤├ ┤) □ 三个快捷按钮中的第二个为线圈的选择，PLC 的梯形图可以理解为电路，线圈一般是处于电路的终点。在线圈中可以使用 S 指令线圈，这个 "（ ）" 指令线圈是用来将一个或几个输出点或者内部继电器置位，其值等于触点的值。例如：

LD I0.0

= Q0.1

代表的是将 I0.0 的值输出到 Q0.1 中，执行后将按下按钮，Q0.1 置 1；松开按钮，Q0.1 置零，在梯形图中输入如下的线圈：将 I0.0~I0.5 与每一盏灯对应上。如图 3-19 所示在线圈上输入 Q0.0，这样一个用 I0.0 控制 Q0.0 的程序就完成了。

3) 根据步骤 1、2，如果要完成 6 盏灯的控制，则需要进行 6 个线圈和触点的配置，那么共需要 6 个网络。PLC 的网络可以进行复制和粘贴，复制网络后，只需更改一下对应位的值即可，如图 3-20 所示。

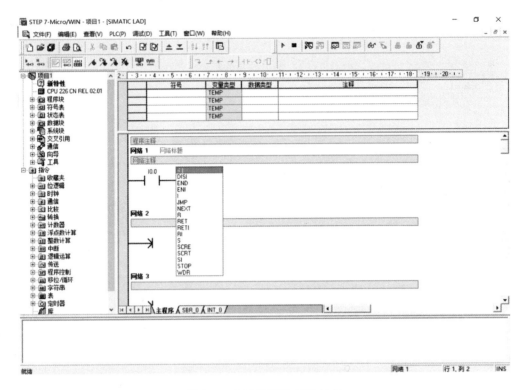

图 3-19　PLC 线圈的加载方式

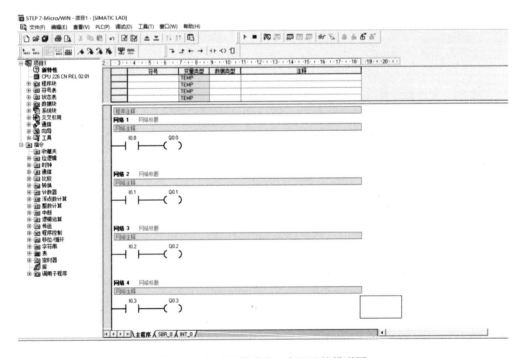

图 3-20　PLC 灯触点与 I 点配置的梯形图

4）根据以上的配置方式，如果出现几十个点的开关，那么梯形图将变得非常庞大和复杂，甚至会超过 PLC 的存储区。这就需要我们使用到数据传递指令，已知 I、Q 寄存器的映像寄存器是 IB 和 QB，那么如果我们将 IB 的值与 QB 的值相等，那么就可以得到一一对等的输出程序。因此，这个程序梯形图可以简化为图 3-21 所示的梯形图。

图 3-21　采用 MOVB 指令的直接灯控制程序

在 PLC 的指令中，会经常看到 MOV_B，MOV_W，MOV_D，其他的指令如 INC_B，INC_W，INC_D 也存在，这是 PLC 的指令和操作数的助记符。MOV 指令，顾名思义就是传送，而后缀代表了传送的是一个字节，还是一个字，或者双字。MOV_B 就是 MOVE Byte 的缩写，而 MOV_W 是 MOVE Word 的缩写，其他的指令也是这样的。

完成这些操作后，就可以将 PLC 程序下载到 PLC 中，注意：一定要先检查通信状态，如果 PLC 没有上电，就会出现下载失败的对话框，如图 3-22 所示。当弹出这个窗口时，单击"通信"按钮，这时，PLC 将重新配置通信状态。PC/PPI 方式是串口通信，存在波特率、奇偶校验等设置。一般情况下，我们选择默认设置都是"9600,8,N,1"，就是 9600bit/s，8 位数据位，1 位停止位，无校验。

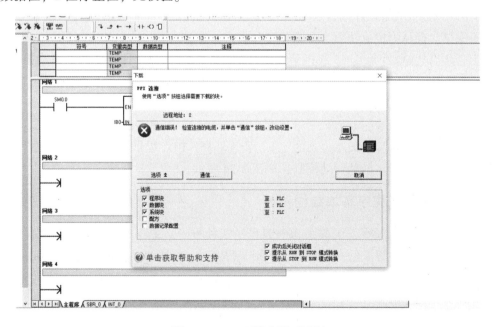

图 3-22　PLC 下载失败对话框

单击"通信"按钮后，将会弹出图 3-23 所示的窗口。

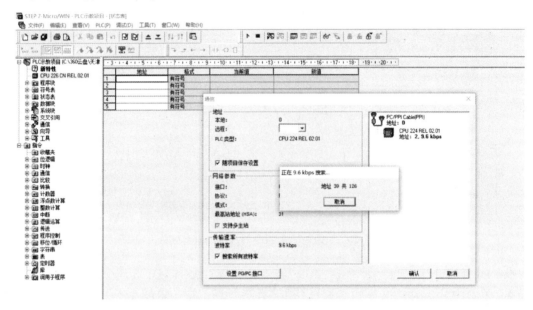

图 3-23   PC-PLC 通信窗口

这个窗口是建立 PC 与 PLC 的关键接口，当出现一个类似于图 3-22 的 PLC 图标时，可以确认 PLC 通信成功，单击地址搜索栏"取消"按钮即可。当发现通信中断时，需要重新刷新进行联机。一般 PLC 与 PC 的连接失败基本上是以下几种情况：

1）PLC 未上电或线缆没有连接。

2）PLC 通信端口配置错误。

3）出现热插拔或者硬件端口故障。

检查完毕，确认通信成功后，下载程序并运行。将 PLC 的 I 点从 I0.0 到 I0.5 连接在按钮输入上，Q 点从 Q0.0 到 Q0.5 连接到指示灯上，就可以看到两种程序的写法会有同样的效果。即按下 I0.0 按钮，对应的 Q0.0 会置 1，PLC 上的指示灯 LED 会变绿色，而连接好的小灯也会同时亮起来。

这个练习是让读者掌握如何调用子单元、模块、I/O，其他 PLC 的功能如图 3-24 所示，均可以通过单击编程环境中最左一列的"+"实现选择。PLC 提供了非常丰富的指令集，可以进行开关量、模拟量、脉冲量的控制，如图 3-24 所示。

3.3.3　主程序、子程序基本结构

PLC 的程序分为主程序、子程序和中断程序三种程序，主程序是用来进行总体的顺序扫描循环，子程序是主程序的一个部分，调用子程序时，系统自动根据子程序指令执行完毕再返回到主程序继续执行。而中断程序是在发生中断后，一定在第一时间内完成中断处理，处理后才可以返回主程序。

PLC 的三个程序在编程窗口的下方，如图 3-25 所示。

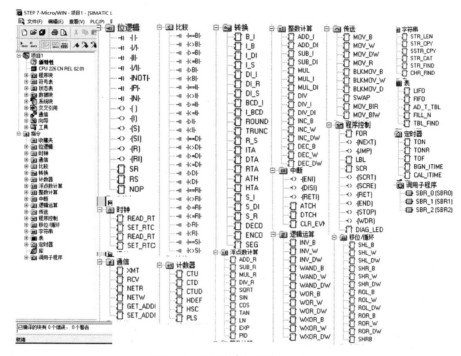

图 3-24　PLC 指令调用窗口展开图

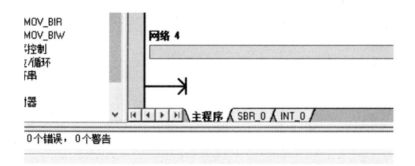

图 3-25　STEP7-Micro/WIN 的主程序、子程序和中断程序属性页

1. 主程序

主程序是 PLC 程序运行的主干，只有将梯形图放入主程序中才能被执行，在主程序执行过程中，PLC 进行顺序循环扫描。由于扫描周期非常快，编程者经常感觉不到这个程序是在以循环扫描的方式执行。

PLC 上电后，主程序不断重复循环执行，"输入采样—程序执行—输出映像"这样的循环，一般在变化过程中存在几十毫秒的延迟，这个延迟在程序设计中要尽可能缩短或避免。

2. 子程序

子程序是主程序调用的部分，在增加了子程序 SBR_1 后，在编程左边的状态栏下就出现了一个子程序块，双击它可以直接引用，如图 3-26 所示。

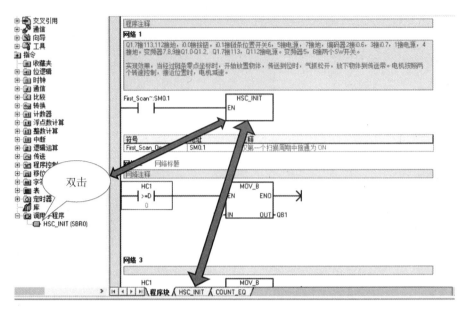

图 3-26 PLC 的 HSC_INIT 高速计数器初始化子程序调用

如果需要增加一个子程序，例如增加一个子程序：在首次扫描时将 M0.0 到 M0.7 置 1，其余时间不操作，也就是常见的初始化子程序，操作方式是在子程序块旁边用右键单击后，弹出图 3-27 所示的快捷菜单。

图 3-27 增加子程序菜单

3. 中断程序

PLC 有多种中断，例如，定时器中断、计数器中断、通信中断等共计 128 个中断程序，中断程序不能再次被中断，它是用户编写处理中断事件的程序。中断程序是不能被用户直接调用的，而是在程序发生中断时由操作系统调用。

如图 3-28 所示，高速计数器中断发生在高速计数器当前值等于设定值时，系统将对高速计数器进行清零。COUNT_EQ 就是一个标准的清零中断程序，当系统检测到高速计数器当前值等于初始值时，就向高速计数器的标志位 SMB47 发送一个十六进制数 C0，代表要进行高速计数器重置。接下来向存储高速计数器 HSC1 的当前值寄存器 SMD48 发送一个新值 0，这个值将清除高速计数器的当前值。

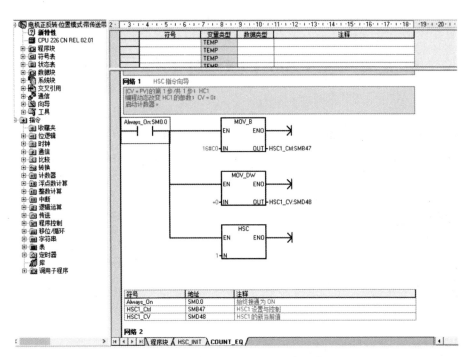

图 3-28　高速计数器清零中断程序

习　题

1. 用 MOV_B 和 MOV_W、MOV_D 指令分别操作 QB0 和 QB1 寄存器，观察如果实现隔一个亮一个的方法应该如何实现。

2. 采用 SM 寄存器实现脉冲闪烁输出。

3. 用 MOV_B 指令和 S、R 方法实现按下 I 寄存器对应的按钮，Q 寄存器对应位响应。

单元 4 S7-200 PLC 的工作程序开发

本单元我们学习 STEP7-Micro/WIN 编程，将结合 SP9 版本和 S7-200 SMart 版本进行介绍。该软件可以进行 PLC 程序的开发，也可以实时监控用户程序的执行状态。在学习过程中要理清脉络，抓住重点，才可以实现 PLC 软件开发的快速学习。

4.1 梯形图程序设计

在 STEP7-Micro/WIN 软件开发环境中，有一个菜单用来进行梯形图、语句表、FBD 三种模式的切换，单击 "查看" 菜单后出现图 4-1 所示的选项，单击 "STL" 进入编辑环境。

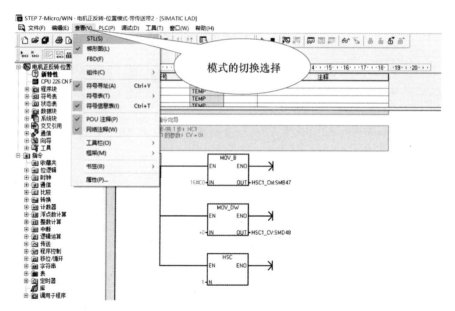

图 4-1 STL、梯形图、语句表的切换

4.1.1 梯形图的编辑

PLC 的梯形图方式是通用的，在任何一种厂商的 PLC 编程中都能够运行，掌握梯形图对于读懂各种控制系统的逻辑有着重要的意义。

创建一个新的 PLC 工程时，和其他编程软件一样，需要单击 "文件" → "新建"，PLC 自动生成一个空白工程，开始梯形图的编辑。

如图 4-2 所示，梯形图编辑器需要对如下几个部分进行操作：

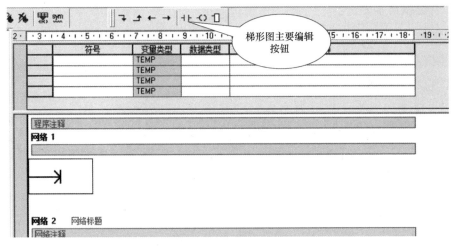

图 4-2 梯形图的编辑

1. 顺行构建一个梯形图

梯形图是由几个网络构成的，每个网络的开头以触点开始，以线圈或者功能块作为结束。在一个网络中，顺序地添加元件就能构成一个最简单的梯形图，图 4-3 所示的梯形图是多个动合、动断触点构成的执行线圈 Q0.0。

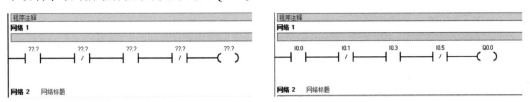

图 4-3 各个元件顺行放置构成的梯形图

按照功能要求选择各个元器件，包括动合触点和动断触点，以及立即输出线圈。选择后自动在网络 1 中得到梯形图，这个梯形图还需要在"??.?"里面输入对应端口的地址后才可以运行。

一个完成的 PLC 梯形图需要加入注释，以方便其他工程师检查和调用。作为程序设计人员，要标注关键梯形图网络中的功能和主要节点说明。标注的字体不会下载到 PLC 中，一般是以绿色作为显示颜色，如图 4-4 所示。

```
程序注释
网络 1

I0.0 电机启动按钮
I0.1 电机停止按钮
I0.3 过热保护按钮
I0.5 过载停止按钮
Q0.0 电机接触器中间继电器

    I0.0        I0.1        I0.3        I0.5        Q0.0
   ─┤ ├────────┤/├────────┤ ├────────┤/├────────( )──

网络 2    网络标题
```

图 4-4 在程序编辑中增加标注

2. 下行按钮的主要功能

如果在图 4-4 的梯形图中，需要实现类似并联电路的功能，则需要使用下行按钮。下行按钮是在当前元件的后面向下扩展一行，如图 4-5 所示。

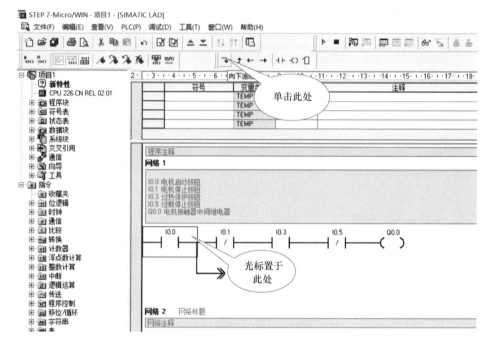

图 4-5　梯形图下行按钮的使用

3. 向上按钮的主要功能

为了完成闭环回路，需要使用向上按钮，如图 4-6 所示，在使用下行按钮后，依次增加两个触点 I0.2 和 I0.4，增加输入点后需要连接到 I0.5 后面的触点，使用向上按钮即可。

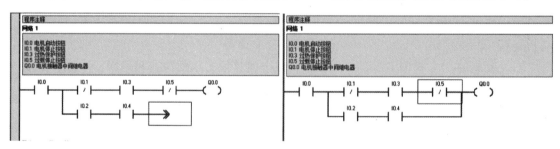

图 4-6　梯形图向上按钮的使用

4. 向左按钮的主要功能

如果在一个梯形图中间需要增加一个单元，例如在图 4-6 的 I0.3 之前需要增加一个动断触点 I0.6，需要先使用向左按钮增加一列，之后再插入元件，如图 4-7 所示。

向左或者向右按钮代表的是一个直线段，在两个元件之间单击该按钮就会插入一列，以完成图 4-8 所示的梯形图。

5. 向右按钮的使用方法

在图 4-7 梯形图中，如果需要增加一个线圈 Q0.1，需要在 Q0.0 线圈的前一列单击向右按钮，之后再增加线圈即可，如图 4-8 所示。

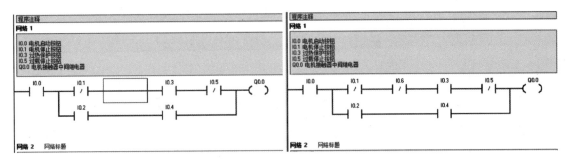

图 4-7　向左按钮的使用方法

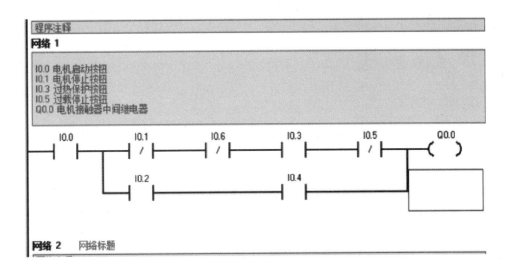

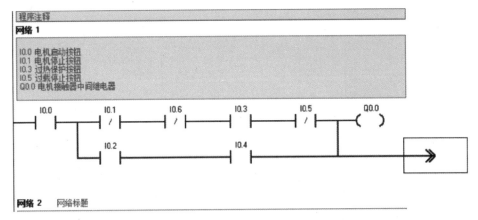

图 4-8　向右按钮的使用方法

6. 梯形图的复制、插入和删除

梯形图经常用到插入、删除一列、一行、一个网络等，这些操作都可以用在编辑区单击右键的方式弹出快捷菜单来完成。例如，一个梯形图的复制可以用反箭头选择后，在网络 2 中单击右键后选择粘贴即可，如图 4-9 所示。

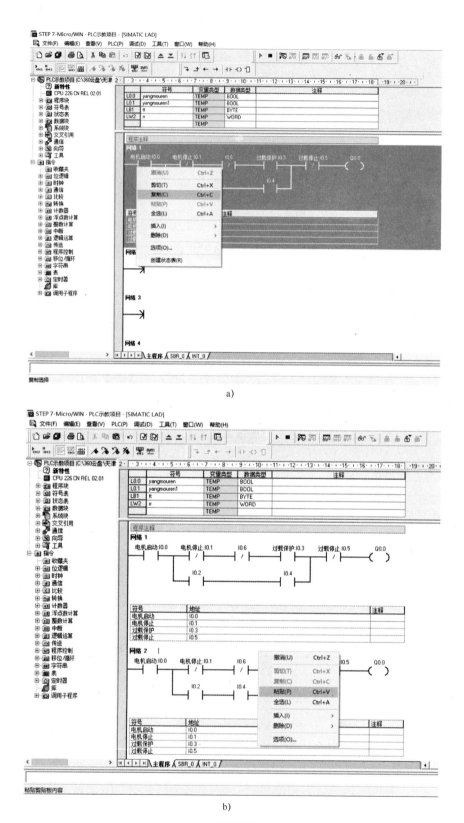

图 4-9　梯形图的复制

7. 梯形图的符号表注释

为了让工程师更方便地理解程序，使程序可读性更强，可以建立一个符号表，将梯形图的直接地址编号用真实名称代替。符号表的建立如图 4-10 所示，单击"查看"→"组件"→"符号表"，对符号表进行编辑。当编辑完成后，单击"查看"→"组件"→"程序编辑器"返回程序编辑界面。

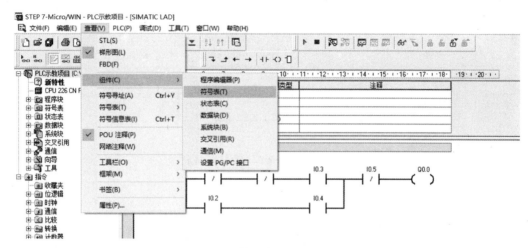

图 4-10　符号表的调用和访问

在符号表中输入图 4-11 所示的符号和地址，将程序增加注释。单击"查看"→"组件"→"程序编辑器"即可返回。

			符号	地址	注释
1			电机启动	I0.0	
2			电机停止	I0.1	
3			过载保护	I0.3	
4			过载停止	I0.5	
5					

图 4-11　符号表的配置

在符号表中，将 I0.0、I0.1、I0.3、I0.5 几个关键地址更换后，应用符号表到 PLC 程序中，就可以得到经过注释的可读性强的 PLC 程序，如图 4-12 所示。

完成操作后，符号表将被应用到梯形图，单击"查看"，勾选"符号寻址"和"符号信息表两项后"，就可以看到应用符号表后的梯形图，如图 4-13 所示。

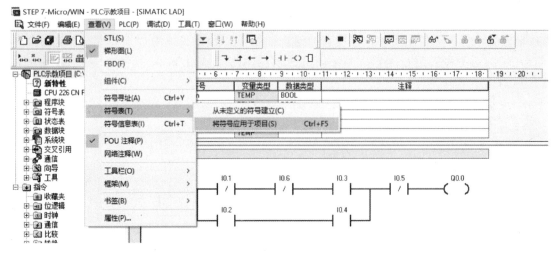

图 4-12　将符号表应用到梯形图上

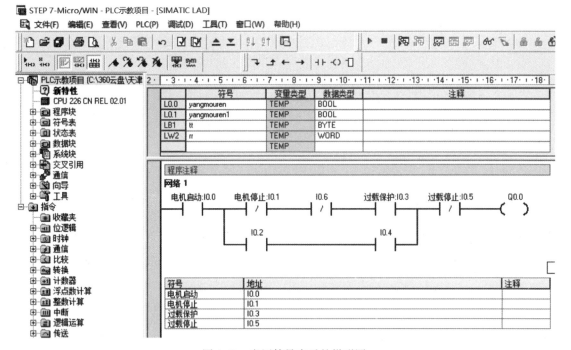

图 4-13　应用符号表后的梯形图

8. 局部变量的设置

PLC 的程序每个组织单元（POU）都有 L 存储器（64kB）构成的局部变量表，这个变量表可以定义有范围限制的变量。局部变量只在子程序组织单元内有效，而全局变量在各个子程序中均有效。

局部变量和全局变量按照如图 4-14 所示的方法进行设置，在局部变量表内输入不同的自行定义的变量，如输入"yangmouren"，类型为 BOOL 型，那么系统将自动给分配一个局部变量 L0.0，这个变量可以在程序运行过程中对类似电机位置等进行监控，完成一些较为复杂的控制。

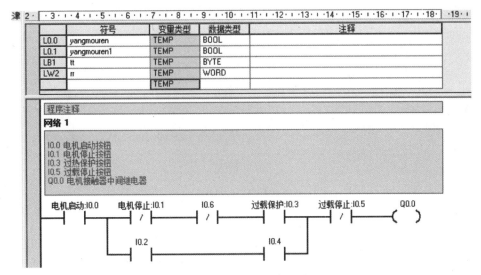

图 4-14　使用局部变量表的程序

局部变量表类似于 EXCEL 表，可以插入、删除、复制、粘贴，单击鼠标右键就会弹出操作的快捷菜单，仅仅在该子程序中使用。而符号表是一个全局变量表，在任何子程序中都可以被识别和调用。

4.1.2　用梯形图完成一个定时循环闪烁程序

使用梯形图进行程序设计具有简单、方便、可读性强的优点，由于梯形图类似于继电器电路，因此一些没有编程基础的电气工程师也可以熟练掌握。其缺点是在代码较多的情况下，查找和追踪不方便。下面以一个定时控制彩灯循环闪烁的实验为例，采用梯形图完成程序设计。

（1）程序设计前的准备工作　为了完成一个 PLC 程序设计，我们首先要明确实验任务，该实验是通过定时器控制 6 盏灯循环闪烁，达到类似流水效果。配置 STEP7–Micro/WIN 4.0，通过通信检查确认 PLC 通信正常，类型设置正确，不存在强制 I/O 点（观察 PLC 状态指示灯 LED 是绿色）。检查完毕后，新建一个空白工程，开始进行程序编辑。

（2）程序主要用到的定时器　本程序主要用到定时器 T37，PLC 的定时器有很多，在后续章节中会详细叙述定时器的各个型号以及使用方法。本章中仅使用 T37 定时器，定时器是一个功能块，需要一个触点为入口，这个触点是中间继电器 M0.0 触点。程序中将使用的是 TON 接通延时方法调用，如图 4-15 所示。T37 定时器 100ms 产生一次中断，PT端输入 60 代表定时器发生中断时总时间为 $60 \times 100ms = 6000ms$。当到达时间后，如果没有收到关闭或者复位指令，T37 将一直计数直到 65535。T37 在 PLC 中有两个意义，一是到时间发生中断后，可以作为一个开关量变量，而在内存中还作为一个整形变量存储着不断累加的数。

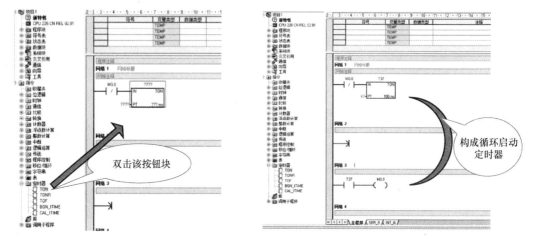

图 4-15　定时器的 TON 指令调用

TON 定时器指令调用方法的执行过程如下:

1) 当检测到 M0.0 为 0 时, 系统将接通延时定时器开关, 开始计时。

2) 当计时达到 6000ms 时, T37 接通, 从 0 变为 1, 导致立即输出指令到 M0.0 生效, M0.0 为 1。

3) 系统进行循环扫描后, 再次扫描到 M0.0 动断触点, 由于 M0.0 为 1, 将不执行 TON 指令, 因而 T37 又为 0, 使得 M0.0 再次为 0。

4) M0.0 为 0 后, 再次回到步骤 1, T37 从 0 开始重新计时。

这样在 T37 定时器到时间重置之前, 可以通过 T37 内存中的数值进行比较操作, 如果 T37 计数器到达 10、20、30、40、50、60 的时候, 都给 QB 寄存器不同的值, 就会观察到灯的循环闪烁现象。

(3) 程序中用到的传送指令块和比较指令　STEP7-Micro/WIN 提供了许多比较指令触点, 参与比较的两个数必须是相同的类型。由于 T37 定时器具有两个性质, 作为开关量, 当开关接通时为了让彩灯循环闪烁, 简化程序, 我们将使用传送指令而不是 S、R 指令。传送指令在 PLC 的左侧指令树即可找到。这个程序将使用两个指令:

1) MOV_B 指令。MOV_B 代表将一个字节的数据传送到另一个位置, 这个位置可以是一个字节变量, 也可以是一个地址。传送指令由于改变的是 Q 映像寄存器的值, 可以同时打开和关闭需要控制的 Q 输出点。

2) 比较指令。这里我们选择整数比较指令 ">=I", 这个指令用来比较定时器的计数值是否大于等于某个设定值, 如果是为 1, 否则为 0。

传送模块的使用如图 4-16 所示。

(4) 实验　依次在网络 1 和网络 3 之间插入复制后的网络 2, 将其比较值改为 10、20、30、40、50、60, 将 MOV_B 的输入值分别改为 1、2、4、8、16、32, 这就形成了一个闭环的定时器闪烁灯实验, 如图 4-17 所示。

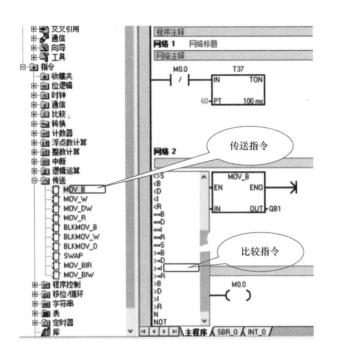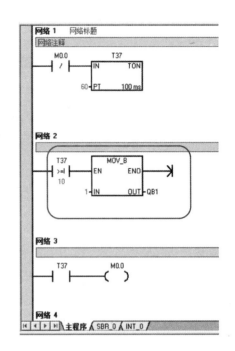

图 4-16　传送指令 MOV_B 和比较指令 LDI>=的使用

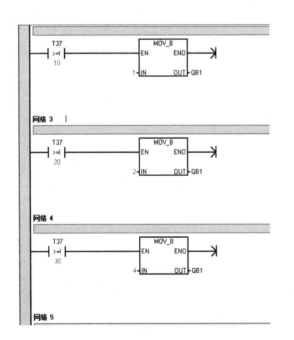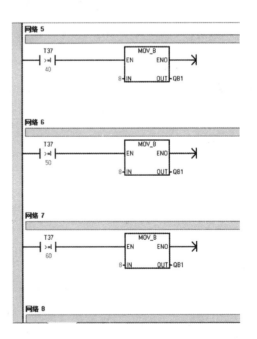

图 4-17　定时器闪烁灯实验梯形图

4.1.3　增加注释与符号表

为了增加程序的可读性，编辑一个符号表，这个符号表将里面主要的输出单元以及开关

量均加入注释。显示时也可以去掉网络注释，使梯形图更清楚，单击"查看"→"组件"→
"符号表"，将符号表注释改成如图 4-18 所示。

			符号	地址	注释
1			灯定时器	T37	
2			定时器复位	M0.0	
3			输出控制	QB1	
4					
5					

图 4-18　增加注释的符号表

增加注释后，单击"查看"→"组件"→"程序编辑器"切换回到程序编辑器，然后
单击"查看"→"符号表"→"将符号应用于项目"，程序将显示为图 4-19 所示界面，如
果需要去掉网络注释，单击"查看"→"网络注释"，去掉勾选即可。

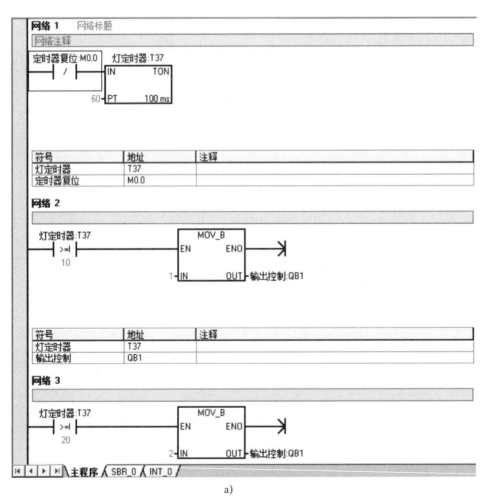

a)

图 4-19　增加符号表注释后的程序

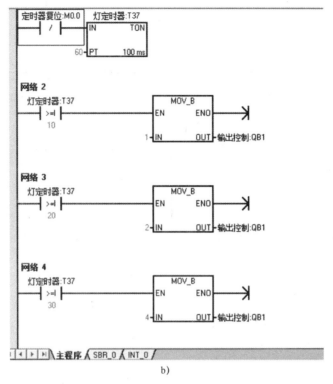

b)

图 4-19　增加符号表注释后的程序（续）

4.1.4　程序的编译

程序编写完毕后，需要进行编译检查，编译过程是单击"PLC"→"全部编译"，或者单击工具栏上的第二个图标 。编译后如果出现错误，系统将会给出错误提示，如图 4-20 所示。由于 MOV_B 指令输入的不是数值，而是传输给了 QD3，导致输入和输出的类型不匹配，修改后重新编译，错误为 0，编译成功，如图 4-21 所示。

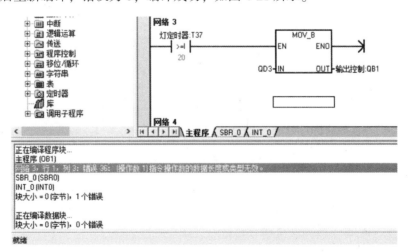

图 4-20　程序块编译后的错误提示

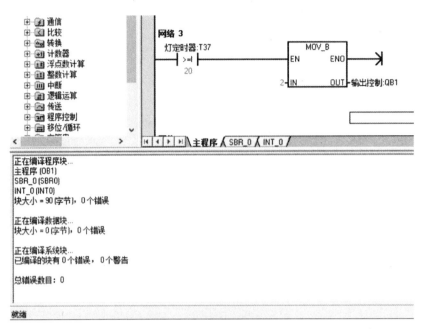

图 4-21　程序编译错误修改

4.1.5　程序的调试

当运行程序虽然没有编译错误，但执行功能和预想的相差较远时，需要对程序进行调试，调试的方法有使用状态表和程序状态监控两种方式。状态表监控时，只需对其关键的点进行显示。程序状态监控是显示梯形图中各个变量的数值，并显示各个触点和线圈的状态。

1. 状态表方法

单击"查看"→"组件"→"状态表"选项，对其进行编辑，如图 4-22 所示。

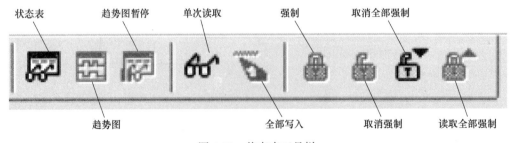

图 4-22　状态表工具栏

主要功能说明如下：

（1）单次读取　状态表被关闭时，单击"单次读取"按钮获得 PLC 当前数据，并在状态表上显示出来。如果需要连续采集变量信息，须启动状态表。

（2）全部写入　状态表完成所有变量设置后，可以使用"全部写入"按钮一次性将所有强制的值传输到 PLC 中，这个写入不能操作物理输入点。

（3）强制和取消强制　在状态表的地址列中选择一个要操作的数值，填入新数值后单击鼠标右键，选择"强制"，该行的值将会被更新为新数值。同样单击鼠标右键，选择"取消强制"，该变量的值不会变化，如果有新的操作改变这个数值时会被更新，如图 4-23 所示。

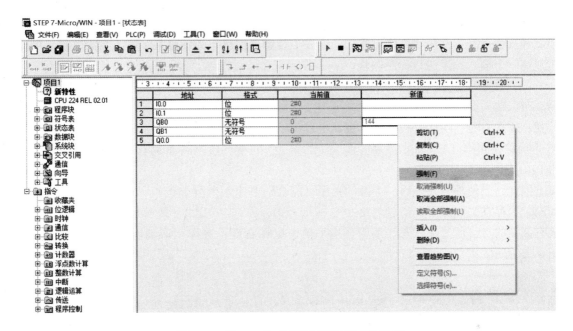

图 4-23　用 PLC 状态表进行强制状态位改变

在状态表监控状态下的操作包括了强制、取消强制、取消全部强制、读取全部强制。撤销全部强制后，由于输出映像寄存器的值没有改变，因而必须重新刷新一次才能将继电器归零。单击菜单中"强制"选项，可以看到图 4-24 所示的界面，所有的被强制的通道都戴上了一个小锁，PLC 的指示 LED 最上端出现橙色。

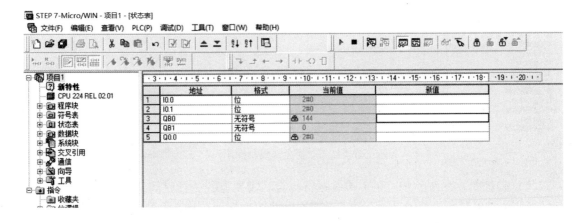

图 4-24　勾选强制后的状态表

在程序运行中 PLC 是不能被强制，否则会造成逻辑混乱和不必要的误操作。因此，在进行 PLC 程序下载前要取消全部强制。操作方法是单击鼠标右键，选择"取消全部强制"。

完成取消全部强制操作后，PLC 的各个触点保持当前状态不变，直到下一个输出或输入映像寄存器的新值被刷新。状态表的操作与 EXCEL 类似，也可以插入列、删除列、插入行等。

（4）读取和取消全部强制　给各个变量赋予新值后，单击"全部强制"，新的数值会被一一更新到 PLC 中，而需要解除对这个变量的强制，单击鼠标右键"取消全部强制"即可。强制和取消强制经常用于维修过程中，当发生传感器损坏不能保证某个输入点为 1 时，可以用强制一个输入点来进行程序调整。

（5）多个状态表　如果存在多个状态表，可以用状态表底部的标签切换。在状态表未启动时，输入要监控的变量地址和数据类型。对于输出点，地址输入 Q0.1、Q0.3 就是按位监视；输入 QB1、QB2 是按字节监视。可以用状态表给 I/O 点进行强制赋值，最多可以改变 16 个内部存储器（V，M）或者模拟量 AI 和 AQ 的值，数据将永远存储在 S7-200 PLC 的 EEPROM 中。

因此，当使用状态表后，下载的程序可能会遇到未解除强制的点，导致程序逻辑错误。判断是否存在强制点可以通过观察 PLC 指示 LED，在 RUN 模式下指示 LED 有黄灯闪烁，代表有强制的点，通过在状态表编辑环境下单击鼠标右键，选择"取消所有强制"即可，如图 4-25 所示。

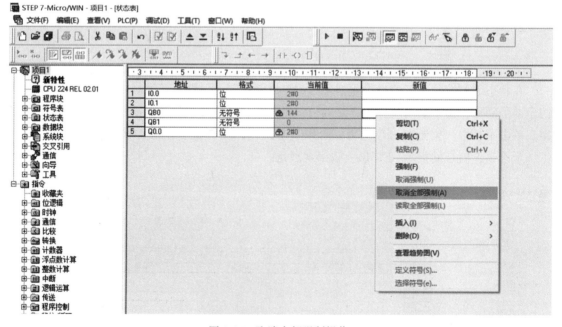

图 4-25　取消全部强制操作

（6）趋势图　在许多 PLC 的生产线运行场合，需要监控一段时间某个开关量或者过程量的变化，进而判断出逻辑是否正确，就需要趋势图功能。在状态表窗口单击鼠标右键打开快捷菜单，单击"查看趋势图"选项，就可以观察图 4-26 所示的趋势图。

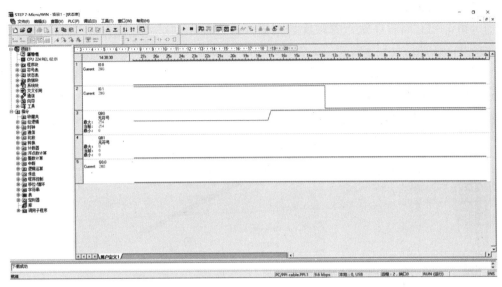

图 4-26　PLC 的趋势图

2. 程序的在线监视方法

除了状态表监控，还可以使用简洁直观的程序在线监控，利用三种程序编辑器通过启动 "程序状态" 按钮 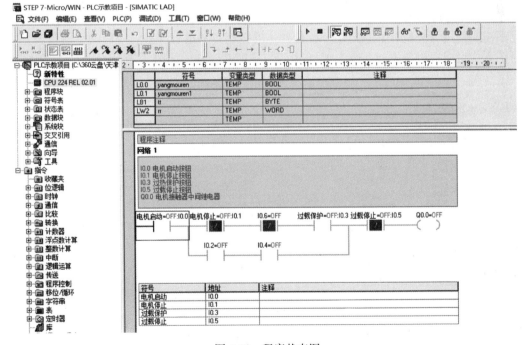 查看各元件的执行结果，也可以监视操作数的数值。

如图 4-27 所示的梯形图状态，点亮的元件代表接通状态，未点亮元件代表非接通状态。左面一条蓝色的深线代表 PLC 循环扫描的主线，在这条主线中，由于 I0.0 是关闭状态，虽然 I0.1、I0.6 这两个点处于接通，整个电路还是无法形成通路，因此 Q0.0 的值为 OFF。

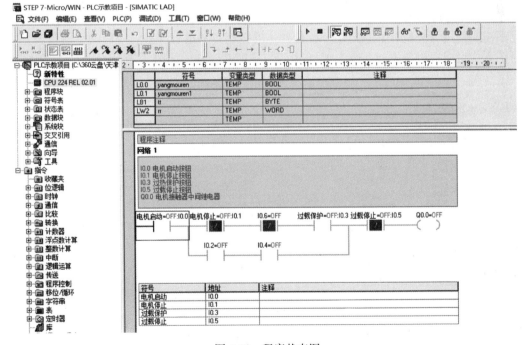

图 4-27　程序状态图

3. 多次扫描方法

通过指定 PLC 对程序执行有限次数扫描来进行程序调试，经常在一些程序的运行中，会发生变量未按照设计要求改变值，但又无法找到问题所在。这时候就需要改变扫描次数来寻找问题发生的区间。改变扫描次数的多次扫描要将 PLC 置于 STOP 方式，单击菜单中的"调试"→"多次扫描"后指定扫描次数，然后单击"确认"按钮，如图 4-28 所示。

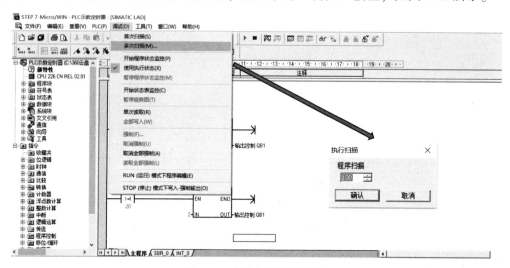

图 4-28　多次扫描程序调试

4.2　PLC 的 STL 语句表程序设计

S7 系列 PLC 将指令表（IL）称为语句表 STL，用助记符表达 PLC 的各种控制功能。STL 类似于计算机汇编语言的语言，更直观、易懂。这种编程方式可以用简易编程器进行编译，不需要使用计算机，而且对于一些位操作的控制容易进行检查。一般的，语句表方式和梯形图方式可以通过单击"查看"菜单中的勾选项来改变，如图 4-29 所示。

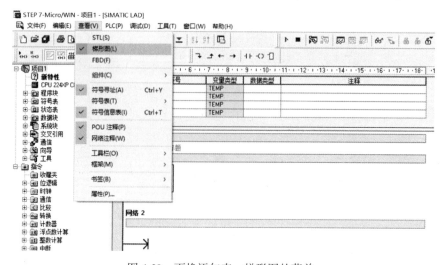

图 4-29　更换语句表、梯形图的菜单

在本章将结合两个实例更深入地了解 PLC 程序设计。在了解语句表编程方式之前，需要对 PLC 的程序机理进行深入一些的研究，这一部分涉及很多计算机基础知识，初学者要熟悉位、字节、字、双字等概念，才能有效地完成 PLC 程序设计。

4.2.1　数据的存储与使用

PLC 的数据存储方式是以二进制形式存储的，每一位只有"1"和"0"两种取值。一般 PLC 的动合触点在断开状态下，值为 0，接通时值为 1，动断触点在断开时值为 1，接通时为 0。位状态是 PLC 的关键标志，其数据类型为 BOOL 型。

由 8 个二进制数构成 1 个字节（BYTE），0 位作为最低位，第 7 位作为最高位。两个字节组成 1 个字（WORD），两个字构成一个双字（DWORD），例如：VB0，VW0，VD500。

编程过程中经常会用到常数，PLC 的表示方法可以用二进制、十进制、十六进制、ASCⅡ、或者实数（浮点数）等多种形式。例如，表示输入 I0.0～I0.7 的 0.0、0.2、0.4、0.6 位为 1 的时候，可以用二进制表示为：2#01010101，也可以用十六进制表示为 16#AA，也可以用十进制直接表示为 172。浮点数型必须要使用到小数点。

4.2.2　编程元件与寻址方式

PLC 编程表示主要功能块的触点、线圈、指令集都需要进行寻址，只有找到对应的标志位，才可以进行值的改变。PLC 的存储区主要包括程序存储区、系统存储区、数据存储区。也就是编译器中常说的程序块、数据块、系统块。

1. 程序存储区

程序存储区一般将用户的程序存储在 PLC 的 EEPROM 中，可以由用户擦写并完成编译，程序存储区的详细内容请参见上一节的介绍。

2. 系统存储区

系统存储区是 S7-20CPU 提供的特定存储区域，如 PLC 主机及扩展模块的 I/O 配置和编址、PLC 站地址的配置、口令、软件滤波、停电记忆保持，可以通过 STEP7-Micro/WIN 查看数据存储区的内容，如图 4-30 所示。在第一个窗口中可以选择 PLC 的地址、最高地址、波特率（9.6～115.2kbit/s）。PLC 的通信参数每台之间可能不完全一致，因此在不能与 PLC 通信的时候，检查系统块中的波特率是否一致。

单击"断电数据保持"，窗口变为如图 4-31 所示。

PLC 断电时，一些数据将被保持下来确保再次上电时能够恢复状态，在这个默认的系统块中，将保存 VB 存储区 0～10240，定时器 T0-T31、T64-95、C0-C255、MB14-MB31 的当前值，编程时可以将一些重要数据例如电动机参数、伺服系统调整参数、PID 参数放置在这个系统块内。其他系统块的设置参照西门子 PLC 的用户手册，系统块的设置往往决定了程序是否高效率运行。

3. 数据存储区

数据存储区是 PLC 编程元件的特定存储区域，包含输入映像寄存器（I）、输出映像寄存器（Q）、变量存储器（V）、内部标志位存储区（M）、顺序控制继电器存储区（S）、特殊标志位寄存器存储区（SM）、局部存储器（L）、定时器存储器（T）、计数器存储器（C）、模拟量输入映像寄存器（AI）、模拟量输出映像寄存器（AQ）、累加器（AC）、高速计数器（HC）。

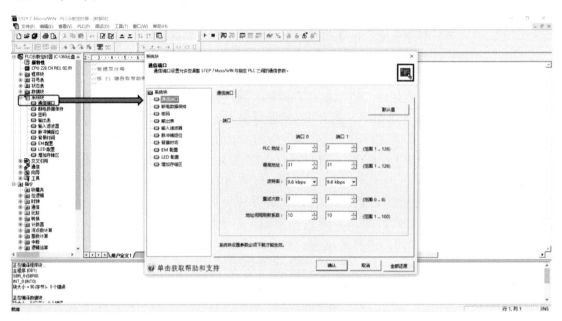

图 4-30　PLC 系统块的内容

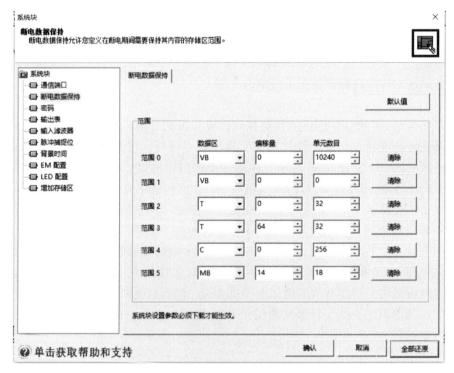

图 4-31　系统块断电保持对话框

　　数据存储区属于 PLC 的内存，可以高速读写，使得 CPU 运算更快、更高效。一般是用大容量电容做停电保持，因此数据存储区的数据不会长时间保存，为了避免电容放电造成数据丢失，需要挂载备用电池或者存储卡来解决。

数据存储区的结构见表 4-1。

表 4-1　数据存储区的结构

高位	7	6	5	4	3	2	1	0	低位 字节	字	双字
I0	(I0.7)								IB0		
I1									IB1		
I2				I2.4							
I3											
I4											
I5								I5.1			
I6											
I7											
V0			V0.5						VB0	VW0	
V1									VB1		VD0
V2									VB2	VW2	
V3									VB3		

注：I、Q、V、M、S、SM、L 都采用这种方式进行每一位的寻址并进行数值交换，PLC 类似于汇编语言，直接操作内存中的变量，通过直接访问内存变量来完成一个循环。寻址方式就是内存变量的索引。其他一些存储区如定时器 T，高速计数器 HC，计数器存储区 C，累加器 AC 的表示方法采用区域标识符和元件号构成，如累加器 AC0，定时器 T33，计数器 C4，高速计数器 HC0，模拟量输入 AIW0，模拟量输出 AQW2。

4.2.3　S7-200 PLC 的语句表程序设计常用元件

为了认知语句表编程方法，将以顺控继电器控制灯开关为例，详细介绍如何编程。采用语句表设计的程序可以写出很多复杂的逻辑循环结构，对于一些带有循环、复位等操作的高级编程更为方便。

在这一节中，将用到以下编程元件：

1. 输入继电器 I

输入继电器就是 PLC 数据存储区的输入映像寄存器，它将物理上的输入模块端子在内存中建立一个映像，访问这个映像就可以直接访问寄存器。该输入模块一般用于接收按钮、光电开关、接近开关、液位、流量等过程量开关输入信号。

每个扫描周期中，外部端子如果处于接通状态，对应的输入继电器位状态为 1，否则为 0，输入映像寄存器有两种访问方式：

1）位访问：I［字节地址］［位地址］，如 I0.0，I5.4。

2）变速字、字节、双字地址，如：IB0，IW2，ID4。

例：LD　I0.2

　　　LDW>=IW0，100

本节用到的 I 继电器用于启动和停止灯的总供电。

2. 输出继电器 Q

输出继电器是将外部的物理输出模块端子与内存对应的映像寄存器，访问 Q 就可以直接输出开关量，控制被控负载，如接触器线圈、指示灯、电磁阀等。每个扫描周期中，对应的输出继电器位状态为 1，连通 PLC 该位的输出与 L 端，刷新输出模块。输出映像寄存器有两种访问方式：

1）位访问：I［字节地址］［位地址］，如 Q0.0，Q5.4。

2）字、字节、双字地址，如：QB0，QW2，QD4。

输出继电器使用时不能超过 PLC 内部端子接线数量，S7-200CPU 226 的输入和输出模块有效地址均为 Q（0.0-15.7）、I（0.0-15.7）。不存在的接线端子可以通过扩展模块输出接口连接。

3. 特殊标志继电器 SM

系统的一些继电器具有特殊功能，用来标志系统的状态变量和相关参数。常用的是 SMB0，常见功能如下：

SM0.0：PLC 在 RUN 模式运行时，该位除了首次扫描为 0 外，其余均为 1。

SM0.1：PLC 在 STOP 到 RUN 模式切换时接通一个扫描周期，首次扫描时为 1，其余为 0，经常用于初始化。

例如：

LD SM0.1 　　　　　//判断首次扫描

CALL　SBR0 　　　　//调用首次扫描初始化子程序 SBR0

LD SM0.0 　　　　　//首次扫描结束后，进入主程序

MOVB　4，QB1

……

这个程序是 PLC 中常见的子程序调用，由于 SM0.0 是运行中永远为 1 的触点，可以在不需要限制条件的指令列中直接使用。其他 SM 继电器的功能如下：

SM0.2：PLC 中 RAM 数据丢失时，扫描一次，常用于复位脉冲。

SM0.3：PLC 上电进入 RUN 模式时，接通一个扫描周期，这个和 SM0.1 类似，但是必须重新上电。

SM0.4：分时钟脉冲，占空比 50%，30s 闭合、30s 断开，周期为 1min 的脉冲串。

SM0.5：秒时钟脉冲，占空比 50%，0.5s 闭合、0.5s 断开，周期为 1s 的脉冲串。

CPU226 的特殊继电器有效地址范围为：SM（0.0~549.7）

4. 辅助继电器 M

辅助继电器又称为中间继电器，用来在内存中存放中间状态，相当于一个内存变量，没有外部的输入端子和输出端子与之对应，存储方式和访问方式与 I、Q 完全相同。

地址范围为：M（0.0~31.7）

5. 顺控继电器 SCR

在程序控制中经常会遇到顺序控制，例如一个生产过程，第一段要进行加热，第二段要进行冷却，第三段需要电动机转动，保持温度 PID。这三个过程要严格按照工艺参数进行，这就需要用到 PLC 来完成。

PLC 的顺控继电器指令包括三个，通过单击编程工具栏左面图 4-32 所示的位置，即可调用顺控继电器。

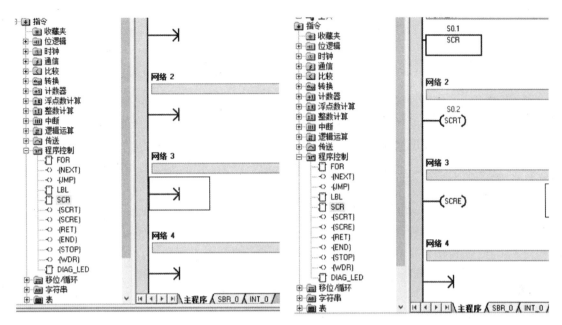

图 4-32　顺控继电器的调用

LSCR 装载顺控继电器，可以理解为 Load SCR，后面要带上标志位 S*.*；

SCRT 到下一个顺控继电器标志位，可以理解为 SCR To，后面要带上 S*.*；

SCRE 当前顺控继电器程序结束，可以理解为 SCR End。

一个 LSCR 和一个 SCR 构成了主程序中的一个子程序段，在这个子程序段中，如果标志位 S*.* 不相同，即便满足条件，也不会扫描到段内的继电器触点。

6. 定时器 T

定时器是 PLC 常用的编程元件之一，也是用于时间累积增量的内部元件，类似于时间继电器。调用方法有接通延时（TON），断开延时（TOF），保持性接通（TONR）。定时器有三种时基，1ms，10ms，100ms。

在定时器使用前，要提前设置时间单位个数，总时间等于时间单位个数×时基。当前值大于或等于设定值时，状态位被置 1，这时可以调用触点来执行定时器的操作。定时器过程值通过 LDI 比较指令直接访问定时器号即可，定时器常见访问方式：

TON T37，100　　　　　　//启动接通延时定时器 T37

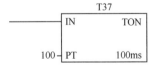

对应梯形图中，需要给 IN 一个触点，给 PT 数值，右下角显示定时器的时基。

LD　T37　　　　　　//判断 T37 是否到时间

R T37，1　　　　　// T37 清零

LDI<= T37，20　　　//判断 T37 是否到达了 2s

7. S 和 R 指令

PLC 的 S 线圈和 R 线圈是常见的输出端置位指令，如 SQ0.2，2，代表的是将 Q0.2 由

开始的 2 位置为 1，R 线圈调用方式和 S 相同。如果对 8 个继电器的输出寄存器进行清零，可以使用如下指令：

LD SM0. 1

R   Q0.0，8

这样就完成了首次扫描清除所有前面打开的继电器，这一点是很必要的，因为很多实际控制程序的电动机要求顺序起动。如果 PLC 不进行清零直接上电，会导致重新上电时负载突然增加，导致电气系统故障或者人身伤亡事故。

4.2.4   S7-200 PLC 的语句表程序设计实例——交通信号灯

1. 程序的目的与设计

本程序是模拟路口中的交通信号灯，经常见到如下情况，在东西南北路口，需要进行红绿灯控制，自动循环往复不停止，东西的灯和南北的灯同时进行切换，要求在绿灯切换到黄灯之前有三次闪烁，绿灯、黄灯、红灯的时间在初始化程序中完成设置。

根据程序的要求，初步计算系统需要东、西、南、北四个方向共 12 盏灯控制，由于东西和南北的灯同步运行，将其简化为 6 盏灯，分别由 PLC Q1.0~Q1.5 来进行控制。整个流程图如图 4-33 所示。

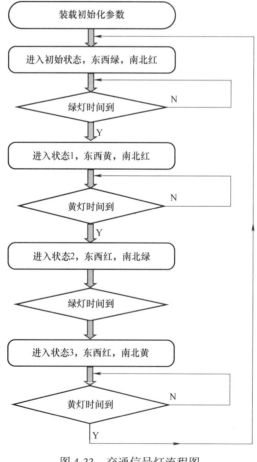

图 4-33   交通信号灯流程图

2. 编写各子结构段的语句表

（1）程序的真值表　作为 PLC 工程师，首先要对被控对象的状态进行详细的分析，才能去粗存精，化简工作流程。一个好的 PLC 程序，要逻辑清晰、结构完整、可读性强，而且还要有很强的鲁棒性。在编写子结构段语句表之前，需要对各个状态进行分析，做出系统真值表，下面绘制基于 EXCEL 的真值表，见表 4-2。

表 4-2　红绿灯真值表

	Q1.5	Q1.4	Q1.3	Q1.2	Q1.1	Q1.0	QB1	时　间
	R	G	Y	R	G	Y		
状态 1	1					1	34	5
状态 2	1					1	33	1
状态 3			1		1		20	5
状态 4				1	1		12	1

在表中，增加了一个计算公式，可以将 Q1.5 到 Q1.0 的值直接转换为 QB1 的值，这个转换公式在 QB1 那一列中，输入 "B3×32+C3×16+D3×8+E3×4+F3×2+G3"，然后鼠标放置在单元格的右下方，出现黑色的 "+" 时，向下拖拉四格，即遵照这个公式自动计算。

（2）顺控继电器的语句表　一般建议在进行语句表程序设计前，先把整个程序结构填写完毕，然后再往里面添加内容。构建如图 4-33 所示的流程图，编写出如下语句表结构：

Network 1

　　　　　　　　　　　　　// 　在首次扫描时启用状态 1

LD　　SM0.1

S　　　S0.1, 1

Network 2

　　　　　　　　　　　　　// 　状态 1 控制区开始

LSCR　S0.1

Network 3

　　　　　　　　　　　　　// 　控制街道 1 的信号

LD　　SM0.0

TON　　T37, 50

＝＝＝＝＝＝＝＝＝＝＝＝＝＝＝在此插入状态 1 要执行的内容＝＝＝＝＝＝＝＝＝＝＝＝＝＝＝＝＝

Network 4

　　　　　　　　　　　　　// 　5s 延迟后，转换至状态 2

SCRT　S0.2

Network 5

　　　　　　　　　　　　　// 　状态 1 SCR 区结束

SCRE

==

Network 6

// 状态 2 控制区开始

LSCR   S0.2

Network 7

// 状态 2 开始

LD   SM0.0
TON   T38, 10   // 启动 1s 定时器

=================在此插入状态 2 需要的内容=================

Network 8

// 1s 延迟后, 转换至状态 3

LD   T38
SCRT   S0.3

Network 9

// 状态 2 SCR 区结束

SCRE

==

Network 10
LSCR   S0.3   //状态 3 开始

Network 11
LD   SM0.0
TON   T39, 50   // 启动 5s 定时器

=================在此插入状态 3 需要的内容=================

Network 12
LD   T39
SCRT   S0.4

Network 13
SCRE   //状态 3 结束

===

Network 14
LSCR　S0.4　　　　　　　　　　　　//状态 4 开始

Network 15
LD　　SM0.0
TON　　T40, 10　　　　　　　　　　// 启动 1s 定时器

===================在此插入状态 4 需要的内容===================

Network 16
LD　　T40
SCRT　S0.1　　　　　　　　　　　　//返回状态 1，完成循环

Network 17
SCRE　　　　　　　　　　　　　　　//状态 4 结束

将状态 1、2、3、4 的四个网络中加入各个真值表的状态，就完成了该程序，分别在如下位置插入一句 STL 语句即可：
① MOVB 34, QB1
② MOVB 33, QB1
③ MOVB 12, QB1
④ MOVB 20, QB1

习　题

1. 完成一个带有信号灯的循环闪烁程序，并实现两个灯循环、三个灯循环的功能。
2. 使用定时器逻辑循环和顺控继电器两种方式实现红绿灯的信号切换。
3. 编写一个能够自动循环进行气缸推放料操作的程序，要求电动机传送带和气缸同步运作，连续向传送带进料并收回，无料时停止进料。

单元 5　S7-200 PLC 的电动机控制

本单元主要介绍 S7-200 PLC 在常用的三种电动机控制中的应用，包括三相交流异步电动机的变频控制，步进电动机和伺服电动机的控制；详细介绍了控制电动机主要使用的编程元件和配置方法，包括自带脉冲输出和 EM253 位控模块的配置使用。通过学习和结合实际案例，完成对复杂的电动机控制系统的程序设计。

5.1　三相异步电动机的变频器控制

5.1.1　三相异步电动机与变频器

三相异步电动机是工业中常见的受控对象，常用于风机、水泵、电梯升降机、机床主轴等。三相异步电动机是一种大电流感性负载，对于带载起动的一些电动机，起动电流经常要达到 6 倍额定电流。因此，对于三相异步电动机，采用变频器来完成控制是非常必要的。

变频器（Variable-frequency Drive，VFD）是应用变频技术与微电子技术，通过改变电动机工作电源频率方式来控制交流电动机的电力控制设备。变频器主要由整流（交流变直流）、滤波、逆变（直流变交流）、制动单元、驱动单元、检测单元、微处理单元等组成。变频器靠内部 IGBT 的开断来调整输出电源的电压和频率，根据电动机的实际来提供其所需要的电源电压，进而达到节能、调速的目的。另外，变频器还有很多的保护功能，如过电流、过电压、过载保护等。随着工业自动化程度的不断提高，变频器也得到了非常广泛的应用，如图 5-1 所示。

在变频器出现之前，要调整电动机的转速需通过直流电动机才能完成。变频器简化了上述的工作，缩小了设备体积，大幅度降低了维修率。但是变频器的电源线及电动机线缆有高频切换的信号，会造成电磁干扰，受变频器输入侧的功率因素影响，会产生电源端的谐波。

图 5-1　常见工业变频器

变频器技术和电力电子有密切关系，包括半导体切换元件、变频器拓扑、控制及模拟技术以及控制硬件和固件等。采用 PLC 控制变频器来驱动电动机已经成为一种主要的控制方式。

5.1.2　交流变频器的主要接口与控制方式

下面以松下 VF-0 型变频器为例，这是一种小型变频器，其接口电路如图 5-2 所示。

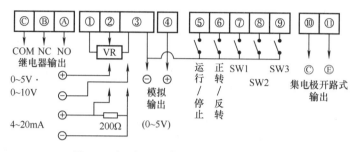

图 5-2　松下 VF-0 变频器的主要接口电路

任何一个变频器接口图，都会涉及以下连接项：

1. 模拟量输入控制频率

本机为 3 脚电位器控制或者 2、3 脚之间输入电压或电流控制。这种模拟量控制较为简单，但需要 D-A 模块配合。

2. 模拟量输出

这个功能一般适用于将当前转速输入到 A/D 采集模块或者 PLC 中，用来进行电动机的监控。

3. 正转、停转、反转控制

变频器主要控制电动机正转、停转和反转，本机要经过对 5、6 两个端子之间的开闭组合来确定，不同模式下有不同的配置。

4. 调速

本机中将使用两种调速方式，一种是 PWM（脉宽调制）调速，一种是外部多个触点的开关组合调速。对于需要复杂调速的场合，建议使用 PWM 调速。

掌握了这几个关键点，就可以在多种 PLC 产品资料中寻找到关键的设置信息和参数，进而快速掌握用 PLC 控制变频器。

5.1.3　变频器的基本参数

变频器的电气连接图如图 5-3 所示。

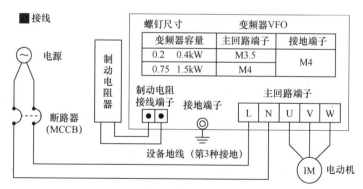

图 5-3　变频器的电气连接图

以松下变频器为例，连接正确后，在变频器主操作面板上将会呈现图 5-4 所示的窗口，按下 MODE 键和其他键操作时，就会出现 PLC 的参数设置发生改变。操作面板是变频器的主要人机接口，各种变频器的接口基本类似。

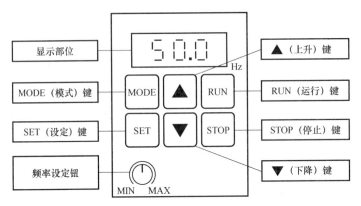

图 5-4　变频器主操作面板

变频器主操作面板上，一般存在显示速度（频率）的窗口，MODE 和 SET 两个设置按钮，上升和下降两个更改设置按钮，RUN 和 STOP 两个快捷按钮。这六个按钮中，参数设置后，可以使用快捷按钮直接起动和停止电动机，使用频率电位器旋钮调整电动机速度。

松下变频器以及其他品牌变频器的说明书都会存在参数设置表，见表 5-1。

表 5-1　松下变频器参数设置表

参 数 号 码	功 能 名 称	状态值或代码	出厂设定数据
★　P01	第一加速时间/s	0・0.1~999	5.0
★　P02	第一减速时间/s	0・0.1~999	5.0
P03	V/F 方式	50・60・FF	50
P04	V/F 曲线	0・1	0
P05	力矩提升(%)	0~40	05
P06	选择电子热敏功能	0・1・2・3	2
P07	设定热敏继电器电流/A	0.1~100	*
★　P08	选择运行指令	0~5	0
P09	频率设定信号	0~5	0
P19	选择 SW1 功能	0~7	0
P20	选择 SW2 功能	0~7	0
P21	选择 SW3 功能	0~8	0
P22	选择 PWM 频率信号	0・1	0
P23	PWM 信号平均次数	1~100	01
P24	PWM 信号周期/ms	1~999	01.0
★　P32	第二速频率/Hz	0・0.5~250	20.0
★　P33	第三速频率/Hz	0・0.5~250	30.0
★　P34	第四速频率/Hz	0・0.5~250	40.0

（续）

参 数 号 码	功 能 名 称	状态值或代码	出厂设定数据
★　P35	第五速频率/Hz	0 · 0.5~250	15.0
★　P36	第六速频率/Hz	0 · 0.5~250	25.0
★　P37	第七速频率/Hz	0 · 0.5~250	35.0
★　P38	第八速频率/Hz	0 · 0.5~250	45.0
★　P65	密码	0.1~999	000
P66	设定数据清除(初始化)	0 · 1	0

表 5-1 中：带有 ★ 的 P01、P02、P08 三个设置项是变频器中的常见设置，更改 P01 和 P02 之后，电动机的加速和减速将会改变，这个参数越小，电动机起动和停止的速度越快。为了确保电动机的安全，这个参数一般不要小于 1.0。P08 是变频器的关键参数，有 6 种工作模式可以选择。详细参数说明如下：

1. P01 第一加速时间（s）

用于设定将输出频率由 0.5Hz 提升到最大输出频率的时间，也就是按下起动按钮电动机转速由 0.5Hz 到最大设定输出转速的时间。

设定范围：0.04~999

● 0.04s 的显示代码为 "000"

第一加速时间如图 5-5 所示。

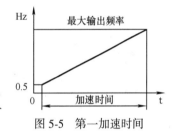

图 5-5　第一加速时间

2. P02 第一减速时间（s）

用于设定将输出频率由最大输出频率降到 0.5Hz 的时间，也就是按下停止按钮电动机转速由最大输出转速到 0.5Hz 的时间，即停止时间。

设定范围：0.04~999

3. P08 选择运行指令

选择用操作面板或用外控操作的输入信号来进行运行/停止，正转和反转。

P08=0，用操控面板上的旋钮进行调速，按 RUN 和 STOP 控制电动机起停，用 Dr 模式设置电动机正反转。

P08=1，用操控面板上的旋钮进行调速，按 RUN 和 STOP 控制电动机起停，上升键和 RUN 同时按下代表正转，下降键和 RUN 同时按下代表反转。

P08=2、4，靠外部输入点 3、5、6 进行控制，其中 3 为公共端子，要与 GND 连接，5 的开闭代表了电动机启动和停止，而 6 的开闭直接代表了正、反转方向。

P08=3、5，靠外部输入点 3、5、6 进行控制，其中 3 为公共端子，要与 GND 连接，5 代表打开后正转运行，关闭后电动机停止；6 代表打开后反转运行，关闭后电动机停止。5 和 6 不能同时接通。

4. P09 频率设定信号

选择利用面板操作或用遥控操作的输入信号来进行频率设定信号的操作。

P09=0，面板电位器的设定，设定最大频率和最低频率。

P09=1，设定数字，通过 Fr 模式进行设定。

P09 = 2、3、4、5，均为外部控制，2 为电位器控制，3 为 0 ~ 5V，4 为 0 ~ 10V，5 为 4 ~ 20mA。

掌握了 PLC 的基本设置后，就可以采用多段调速器控制 PLC 的程序设计，这种设计在工业中非常常见。多段调速方式可以直接使用开关控制，简单方便。对于一些较为复杂的运动控制，建议选择 PWM 控制变频器较好一些。

5.1.4　变频器多段调速器的设置和 PLC 程序

PLC 的多段调速中，将完成速度曲线，这个速度曲线包含加速、等速、怠速过程。通过改变 PLC 三个输出点的状态来完成。变频器的操作面板和电路连接如图 5-6 所示。将松下变频器的几个输入端连接到 SW1 ~ SW4 四个按钮上，按钮的另一端接地，当与 GND 连通时，变频器端口为低电平，视为接通。调整 PLC 的 P08 模式到 4 模式，变频器控制电动机将默认为 5 端口接通时运行、断开时停止；再设置变频器的拨动开关 SW1 开始电动机正转，设置 P32 到 P38 的速度；分别将开关 SW2、SW3、SW4 的状态设置为 000、001、010、011、100、101、110、111，观察电动机转速变化。

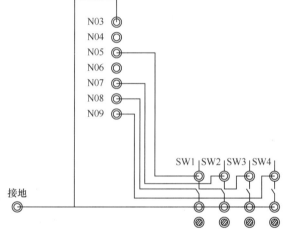

图 5-6　变频器的操作面板和电路连接图

经过手动调整测试多段调速后，就可以按照定时器的方式完成一个固定转速的多段调速程序。先验证各个端口连接正常，变频器无故障后，将原来连接到 SW1 ~ SW4 的四个端子分别与 PLC 进行连接，就可以实现自动调速。整个设置过程如下：

按下 MODE 键 F r

按下 MODE 键 d r

按下 MODE 键（变为功能设定模式）

按 8 次 ▲（上升）键，将参数 No. 变为 P08

按下 SET 键，显示参数 P08 的数据

按下 ▲（上升）键，使数据显示值为 "0"

按下 SET 键，确定数据 P09

按下 MODE 键，使之变为 "准备运行状态"

根据上述设置步骤，依次将 P33 设定为 15.0，P34 设定为 20.0，P35 设定为 25.0，P36 设定为 30.0，P37 设定为 35.0，P38 设定为 40.0，同时将面板定位器向右旋转到最大，即可第一速度设定为 50.0Hz。

拨动钮子开关 SW1，启动变频器正转。分别将钮子开关 SW2、SW3、SW4 的状态置为 000、001、010、011、100、101、110、111，观察电动机转速的变化。改变 P01、P02 的加速和减速时间，观察一下电动机的变化情况。

将 SW1 连接到 Q1.3，SW4-Q1.2，SW3-Q1.1，SW2-Q1.0，在 PLC 中加入如下一段 STL 语句：

网络 1
```
LDN M0.0            ////启动定时器循环控制程序
TON T37, 500
```

网络 2
```
LDW>=T37, 50        ////定时器在 5s 后的状态
MOVB  8, QB1        ////仅仅控制打开，其他全部关闭（000 状态）
```

网络 3
```
LDW>=T37, 100       ////定时器在 10s 后的状态
MOVB  9, QB1        ////仅仅控制打开，其他全部关闭（001 状态）
```

网络 4
```
LDW>=T37, 150       ////定时器在 15s 后的状态
MOVB  10, QB1       ////仅仅控制打开，其他全部关闭（010 状态）
```

网络 4
```
LDW>=T37, 200       ////定时器在 20s 后的状态
MOVB  11, QB1       ////仅仅控制打开，其他全部关闭（011 状态）
```

网络 5
```
LDW>=T37, 250       ////定时器在 25s 后的状态
MOVB  12, QB1       ////仅仅控制打开，其他全部关闭（100 状态）
```

网络 6
```
LDW>=T37, 300       ////定时器在 30s 后的状态
MOVB  13, QB1       ////仅仅控制打开，其他全部关闭（101 状态）
```

网络 7
```
LDW>=T37, 350       ////定时器在 35s 后的状态
MOVB  14, QB1       ////仅仅控制打开，其他全部关闭（110 状态）
```

网络 8
```
LDW>=T37, 400       ////定时器在 40s 后的状态
MOVB  15, QB1       ////仅仅控制打开，其他全部关闭（111 状态）

LDT 37
=M0.0              ////定时器重启循环指令
```

这样就完成了电动机在实验过程中根据时间不同自动调整传送带的速度,这种调速方式是断续的。这种电动机控制在工业中是基本常见的,但是在需要连续分级调速或者随时变化设置的时候,这种方式就不能满足要求了。因此,需要通过外部的 PWM(脉宽调制)信号的方式来完成多种速度调制。

5.1.5 PWM 控制的变频器调速

PWM 控制技术是变频器常用的一个控制技术,特别是现在的 PLC 都具有 PWM 输出功能,为这项技术的应用提供了更为广阔的空间。本节将完成一个标准的 PWM 控制变频器的实例。

1. 变频器参数的设定

要实现变频器的 PWM 功能,首先必须对变频器进行设定。松下变频器内部参数 P22、P23、P24 是针对 PWM 功能进行设定的。因此首先应将参数 P22 设定为 1,启用变频器的 PWM 功能。参数 P23 是决定 PWM 周期的指令平均次数,数据越大,速度运行越稳定,但响应速度会变慢,在这里,将其值设定为 50。参数 P24 决定 PWM 信号周期,这个数值应与 PLC 输出的 PWM 周期吻合,在进行 PWM 实验时,将周期定为 10ms,因此参数 P24 = 10.0。

2. I/O 分配表的确定

根据实验要求,系统 I/O 分配表见表 5-2。

表 5-2   PLC 的系统 I/O 分配表

输 入 接 口			输 出 接 口		
PLC 端	单元板端口	注　释	PLC 端	变频器接口	注　　释
I0.0	SW0	启动按钮	Q0.0	NO.9	PWM 输出控制变频器
I0.1	SW1		Q0.1	NO.5	控制变频器启动
I0.2	SW2				
I0.3	SW3				

3. 西门子 S7-200PWM 控制向导

由于西门子编程软件 STEP7-Micro/WIN 自带位置控制向导,通过使用向导可以方便地应用 PWM 输出功能。在这里,以向导为例介绍 PLC 的 PWM 输出功能。

1)打开编程软件 STEP7-Micro/WIN,从"工具"栏进入到"位置控制向导",如图 5-7 所示。

2)打开位置控制向导,进入选择运动控制功能对话框。PLC 的运动控制分为两种,一种是利用自身带的脉冲输出功能,另一种是配置 EM253 位控模块。在这里选择 PLC 本身的脉冲输出功能,即勾选"配置 S7-200 PLC 内置 PTO/PWM 操作",如图 5-8a 所示。选择完成后,单击"下一步"。

3)进入脉冲发生器选择界面。S7-200 PLC 提供两个脉冲发生器,一个被分配给数字量输出点 Q0.0,另一个被分配给数字量输出点 Q0.1。这两个通道在应用上没有区别,可以任意选择一个。我们选择 Q0.0,如图 5-8b 所示。完成后单击"下一步"。

4)PWM 参数选择。

脉冲发生器可配置为用于线性脉冲串输出(PTO),也可以

图 5-7　选择 PLC 位置控制向导

选择脉冲宽度调制（PWM）。对于变频器控制，只能选择 PWM 功能，同时在页面下方，要求选择周期的时间基数和脉冲宽度的时间基数。为了与变频器的周期（1~999ms）相匹配，选择时间基数为"毫秒"，如图 5-8c 所示。完成后单击"下一步"。

完成了上述步骤的操作以后，向导会给用户提供一个名为"PWM0_RUN"的子程序。在系统中调用子程序即可完成相应的程序设计，如图 5-8d 所示。

回到编程界面，在"调用子程序"一栏中就会增加"PWM0_RUN（SBR1）"，

- 调用子程序
  - SBR_0 (SBR0)
  - PWM0_RUN (SBR1)

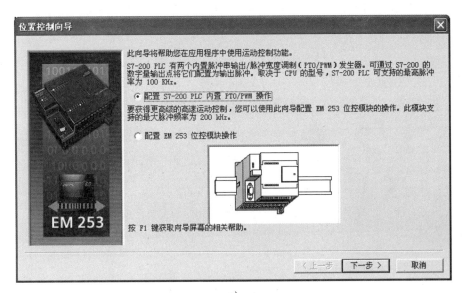

a)

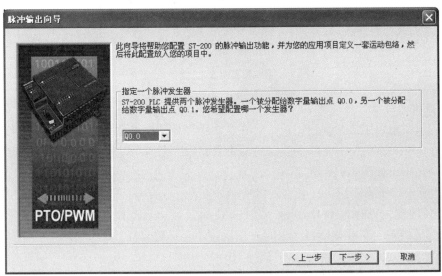

b)

图 5-8　PWM 输出功能设置

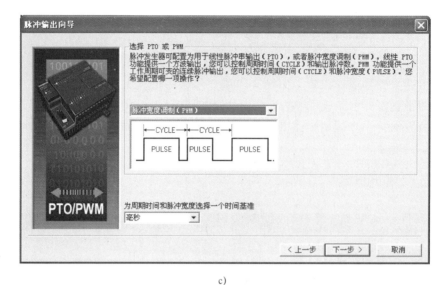

c)

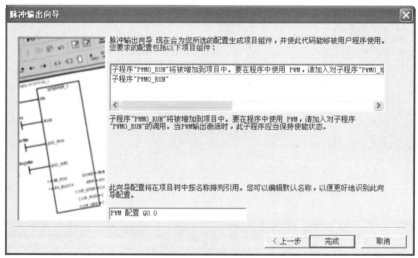

d)

图 5-8　PWM 输出功能设置（续）

4. 子模块调用与程序设计

配置完成后就可以进行程序的设计，在这个程序设计中主要将会用到子程序来调用。生成的子程序 PWM0_RUN 作为一个独立的模块来调用，在调用过程中该子模块的过程值会存储在局部变量中，如图 5-9 所示。

在图 5-9 中的子程序模块，各个端口功能如下：

EN 是使能端，只有 M10.0=0 这个条件满足时，才会启动这个模块的子程序；

RUN 为运行端，只有该端口为 1 时，子程序才会开始运行；

Cycle 是周期数，这里我们给出赋值为 10；

AC0 为累加器，存储的是脉冲数。

Error 信息输出到 MB0 中，我们可以根据 MB0 的值判断发生了哪种错误，并进行相关的应对措施和人机交互。

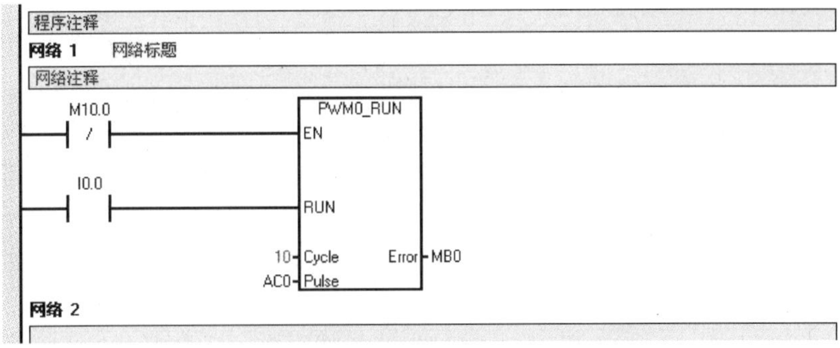

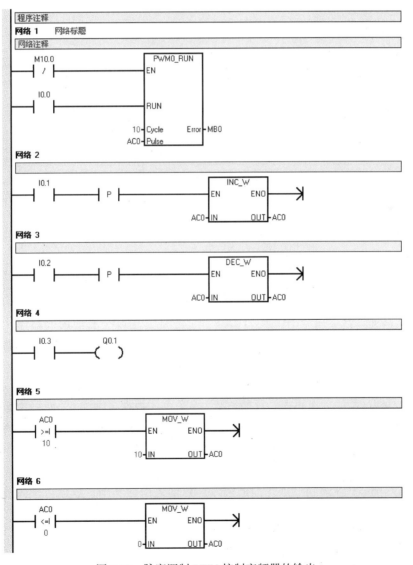

图 5-9　调用子程序后的 PWM0_RUN 模块

增加其他调用功能后，整体梯形图如图 5-10 所示。

图 5-10　脉宽调制 PWM 控制变频器的输出

程序说明如下：

当触点 I0.0 闭合时，子程序 PWM0_RUN（SBR1）开始运行，系统输出周期为 10ms 的 PWM 波形，同时波形的宽度由累加寄存器 AC0 决定。

当触点 I0.1 每闭合一次时，寄存器 AC0 存储的数值由初始值 0 自动加 1，触点 I0.2 每闭合一次时，寄存器 AC0 里面的数值自动减 1。这样通过调节触点 I0.1、I0.2 可以改变输出波形的宽度，从而改变变频器的频率。

I0.3 用于启动变频器，当 I0.3 闭合时，输出点 Q0.1 闭合，启动变频器。要求变频器参数 P08＝2。由于 I0.1、I0.2 每动作一次，变化数值为 1，而 PLC 输出的 PWM 周期为 10，因此 PWM 的脉冲宽度就从 10% 开始向上跳变，输出的频率为 5Hz，每变化一次，输出频率就会相应地增加或减少 5Hz。当动作次数到达 10 次时，输出波形为 100% 脉冲宽度，因此通过比较指令将 AC0 寄存器里面的数值限定在 0~10，从而完成控制要求。

5.1.6　高速计数器功能

1. 高速计数器

普通计数器受 CPU 扫描速度的影响，按照顺序扫描的方式进行工作。在每个扫描周期中，对计数脉冲只能进行一次累加；对于脉冲信号的频率比 PLC 的扫描频率高时，如果仍采用普通计数器进行累加，必然会丢失很多输入脉冲信号。在 PLC 中，对比扫描频率高的输入信号的计数可使用高速计数器指令来实现。

在 S7-200 的 CPU22X 中，高速计数器的数量及其地址编号见表 5-3。

表 5-3　S7-200 高速计数器

CPU 类型	CPU221	CPU222	CPU224	CPU226
高速计数器数量	4		6	
高速计数器编号	HC0,HC3~HC5		HC0~HC5	

2. 高速计数器指令

高速计数器的指令包括：定义高速计数器指令 HDEF 和执行高速计数指令 HSC。

（1）定义高速计数器指令 HDEF　HDEF 指令功能是为某个要使用的高速计数器选定一种工作模式。每个高速计数器在使用前，都要用 HDEF 指令来定义工作模式，并且只能用一次。它有两个输入端：HSC 为要使用的高速计数器编号，数据类型为字节型，数据范围为 0~5 的常数，分别对应 HC0~HC5。

MODE 为高速计数的工作模式，数据类型为字节型，数据范围为 0~11 的常数，分别对应 12 种工作模式。当准许输入使能 EN 有效时，为指定的高速计数器 HSC 定义工作模式。

（2）执行高速计数指令 HSC　HSC 指令功能是根据与高速计数器相关的特殊继电器确定控制方式和工作状态，使高速计数器的设置生效，按照指令的工作模式执行计数操作。它有一个数据输入端 N：N 为高速计数器的编号。数据类型的字型，数据范围为 0~5 的常数，分别对应高速计数器 HC0~HC5，当准许输入 EN 使能有效时，启动 N 号高速计数器工作。

3. 高速计数器的输入端

高速计数器的输入端不像普通输入端那样由用户定义，而是由系统指定的输入点输入信号，每个高速计数器对它所支持的脉冲输入端、方向控制、复位和启动都有专用的输入点，通过比较或中断完成预定的操作。每个高速计数器专用的输入点见表 5-4。

表 5-4 高速计数器专用输入点对照

高速计数器号	输　入　点	高速计数器号	输　入　点
HC0	I0.0,I0.1,I0.2	HC3	I0.1
HC1	I0.6,I0.7,I1.0,I1.1	HC4	I0.3,I0.4,I0.5
HC2	I1.2,I1.3,,I1.4,I1.5	HC5	I0.4

4. 高速计数器的状态字节

S7-200 系统为每个高速计数器都在特殊寄存器区 SMB 提供了一个状态字节，为了监视高速计数器的工作状态，执行由高速计数器引用的中断事件，其格式见表 5-5。

表 5-5 S7-200 高速计数器标志位

HC0	HC1	HC2	HC3	HC4	HC5	描　　述
SM36.0	SM46.0	SM56.0	SM36.0	SM146.0	SM156.0	不用
SM36.1	SM46.1	SM56.1	SM36.1	SM146.1	SM156.1	
SM36.2	SM46.2	SM56.2	SM36.2	SM146.2	SM156.2	
SM36.3	SM46.3	SM56.3	SM36.3	SM146.3	SM156.3	
SM36.4	SM46.4	SM56.4	SM36.4	SM146.4	SM156.4	
SM36.5	SM46.5	SM56.5	SM36.5	SM146.5	SM156.5	当前计数的状态位 0=减计数,1=增计数
SM36.6	SM46.6	SM56.6	SM36.6	SM146.6	SM156.6	当前值等于设定值的状态位 0=不等于,1=等于
SM36.7	SM46.7	SM56.7	SM36.7	SM146.7	SM156.7	当前值大于设定值的状态位 0=小于等于,1=大于

注：只有执行高速计数器的中断程序时，状态字节的状态位才有效。

5. 高速计数器的工作模式

高速计数器有 12 种不同的工作模式（0~11），分为 4 类。每个高速计数器都有多种工作模式，通过编程的方法，使用定义高速计数器指令 HDEF 来选定工作模式。常用模式有 HC0 和 HC1。

1）高速计数器 HC0 是一个通用的增减计数器，共有 8 种模式，通过编程来选择不同的工作模式。HC0 的工作模式见表 5-6。

表 5-6 HC0 的工作模式

模　式	描　　述		控　制　位	I0.0	I0.1	I0.2
0	内部方向控制的单向增/减计数器		SM37.3=0,减	脉冲		
1			SM37.3=1,增			复位
3	外部方向控制的单向增/减计数器		I0.1=0,减	脉冲	方向	
4			I0.1=1,增			复位
6	增/减计数脉冲输入控制的双向计数器		外部输入控制	增计数脉冲	减计数脉冲	
7						复位
9	A/B 相正交计数器	A 超前 B,增计数	外部输入控制	A 相脉冲	B 相脉冲	
10		B 超前 A,减计数				复位

2）高速计数器 HC1 共有 12 种操作模式，见表 5-7。

表 5-7　HC1 的工作模式

模　式	描　　述	控　制　位	I0.6	I0.7	I1.0	I1.1
0	内部方向控制的单向增/减计数器	SM47.3＝0,减	脉冲			
1		SM47.3＝1,增			复位	
2						启动
3	外部方向控制的单向增/减计数器	I0.7＝0,减	脉冲	方向		
4		I0.7＝1,增			复位	
5						启动
6	增/减计数脉冲输入控制的双向计数器	外部输入控制	增计数脉冲	减计数脉冲		
7					复位	
8						启动
9	A/B 相正交计数器	外部输入控制	A 相	B 相		
10	A 超前 B,增计数		脉冲	脉冲	复位	
11	B 超前 A,减计数					启动

在使用高速计数器时，要注意以下几点：

① 在高速计数器的 12 种工作模式中，模式 0、模式 3、模式 6 和模式 9 既无启动输入，又无复位输入；在模式 1、模式 4、模式 7 和模式 10 中，只有复位输入，而没有启动输入；在模式 2、模式 5、模式 8 和模式 11 中，既有启动输入，又有复位输入。

② 当启动输入有效时，允许计数器计数；当启动输入无效时，计数器的当前值保持不变；当复位输入有效时，将计数器的当前值寄存器清零；当启动输入无效，而复位输入有效时，则忽略复位的影响，计数器的当前值保持不变；当复位输入保持有效，启动输入变为有效时，则将计数器的当前值寄存器清零。

③ 在 S7-200 中，系统默认的复位输入和启动输入均为高电平有效，正交计数器为 4 倍频，如果想改变系统的默认设置，需要设置特殊继电器的第 0、1、2 位。

④ 各个高速计数器的计数方向的控制，设定值和当前值的控制和执行高速计数的控制是由表 5-7 中各个相关控制字节的第 3 位至第 7 位决定的。

6. 高速计数器的当前值寄存器和设定值寄存器

每个高速计数器都有 1 个 32 位的经过值寄存器 HC0~HC5，同时每个高速计数器还有 1 个 32 位的当前值寄存器和 1 个 32 位的设定值寄存器，当前值和设定值都是有符号的整数。为了向高速计数器装入新的当前值和设定值，必须先将当前值和设定值以双字的数据类型装入表 5-8 所列的特殊寄存器中；然后执行 HSC 指令，才能将新的值传送给高速计数器，见表 5-8。

表 5-8　高速计数器的当前值和设定值

HC0	HC1	HC2	HC3	HC4	HC5	说　明
SMD38	SMD48	SMD58	SMD138	SMD148	SMD158	新当前值
SMD42	SMD52	SMD62	SMD142	SMD152	SMD162	新设定值

5.1.7　使用高速计数器进行编码器的读取

1. 高速计数器的初始化

由于高速计数器的 HDEF 指令在进入 RUN 模式后只能执行 1 次，为了减少程序运行时间，优化程序结构，一般以子程序的形式进行初始化。下面以 HC2 为例，介绍高速计数器的各个工作模式的初始化步骤：

1）利用 SM0.1 来调用一个初始化子程序。

2）在初始化子程序中，根据需要向 SMB47 装入控制字。例如，SMB47 = 16#F8，其意义是：准许写入新的当前值，准许写入新的设定值，计数方向为增计数，启动、复位信号为高电平有效。

3）执行 HDEF 指令，其输入参数为：HSC 端为 2（选择 2 号高速计数器），MODE 端为 0/1/2（对应工作模式 0、模式 1、模式 2）。

4）将希望的当前技术值装入 SMD58（装入 0 可进行计数器的清零操作）。

5）将希望的设定值装入 SMD62。

6）如果希望捕获当前值等于设定值的中断事件，编写与中断事件号 16 相关联的中断服务程序。

7）如果希望捕获外部复位中断事件，编写与中断事件号 18 相关联的中断服务程序。

8）执行 ENI 指令。

9）执行 HSC 指令。

10）退出初始化子程序。

2. 高速计数器的使用

选择计数器 HSC1，选择模式为 1，通过编程软件的向导指令，完成高速计数器的检测。按照如下步骤进行：

1）打开编程软件 STEP7-Micro/WIN，从"工具"栏进入到"位置控制向导"，如图 5-11 所示。进入"指令向导"界面。在指令向导中，支持三种指令功能：PID、NETR/NETW、HSC。使用高数计数功能应选择"HSC"，然后单击"下一步"，如图 5-12 所示。

图 5-11　进入高速计数器指令向导

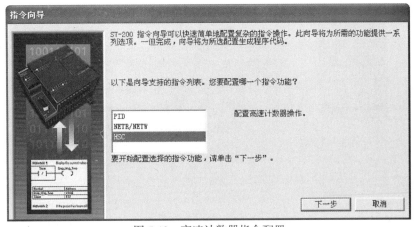

图 5-12　高速计数器指令配置

2）配置高速计数器。

从 HC0~HC5 中选择一个高速计数器。选择不同的高速计数器所使用的外部输入信号不同。针对此题目要求，选择 HC1，输入点为 I0.6、I0.7。每个高速计数器最多有 11 种工作模式，选择模式 1，控制方式为带有内部方向控制的单相/减计数器，没有启动输入，带有复位输入信号。结合选择的高速计数器 HC1，输入点 I0.6 和 I0.7 为时钟信号输入端口。I0.2 为复位信号，I1.1 为启动信号，在使用 PLC 输入点信号时，注意不要使用这两个点作为输入传感器端口。设置图 5-13 所示，完成后单击"下一步"。

图 5-13　高速计数器配置

3）初始化 HC1。在初始化选项中，需要给子程序命名，系统默认名称为"HSC_INIT"，设定高速计数器的预置值（PV）为 1000，计数器的当前值为 0，计数器的初始计数方向为增，复位输入信号为高电平有效，具体设置如图 5-14 所示。

图 5-14　高速计数器的初始化设置

4）设置 HC0 的中断事件，当高速计数器的预置值与计数器当前值相等时，产生中断事件。设置如图 5-15 所示。

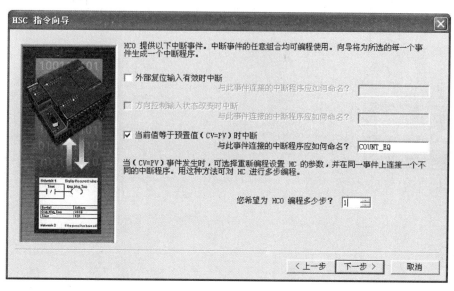

图 5-15　高速计数器的设置

当计数器的经过值与预置值相等时，高速计数器的任何一个动态参数都可以被更新。在这里选择更新预置值为 0，设置如图 5-16 所示。

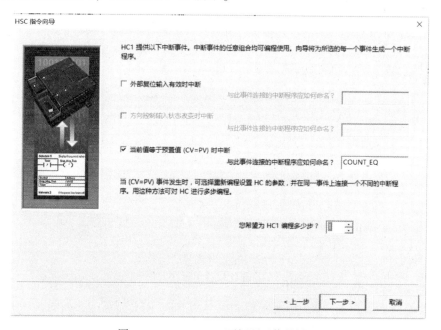

图 5-16　S7-200 PLC 更新预置值的设置

当设置完更新预置值后，还需要进行 PLC 的中断程序设置。设置 CV = PV 时，勾选"更新当前值（CV）"，如图 5-17 所示。完成指令向导，会自动生成一个子程序"HSC_INIT"和一个中断程序"COUNT_EQ"，在编程时直接调用就可以了，如图 5-18 所示。

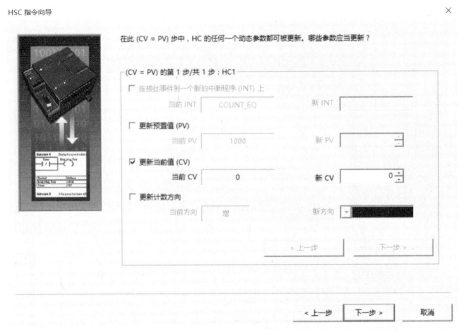

图 5-17　高速计数器中断设置

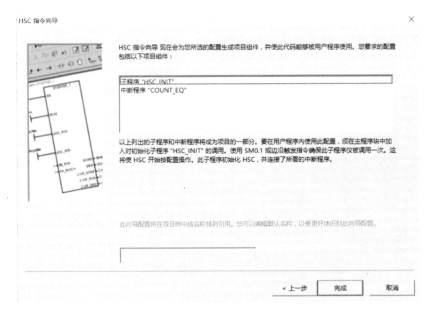

图 5-18　高速计数器子程序的生成

5）回到编程界面，在"调用子程序"中就会增加"HSC_ INIT"，如图 5-19 所示。

图 5-19　调用子程序

6）编写程序。主程序梯形图如 5-20 所示。增加这个调用 HSC_INIT 后，就可以使用子程序 HSC_INIT 的梯形图。

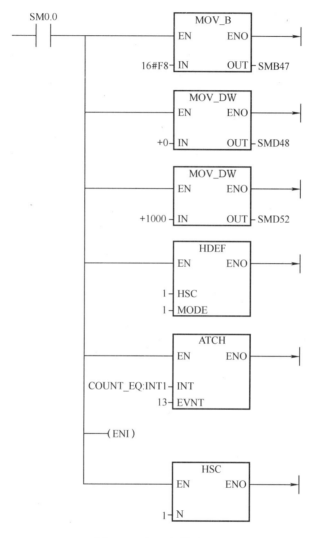

图 5-20　主程序梯形图

当系统开始运行时，调用子程序"HSC_INIT"，目的是用于初始化 HSC1，将其控制字节 SMB47 设置为 16#F8，即允许计数、写入新的当前值、写入新的预置值、写入新的计数方向，设置初始计数方向为加计数，启动输入信号和复位输入信号都是高电平有效。初始化子程序如图 5-21 所示。当 HSC1 的计数脉冲达到设定值 1000 时，调用中断程序"COUNT_EQ"，将 SMD48 的值变为 0，即清除高速计数器的当前值。

以上就是整个高速计数器的配置和调用，在程序运行的初始阶段，必须调用高速计数器初始化子程序。中断程序中采用清除 PLC 的当前值，清除标志位寄存器，这个操作可以在主程序中直接进行。

将传送带、步进电动机等编码器产生的信号输入到 PLC 的高速计数器中，就可通过监控编码器的信号值确定运动机构的位置。通过多个 PLC 高速计数器的值完成多轴坐标的联合动作控制，因此，在自动化工业中，编码器和高速计数器的应用是必不可少的。

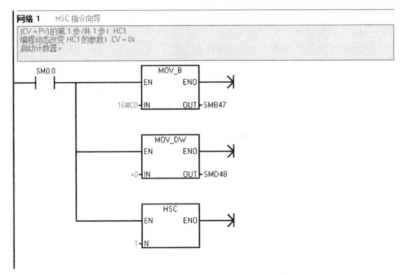

图 5-21　高速计数器初始化子程序

　　本节主要介绍了变频器的工作方式和 PLC 的多级调速控制和 PWM 控制，通过这一阶段的学习，深入理解如何控制变频器，进行内部参数调节等 PLC 的程序设计。

5.2　步进电动机及其控制

5.2.1　步进电动机控制技术

　　步进电动机是生产机械常用的另一种运动部件，它具有结构简单，控制方便，定位准确，成本低廉等优点，应用十分广泛。目前世界上主要的 PLC 厂家生产的 PLC 均有专门的步进电动机控制指令，可以很方便地和步进电动机构成运动控制系统。

　　步进电动机和生产机械的连接有很多种，常见的一种是步进电动机和丝杠连接，即将步进电动机的旋转运动转变成工作台面的直线运动。在这种应用中，关系运动直接结果的参数有以下几个：

　　N：PLC 发出的控制脉冲的个数。

　　n：步进电动机驱动器的脉冲细分数（如果步进电动机驱动器有脉冲细分驱动）。

　　θ：步进电动机的步距角，即步进电动机每收到一个脉冲变化，轴所转过的角度。

　　d：丝杠的螺纹距，它决定了丝杠每转过一圈，工作台面前进的距离。

　　根据以上几个参数，得到以下结果：

　　PLC 发出的脉冲个数到达步进电动机，脉冲实际有效数应为 N/n；步进电动机每转过一圈，需要的脉冲个数为 $360/\theta$；则 PLC 发出 N 个脉冲，工作台面移动的距离 $L=Nd/360n$。

　　PLC 要和步进电动机配合实现运动控制，还需要在 PLC 内部进行一系列设定，或者是编制一定的程序。不同的 PLC 类型所要编制的程序不同，控制字也有不同，参考其说明书就可以知道这种差异。另外，步进电动机控制是要用高速脉冲控制的，所以 PLC 必须是可以输出高速脉冲的晶体管输出形式，不可以使用继电器输出形式的 PLC 来控制步进电动机。

5.2.2　步进电动机的原理与选择

1. 步进电动机的工作原理

步进电动机是数字控制系统中的执行电动机，当系统将一个电脉冲信号加到步进电动机定子绕组时，转子就转一步。当电脉冲按某一相序加到电动机时，转子沿某一方向转动的步数等于电脉冲个数。因此，改变输入脉冲的数目就能控制步进电动机转子机械位移的大小；改变输入脉冲的通电相序，就能控制步进电动机转子机械位移的方向，实现位置的控制。当电脉冲按某一相序连续加到步进电动机时，转子以正比于电脉冲频率的转速沿某一方向旋转。因此，改变电脉冲的频率大小和通电相序，就能控制步进电动机的转速和转向，实现宽广范围内速度的无级平滑控制。步进电动机的这种控制功能，是其他电动机无法替代的。

步进电动机可分为磁阻式、永磁式和混合式，步进电动机的相数可分为：单相、二相、三相、四相、五相、六相和八相。增加相数能提高步进电动机的性能，但电动机的结构和驱动电源就会复杂，成本也会增加，应按需要合理选用。

2. 步进电动机的特点

1）步进电动机是作为控制用的电动机，它的旋转是以固定的角度（称为"步距角"）一步一步运行的，其特点是没有积累误差（精度为 100%），所以广泛应用于各种开环控制。

2）步进电动机的转速与脉冲信号的频率成正比。

3）步距值不易因电气、负载、环境条件的变化而改变，使用开环控制（或半闭环控制）就能进行良好的定位控制。

4）对于制动、正反转、变速等控制方便。

5）价格便宜，可靠性高。

6）主要缺点是效率较低，并且需要配上适当的驱动电源。

7）步进电动机带负载惯性的能力不强，在使用时既要注意负载转矩，又要注意负载转动惯量，只有当两者选取在合适的范围时，电动机才能获得满意的运行性能。

8）由于存在失步和共振，因此步进电动机的加减速方法根据状态的不同而复杂多变。

3. 步进电动机驱动系统

步进电动机驱动系统的基本组成与交直流电动机不同，仅接上供电电源，步进电动机是不会运行的。为了驱动步进电动机，必须由一个决定电动机速度和旋转角度的脉冲发生器，

在该立体仓库控制系统中采用 PLC 作为脉冲发生器进行位置控制，一个使电动机绕组电流按规定次序通断的脉冲分配器，一个保证电动机正常运行的功率放大器，以及一个直流功率电源等组成驱动系统，如图 5-22 所示。

4. 步进电动机的选择

在选择步进电动机时首先考虑的是步进电动机的类型选择，其次是具体的品种选择，根据系统要求，确定

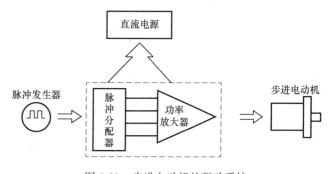

图 5-22　步进电动机的驱动系统

步进电动机的电压值、电流值以及有无定位转矩和使用螺栓机构的定位装置，从而可以确定步进电动机的相数和拍数。在进行步进电动机的品种选择时，要综合考虑变速比 i、轴向力 F、负载转矩 T_1、额定转矩 T_N 和运行频率 f_y，以确定步进电动机的具体规格和控制装置。

5. 步进电动机驱动器的原理与选择

（1）步进电动机驱动器的选择　步进电动机的运行要有一电子装置进行驱动，这种装置就是步进电动机驱动器，它把控制系统发出的脉冲信号转化为步进电动机的角位移，或者说：控制系统每发出一个脉冲信号，通过驱动器就使步进电动机旋转一步距角。所以，步进电动机的转速与脉冲信号的频率成正比。

所有型号驱动器的输入信号都相同，共有三路信号，它们是：步进脉冲信号 CP、方向电平信号 DIR、脱机信号 FREE。此端为低电平有效，这时电动机处于无力矩状态；此端为高电平或悬空不接时，此功能无效，电动机可正常运行。它们在驱动器内部的接口电路都相同，如图 5-23 所示。OPTO 端为三路信号的公共端，三路输入信号在驱动器内部接成共阳方式，所以 OPTO 端须接外部系统的 VCC，如果 VCC 是 5V 则可直接接入；如果 VCC 不是 5V 则外部须另加限流电阻 R，以保证给驱动器内部光耦提供 8~15mA 的驱动电流，参见图 5-24。若外围提供电平为 24V，而输入部分的电平为 5V，所以外部须另加 1.8kΩ 的限流电阻 R。

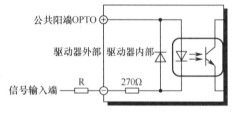

图 5-23　输入信号接口电路

信号幅值	外接限流电阻R
5V	不加
12V	680Ω
24V	1.8kΩ

图 5-24　外接限流电阻 R

（2）步进电动机驱动器的输出信号

1）初相位信号：驱动器每次上电后将使步进电动机起始在一个固定的相位上，这就是初相位。初相位信号是指步进电动机每次运行到初相位期间，此信号就输出为高电平，否则为低电平。此信号和控制系统配合使用，可产生相位记忆功能，其接口如图 5-25 所示。

2）报警输出信号：每台驱动器都有多种保护措施，如：过电压、过电流、过温等。当保护发生时，驱动器进入脱机状态使电动机失电，但这时控制系统可能尚未知晓。如要通知系统，就要用到报警输出信号。此信号占两个接线端子，此两端为一继电器的动合触点，报警时触点立即闭合。驱动器正常时，触点为常开状态。触点规格：DC24V/1A 或 AC110V/0.3A。

一般来说，对于两相四线电动机，可以直接和驱动器相连，如图 5-26 所示。

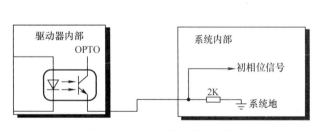

图 5-25　初相位信号接口电路

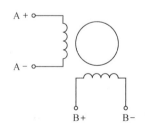

图 5-26　电动机与驱动器接线图

以北京斯达特机电科技发展有限公司生产的 SH 系列步进电动机驱动器，型号为 SH-2H057 为例，它主要由电源输入部分、信号输入部分、输出部分组成。SH-2H057 步进电动机驱动器采用铸铝结构，此种结构主要用于小功率驱动器，这种结构为封闭的超小型结构，本身不带风机，其外壳即为散热体，所以使用时要将其固定在较厚大的金属板上或较厚的机柜内，接触面之间要涂上导热硅脂，在其旁边加一个风机也是一种较好的散热办法。

此步进电动机驱动器参数见表 5-9。

表 5-9　步进电动机驱动器参数

驱动器型号	相　　数	类　　别	细分数通过拨位开关设定	最大相电流开关设定	工 作 电 源
SH-2H057	二相或四相	混合式	二相八拍	3.0A	一组直流 DC（24-40V）

3）步进电动机驱动器接线示意图如图 5-27 所示。在步进电动机的驱动器中，除了供电电源之外，其他常见的是 A+、A−、B+、B−，还有脉冲、方向这 6 个接线端子。通过发送脉冲信号给驱动器后，驱动器就会驱动步进电动机的 4 个端子，实现电动机旋转。

（3）步进电动机驱动器细分　步进电动机的步距角表示控制系统每发出一个步进脉冲信号，电动机所转动的角度。SH 系列驱动器是靠驱动器上的拨位开关来设定细分数的，只需根据面板上的提示设定即可。在系统频率允许的情况下，尽量选用高细分数。

对于两相步进电动机，细分后电动机的步距角等于电动机的整步步距角除以细分数，例如细分数设定为 40、驱动步距角为 0.9°/1.8° 的电动机，其细分步距角为 $1.8° \div 40 = 0.045°$。可以看出，步进电动机通过细分驱动器的驱动，其步距角变小了，如驱动器工作在 40 细分状态时，其步距角

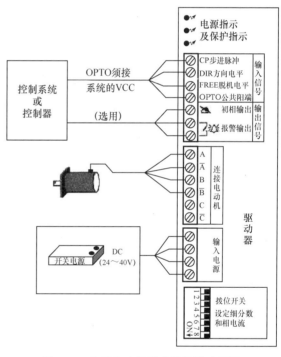

图 5-27　步进电动机驱动器接线示意图

只为电动机固有步距角的 1/10，也就是说：当驱动器工作在不细分的整步状态驱动电动机时，控制系统每发出一个步进脉冲，电动机转动 1.8°；而用细分驱动器工作在 40 细分状态时，电动机只转动了 0.045°，这就是细分的基本概念。细分功能完全是由驱动器靠精确控制电动机的相电流所产生的，与电动机无关。

驱动器细分后将对电动机的运行性能产生质的飞跃，但是这一切都是由驱动器本身产生的，和电动机及控制系统无关。在使用时，需要注意的一点是步进电动机步距角的改变，这将对控制系统所发出的步进信号的频率有影响。因为细分后步进电动机的步距角将变小，要求步进信号的频率要相应提高。驱动器细分后的主要优点为：

1）完全消除了电动机的低频振荡。低频振荡（频率约在 200Hz）是步进电动机的固有特性，而细分是消除它的唯一途径。如果步进电动机有时要在共振区工作（如走圆弧），选择细分驱动器是唯一的选择。

2）提高了电动机的输出转矩。尤其对三相反应式电动机，其力矩比不细分时提高 30%~40%。

3）提高了电动机的分辨率。由于减小了步距角，提高了步距的均匀度，因此提高电动机的分辨率是不言而喻的。

（4）电动机相电流的设定　SH 系列驱动器是靠驱动器上的拨位开关来设定电动机的相电流，只需根据面板上的电流设定表格进行设定即可。

（5）步进电动机驱动器指示灯说明　驱动器的指示灯有两种：电源指示灯（绿色或黄色）和保护指示灯（红色）。当任一保护发生时，保护指示灯变亮。

（6）步进电动机驱动器电源接口　对于超小型驱动器（SH-2H057、SH-3F075、SH-2H057M、SH-3F075M），采用一组直流供电，DC（24~40V），此电源可以由一变压器变压后加整流滤波（无须稳压）组成；或者由一开关电源提供。

不同的步进电动机驱动器需配合适当的 PLC，原则是使 PLC 输出的高速脉冲传输到步进电动机驱动器内部。在图 5-27 中，步进电动机驱动器的输入信号采取的是公共阳极，则 PLC 应当采用 NPN 晶体管输出类型；如果步进电动机驱动器的输入信号采取的是公共阴极，则 PLC 应当采用 PNP 晶体管输出类型。

5.2.3　PLC 控制步进电动机的指令

1. 指令介绍

脉冲输出指令（PLS）检测为脉冲输出（Q0.0 或 Q0.1）设置的特殊存储器位，然后激活由特殊存储器位定义的脉冲操作。

操作数：Q 常数（0 或 1）

数据类型：字

脉冲输出范围：Q0.0 到 Q0.1。形式如下：

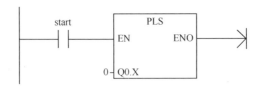

S7-200 的 CPU 有两个 PTO/PWM 高速脉冲发生器，都可以产生高速脉冲串或者脉冲宽度可调的波形。一个发生器分配在数字输出 Q0.0，另一个分配在数字输出 Q0.1。

PTO/PWM 发生器和寄存器共同使用 Q0.0 和 Q0.1。当 Q0.0 或 Q0.1 设定为 PTO 或 PWM 功能时，PTO/PWM 发生器控制输出，在输出点禁止使用通用功能。映像寄存器的状态、输出强制或立即输出指令的执行都不影响输出波形。当不使用 PTO/PWM 发生器时，输出由映像寄存器控制。映像寄存器决定输出波形的初始状态和结束状态，以高电平或低电平产生波形的起始和结束。因些，在允许 PTO 或 PWM 操作前，把 Q0.0 和 Q0.1 的映像寄存器设定为 0。

脉冲串（PTO）功能提供方波（50%占空比）输出，用户控制周期和脉冲数。脉冲宽度调制（PWM）功能提供连续、变占空比输出，用户控制周期和脉冲宽度。

每个 PTO/PWM 发生器有一个控制字节，16 位无符号的周期时间值和脉宽值各一个，还有一个 32 位无符号的脉冲计数值。这些值全部存储在指定的特殊存储器中，一旦需要进行特殊存储器的置位操作，可通过执行脉冲指令（PLC）来调用这些操作。修改特殊寄存器（SM）区（包括控制字节），然后执行 PLC 指令，改变 PTO 或 PWM 特性。把 PTO/PWM 控制字节（SM66.7 或 SM77.7）的允许位置为 0，并执行 PLC 指令，可以在任何时候禁止 PTO 或 PWM 波形的产生。所有的控制字节、周期、脉冲宽度和脉冲数的默认值都是 0。

PTO 提供指定脉冲个数的方波（50%占空比）脉冲串输出功能。周期可以用 μs 或 ms 为单位指定。周期的范围是 50~65,535μs，或 2~65,535ms。如果设定的周期是奇数，会引起占空比的一些失真。脉冲数的范围是：1~4,294,967,295。如果周期时间少于 2 个时间单位，就把周期默认设定为 2 个时间单位。如果指定脉冲数为 0，就把脉冲数默认设定为 1 个脉冲。

状态字节中的 PTO 空闲位（SM66.7 或 SM76.7）用来指示可编程序脉冲串完成。另外，根据脉冲串的完成调用中断程序。如果使用多段操作，根据图 5-20 所示的包络表 C 完成调用中断程序。

PTO 功能允许脉冲串排队。当激活的脉冲串完成时，立即开始新脉冲的输出，这保证了顺序输出脉冲串的连续性。

2. PTO 脉冲串单段管线和多段管线的设置

（1）单段管线　在单段管线中，需要为下一个脉冲串更新特殊寄存器。一旦启动了起始 PTO 段，就必须立即按照第二个波形的要求改变特殊寄存器，并再次执行 PLS 指令。第二个脉冲串的属性在管线一直保持到第一个脉冲串发送完成。在管线中一次只能存入一个入口，一旦第一个脉冲串发送完成，接着输出第二个波形，管线可以用于新的脉冲串。重复这个过程设定下一个脉冲串的特性，除下面的情况外，脉冲串之间进行平滑转换：

1）如果发生了时间基准的改变；

2）如果在使用 PLS 指令捕捉到新脉冲串前启动的脉冲串已经完成。

当管线满时，如果试图装入管线，状态寄存器中的 PTO 溢出位（SM66.6 或 SM76.6）将置位。当 PLC 进入 RUN 状态时，这个初始位为 0。如果要检测序列的溢出，必须在检测到溢出后手动清除这个位。

（2）多段管线　在多段管线中，CPU 自动从 V 存储器区的包络表中读出每个脉冲串段的特性。在该模式下，仅使用特殊寄存器区的控制字节和状态字节。选择多段操作，必须装入包络表 C 的起始 V 存储器构成的偏移地址（SMW168 或 SMW178）。时间基准可以选择 μs 或者 ms，但是，在包络表 C 中的所有周期值必须使用一个基准，而且当包络执行时，不能改变。多段操作可以用 PLS 指令启动。

每段的长度是 8 个字节，由 16 位周期、16 位周期增量值和 32 位脉冲计数值组成。

包络表 C 的格式见表 5-10。多段 PTO 操作的另一个特点是按照每个脉冲的个数自动增减周期的能力。在周期增量区输入一个正值将增加周期，输入一个负值将减小周期，输入 0 值将不改变周期。

如果在许多脉冲后指定的周期增量值导致非法周期值，会产生一个算术溢出错误，同时停止 PTO 功能，PLC 的输出变为由映像寄存器控制。另外，在状态字节中的增量计算错误位（SM66.4 或 SM76.4）被置为 1。

如果要人为地终止一个进行中的 PTO 包络，只需要把状态字节中的用户终止位（SM66.5 或 SM76.5）置为 1。

当 PTO 包络执行时，当前启动的段数目保存在 SMB166（或 SMB176）中，见表 5-10。

表 5-10　多段 PTO 操作的包络表格式

从包络表开始的字节偏移	包络段数	描　述
0		段数(1~255)；数 0 产生一个非致命性错误,将不产生 PTO 输出
1		初始周期(2~65535 时间基准单位)
3	#1	每个脉冲的周期增量(有符号值)(−32768~32767 时间基准单位)
5		脉冲数(1~4294967295)
9		初始周期(2~65535 时间基准单位)
11	#2	每个脉冲的周期增量(有符号值)(−32768~32767 时间基准单位)
13		脉冲数(1~4294967295)
⋮	⋮	⋮

3. PTO 发生器的包络表值计算

PTO 发生器的多段管线能力在许多应用中非常有用，尤其在步进电动机控制中。图 5-28 说明了如何生成包络表值按要求产生输出波形控制电动机按照曲线完成加速运行、恒速运行、减速运行的工作过程。

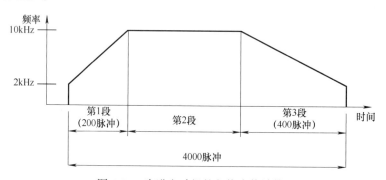

图 5-28　步进电动机的包络表值计算

假定需要 4000 个脉冲达到要求的电动机转速，启动频率和结束频率是 2000Hz，最大脉冲频率是 10kHz。由于包络表中的值是用周期表示的，而不是用频率，需要把给定的频率值转换成周期值。所以，启动、结束的周期是 500μs，最大频率对应的周期是 100μs。在输出包络的加速部分，要求在 200 个脉冲左右达到最大脉冲频率。同时也假定包络的减速部分，在 400 个脉冲左右完成。

在该例中，使用一个简单公式计算 PTO/PWM 发生器调整每个脉冲周期所使用的周期增量值，如图 5-29 所示：

给定段的周期增量 = |ECT-ICT|/Q

ECT = 该段结束周期时间

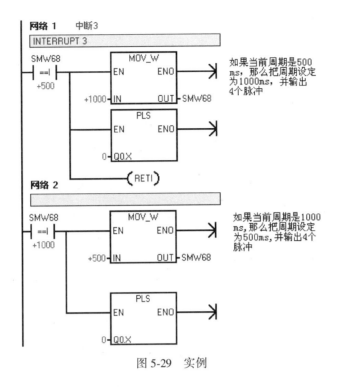

图 5-29   实例

ICT＝该段初始化周期时间

表 5-11 是控制 PTO/PWM 操作的寄存器，利用表 5-12 可以作为快速参考，确定放入 PTO/PWM 控制寄存器中的值，启动要求的操作。对 PTO/PWM0 使用 SMB67，对 PTO/PWM1 使用 SMB77。如果要装入新的脉冲数（SMD72 或 SMD82）、脉冲宽度（SMW70 或 SMW80）或周期（SMW68 或 SMW78），应该在执行 PLS 指令前装入这些值和控制寄存器。如果要使用多段脉冲串操作，在使用 PLS 指令前也需要装入包络表的起始偏移值（SMW168 或 SMW178）和包络表的值，见表 5-13 所示。

表 5-11   使用 PLS 指令前装入控制寄存器

Q0.0	Q0.1	状 态 字 节	Q0.0	Q0.1	状 态 字 节
SM66.4	SM76.4	PTO 包络由于增量计算错误而终止　　　　0＝无错误；1＝终止	SMW68	SMW78	PTO/PWM 周期值（范围：2～65535）
SM66.5	SM76.5	PTO 包络由于用户命令而终止　　　　0＝无错误；1＝终止	SMW70	SMW80	PWM 脉冲宽度值（范围：0～65535）
SM66.6	SM76.6	PTO 管线上溢/下溢　　　　0＝无上溢；1＝上溢/下溢	SMD72	SMD82	PTO 脉冲计数值（范围：1～4294967295）
SM66.7	SM76.7	PTO 空闲　　0＝执行中；1＝PTO 空闲	SMB166	SMB176	进行中的段数（仅用在多段 PTO 操作中）
			SMW168	SMW178	包络表的起始位置，用从 V0 开始的字节偏移表示（仅用在多段 PTO 操作中）

表 5-12　PTO/PWM 控制字节参考

Q0.0	Q0.1	控 制 字 节
SM67.0	SM77.0	PTO/PWM 更新周期值　0=不更新;1=更新周期值
SM67.1	SM77.1	PWM 更新脉冲宽度值　0=不更新;1=脉冲宽度值
SM67.2	SM77.2	PTO 更新脉冲数　0=不更新;1=更新脉冲数
SM67.3	SM77.3	PTO/PWM 时间基准选择　0=1 扦/时基;1=1ms/时基
SM67.4	SM77.4	PWM 更新方法：0=异步更新;1=同步更新
SM67.5	SM77.5	PTO 操作：　0=单段操作;1=多段操作
SM67.6	SM77.6	PTO/PWM 模式选择　0=选择 PTO;1=选择 PWM
SM67.7	SM77.7	PTO/PWM 允许　0=禁止 PTO/PWM;1=允许 PTO/PWM

表 5-13　PTO/PWM 初始化和操作顺序

控制寄存器 (16 进制)	执行 PLS 指令的结果							
	允　许	模式选择	PTO 段操作	PWM 更新方法	时　基	脉冲数	脉冲宽度	周　期
16#81	Yes	PTO	单段		1μs/周期			装入
16#84	Yes	PTO	单段		1μs/周期	装入		
16#85	Yes	PTO	单段		1μs/周期	装入		装入
16#89	Yes	PTO	单段		1ms/周期			装入
16#8C	Yes	PTO	单段		1ms/周期	装入		
16#8D	Yes	PTO	单段		1ms/周期	装入		装入
16#A0	Yes	PTO	多段		1μs/周期			
16#A8	Yes	PTO	多段		1ms/周期			
16#D1	Yes	PWM		同步	1μs/周期			装入
16#D2	Yes	PWM		同步	1μs/周期		装入	
16#D3	Yes	PWM		同步	1μs/周期		装入	装入
16#D9	Yes	PWM		同步	1ms/周期			装入
16#DA	Yes	PWM		同步	1ms/周期		装入	
16#DB	Yes	PWM		同步	1ms/周期		装入	装入

4. PTO/PWM 的初始化

PTO/PWM 初始化操作假定 S7-200 已置成 RUN 模式，因此初次扫描存储器位为真（SM0.1=1）。如果不是这种情况，或 PTO/PWM 必须重新初始化，可以用一个条件（不一定是初次扫描存储器位）来调用初始化程序。

为了初始化 PTO，按如下步骤：

1）用初次扫描存储器位（SM0.1）复位输出为 0，并调用执行初始化操作的子程序。

由于采用这样的子程序调用，后续扫描不会再调用这个子程序，从而减少了扫描时间，也提供了一个结构优化的程序。

2）初始化子程序中，把 16#85 送入 SMB67，使 PTO 以 μs 为增量单位（或 16#A8 使 PTO 以 ms 为增量单元）。用这些值设置控制字节的目的是：允许 PTO/PWM 功能，选择 PTO 操作，选择以 μs 或 ms 为增量单位，设置更新脉冲计数和周期值。

3）向 SMW168（字）写入包络表的起始 V 存储器偏移值。

4）在包络表中设定段数，确保段数区（表的第一个字节）正确。

　　5）可选步骤：如果你想在一个脉冲串输出（PTO）完成时立刻执行一个相关功能，则可以编程，使脉冲串输出完成中断事件（事件号 19），调用一个中断子程序，并执行全局中断允许指令。

　　6）退出子程序。

5.2.4　示例程序

　　采用 PLC 的 Q0.0 和 Q0.1 控制步进电动机的示例程序如下：

　　1. 主程序

　　首次扫描，复位映像寄存器位，并调用子程序 0。这一程序在初始化过程中，SM0.1＝1，调用子函数 SBR_0，为 Q0.0 上电复位 1 次。

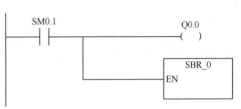

　　2. 子程序 0

　　子程序 SBR_0 如图 5-30 所示。

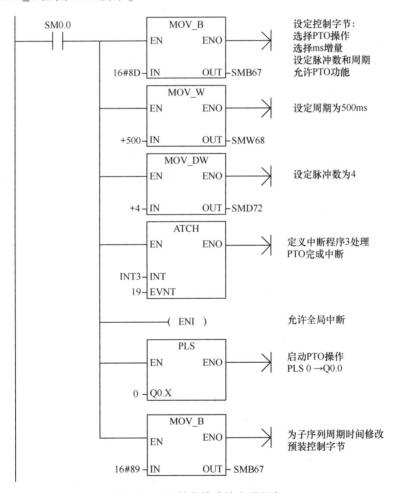

图 5-30　初始化脉冲输出子程序

　　调用子程序后，需要完成中断程序的设置和编写，如图 5-31 所示。

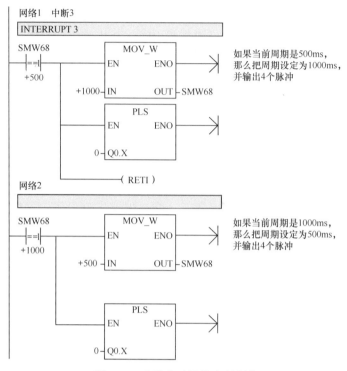

图 5-31 步进电动机的中断程序

3. 中断程序

将中断程序下载进入 PLC，连接好步进电动机以及相关驱动器，用示波器观察输出脉冲，其输出脉冲波形图如图 5-32 所示。

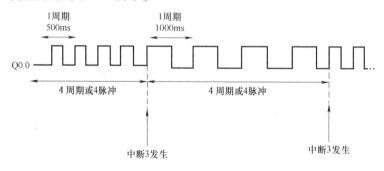

图 5-32 步进电动机的输出脉冲波形图

5.3 伺服电动机的 EM253 模块控制

5.3.1 伺服电动机

伺服电动机又称为执行电动机，或称为控制电动机。在自动控制系统中，伺服电动机是一个执行元件，它的作用是把控制电压或相位的信号变换成机械位移，也就是把接收到的电信号变为电动机的一定转速或角位移。其容量一般在 0.1～100W，常用的是 30W 以下。伺服电动机有直流和交流之分。常见的伺服电动机如图 5-33 所示。

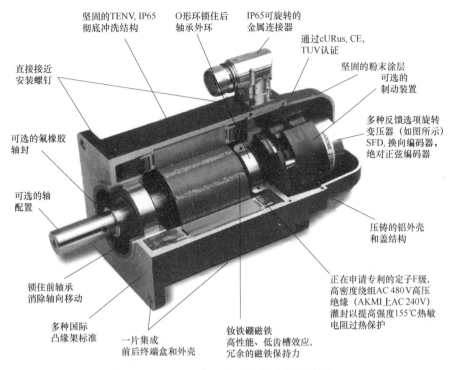

坚固的TENV, IP65
彻底冲洗结构

O形环锁住后
轴承外环

IP65可旋转的
金属连接器

通过cURus, CE,
TUV认证

直接接近
安装螺钉

坚固的粉末涂层
可选的
制动装置

可选的氟橡胶
轴封

多种反馈选项旋转
变压器（如图所示）
SFD，换向编码器，
绝对正弦编码器

可选的轴
配置

压铸的铝外壳
和盖结构

锁住前轴承
消除轴向移动

正在申请专利的定子F级，
高密度绕组AC 480V高压
绝缘（AKMI上AC 240V）
灌封以提高强度155℃热敏
电阻过热保护

多种国际
凸缘架标准

一片集成
前后终端盒和外壳

钕铁硼磁铁
高性能、低齿槽效应，
冗余的磁铁保持力

图 5-33　交流伺服电动机的内部结构图

　　交流伺服电动机需要使用驱动器进行控制，以 YAMAHA 交流伺服电动机为例，该驱动器主要有几个参数设置，如图 5-34 所示。

　　控制面板各个操作按钮说明如图 5-35所示。

　　伺服电动机驱动器一般都存在一些参数设置，这些参数包含正向脉冲、反向脉冲、伺服使能、伺服就绪等设置。以 YAMAHA 伺服系统为例，参数设置如下。

　　PLS：正向脉冲序列，PLS 参数的数量决定伺服电动机正向位移。

　　SIG：反向脉冲序列，SIG 参数的数量决定伺服电动机反向位移。

图 5-34　YAMAHA 交流伺服电动机
驱动器控制面板

操控键名称	主 要 功 能
监控面板	显示设置值,这里显示主要设置过程的参数
过载报警	当出现总线电压超过 30V 时,灯亮报警
功能选择键	选择改变控制参数设置
移动选择键	从左到右,移动数字显示的小数点位置
上、下键	改变功能参数的数值,或选择不同功能
SET	保存当前设置参数

数字显示

向下键

功能选择键

FUNC

SET

移动选择键

CHARGE

过载报警

向上键

保存键

图 5-35　伺服电动机驱动器前面板说明

电子齿轮传动比：伺服电动机每圈的脉冲数，这个脉冲数可以通过参数设置确定，根据工作台的目标速度以及电动机的参数得出，伺服电动机的机械减速传动比为 10:1，要求最大末端速度 45mm/s，末端丝杠的螺距为 10mm。

根据如下步骤计算：

1) 首先算出电动机转 1 圈，末端装置能移动的距离。

计算公式：螺距/传动比

电动机每圈位移 = 10mm/（10/1）圈 = 1mm/圈

2) 再计算满足最大末端速度时电动机速度是否能够满足。

计算公式：最大速度/电动机每圈位移量

要求电动机最大速度 =（45mm/s）/（1mm/r）= 45r/s

即：45r/s×60s = 2700r/min

假如伺服电动机的最大速度为 3000r/min，就能满足系统最大末端速度为 45mm/s 的要求。如果是最大速度为 1500r/min 的电动机，就不能满足最大末端速度的要求。此时就要想办法降低机械传动比。

3) 计算电动机每转所要求控制的脉冲速度上限。

系统要求电动机最大速度为 45r/s，计算公式：PLC 最大输出的脉冲速度/电动机要求的最大转速，满足最大末端速度时：

最大每转电动机脉冲数 =（200000P/s）/（45r/s）= 4444P/r（即 4444 个脉冲/转）

所以设置的电动机每转控制脉冲要小于 4444 个脉冲即可。

4) 准确地确认电动机每转脉冲数和设置伺服驱动器的电子齿轮比。

先假设每转电动机控制脉冲为 3500 个，

B2 伺服的设置公式为：伺服电动机编码器分辨率/假设的每转控制脉冲数

电子齿轮比 = 160000/3500 = 45.7142

A2 伺服的设置公式为：伺服电动机编码器分辨率/假设的每转控制脉冲数

电子齿轮比 = 1280000/3500 = 365.7142

电子齿轮比尽量要取与计算结果接近的整数，在 YAMAHA 伺服系统中，电子齿轮比设置参数为 FA-12 和 FA-13。FA-12 在英文说明中是 Electronic gear numerator，也就是电子齿轮比的分子参数，而 FA-13 在英文说明中是 Electronic gear denominator，也就是电子齿轮比的分母参数。这个参数设置范围为：

$1/20 \leqslant （FA-12/FA-13） \leqslant 50$

一般伺服电动机控制器中经常会提供一些控制模式供用户选择，以 YAMAHA 的 RDX 伺服控制器为例，该控制器提供了如下的工作模式，在 FA-11 参数中进行设置，不同的设置参数会导致 PLS 和 SIG 接口输入定义不同：

① F-r 模式

PLS 端口定义：输入正向移动的脉冲串个数，决定正向电动机转动量。

SIG 端口定义：输入反向移动的脉冲串个数，决定反向电动机转动量。

② P-S 模式

PLS 端口定义：输入脉冲串的个数，决定电动机旋转量。

SIG 端口定义：为 ON 的时候代表反向，为 OFF 的时候代表正向。

③ A - b 模式

PLS 端口定义：输入 A 相差分信号。

SIG 端口定义：输入 B 相差分信号。

④ r - F 模式

这个模式与模式 1 正好相反，可以在需要反逻辑时紧急修正后使用。

PLS 端口定义：输入反向移动的脉冲串个数，决定正向电动机转动量。

SIG 端口定义：输入正向移动的脉冲串个数，决定反向电动机转动量。

⑤ -P - S 模式

该模式与 P - S 模式完全相反。

PLS 端口定义：输入脉冲串的个数，决定电动机旋转量。

SIG 端口定义：为 OFF 的时候代表反向，为 ON 的时候代表正向。

⑥ b - A 模式

PLS 端口定义：输入 B 相差分信号。

SIG 端口定义：输入 A 相差分信号。

在下一节的实例控制伺服电动机中，将使用 -P-S 模式。

5.3.2　EM253 位置控制模块的主要功能和配置

1. EM253 模块简介

位置控制中在需要输出两路差分信号的时候，需要使用 EM253 位置控制专用模块。EM253 模块的外形及主要连接端子如图 5-36 所示。EM253 模块是 S7-200 PLC 的位置控制专用模块，集成有 5 个数字量输入点（STP，停止；RPS，参考点开关），各个开关说明如下：

1）ZP，零脉冲信号。

2）LMT+，正方向硬极限位置开关。

3）LMT-，负方向硬极限位置开关。

4）数字量输出点。数字量输出点包括 4 个信号：DIS、CLR、P0、P1，或者 P0+、P0-、P1+、P1-，用于 S7-200 PLC 定位控制系统中。通过产生高速脉冲来实现对伺服电动机的速度、位置控制。通过 S7-200 PLC 的扩展接口，实现与 CPU 间通信控制。

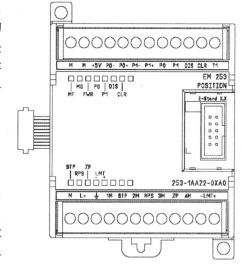

图 5-36　S7-200 的 EM253 模块

2. EM253 模块控制的实现

定位模板 EM253 应用于位置控制的过程，实现起来非常简单。STEP 7-Micro/WIN 提供了一个定位模板，方便 EM 253 配置的向导操作（Position Control Wizard），可以容易地完成配置操作，配置文件存储在 S7-200 PLC 的 V 区内；同时，STEP 7-Micro/WIN 还提供专门用于调试的操作界面。

EM253 定位模块的输入/输出点说明见表 5-14。

EM253 模块可以用来控制步进电动机和伺服电动机，具有脉冲质量高、输出稳定的优点，因此在伺服控制中广为应用。EM253 模块的接线图如图 5-37 所示。

表 5-14　定位模块的输入/输出点说明

端 子 号	输入/输出	功 能 说 明
1M	0V	
STP	输入	硬件停止运动,可以使正在进行中的运动,停止下来
2M	0V	
RPS	输入	机械参考点位置输入。建立绝对运动模式下的机械参考点位置
3M	0V	
ZP	输入	零脉冲输入。帮助建立机械参考点坐标系
4M	0V	
LMT+	输入	"+方向"运动的硬件极限位置开关
LMT−	输入	"−方向"运动的硬件极限位置开关
M	0V	
5V	输出	输出 5V 信号
P0+	输出	电动机运动、方向控制的脉冲输出。与 P0、P1 输出控制方式相比,可以提供
P0−	输出	更高质量的控制信号;
P1+	输出	选择何种输出脉冲方式,取决于电动机驱动器。
P0	输出	步进电动机运动、方向控制的脉冲输出
P1	输出	
DIS	输出	使能、非使能电动机的驱动器
CLR	输出	用于清除步进电动机驱动器的脉冲计数寄存器
T1		与+5V、P0、P1、DIS 结合一起使用

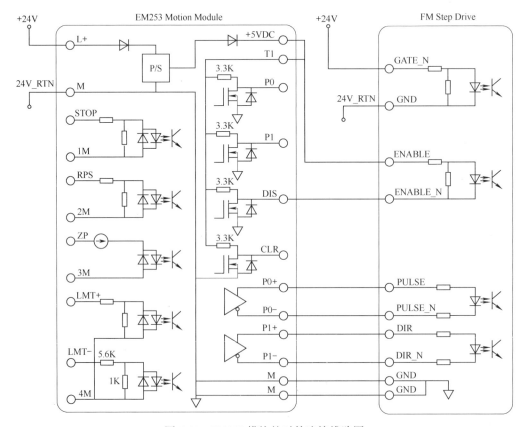

图 5-37　EM253 模块的对外连接线路图

5.3.3　用 EM253 控制伺服电动机运行

EM253 的伺服电动机控制过程需要进行向导配置，首先进入 STEP7-Micro/WIN 界面，单击菜单"工具"，进入 EM253 控制向导，如图 5-38 所示。

图 5-38　进入 EM253 控制向导界面

单击"位置控制向导"进入 EM253 控制界面，选择"配置 EM253 位控模块操作"，然后单击"下一步"继续，如图 5-39 所示。

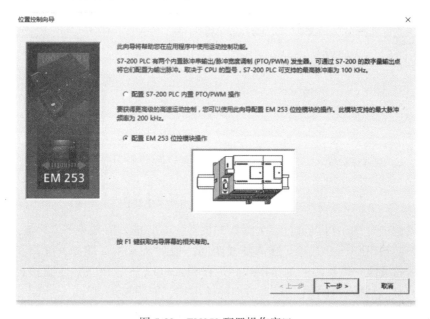

图 5-39　EM253 配置操作窗口

单击后，设置定位模板 EM 253 的逻辑位置，才可以继续完成后面运动参数、运动轨迹包络的设置。位控模块配置中，允许用户通过 S7-200 PLC 编程接口，读到已经正确接好线的定位模板 EM 253 逻辑位置，如图 5-40 所示。

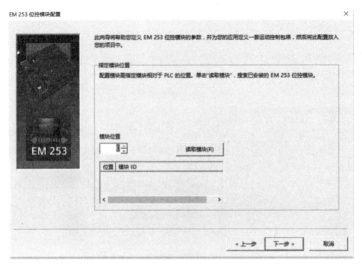

图 5-40　EM253 位控模块位置读取

接下来，要输入系统的测量单位，这个单位可以是 mm 或者相对脉冲数。在实际控制中，根据执行元件的参数酌情选择，如图 5-41 所示，在这里选择工程单位，再单击"高级选项"，可以进行更细节的配置。

图 5-41　EM253 模块的工程单位设置

在"高级选项"中，可以进行三个参数的设置，即"输入有效电平""输入滤波时间"和"脉冲和方向输出"三个选项。输入滤波时间一般默认 6.4ms 即可，脉冲和方向输出中可以选择信号的极性，以及两种工作模式。工作模式可以采用 P0 和 P1 直接控制方向，也可用 P0 作为脉冲数输入，P1 作为运动方向的输出端，如图 5-42 所示。

完成以上参数设置后，需要设置输入响应。输入响应在实际工程应用中非常关键，由于伺服电动机运转速度快，为了避免不必要的损伤，伺服控制器中的几个按钮 LMT+、LMT−、STP 均需要进行响应设置，如图 5-43 所示。输入响应有三种：无动作、减速停止、立即停止，可以根据报警的要求和级别，以及系统的工作要求选择合适的响应处理方式。设置好响应处理后，就要对电动机的启动速度、最高速度等速度参数进行设置，如图 5-44 所示。

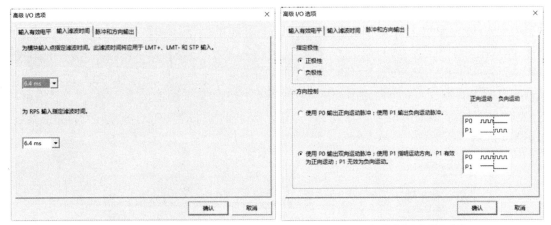

a）输入滤波时间确认　　　　　　　　　b）脉冲和方向输出确认

图 5-42　高级 I/O 选项

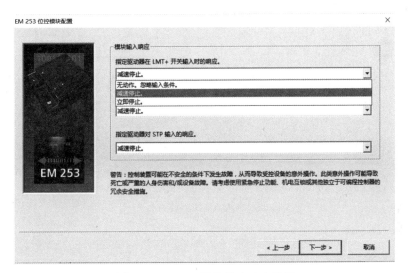

图 5-43　EM253 模块输入响应设置

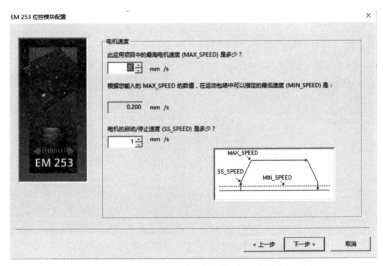

图 5-44　EM253 电动机转速参数设置

完成电动机速度参数设置后，还需要进行点动速度设置，加速和减速时间设置，手动点动 JOG 是伺服控制器中常见的控制指令，用于电动机调试使用。其设置窗口和说明如图 5-45所示。

单击"下一步"，在"应用和冲击补偿"窗口中一般选择 0 即可，选择好之后进入"运动参考点"设置窗口，这个窗口中系统将弹出一个选择"是否增加运动参考点"，一般选择"是"进入选择，如图 5-46a 所示。进入选择后，系统将要求设置运动参考点的各详细参数，如图 5-46b 所示。

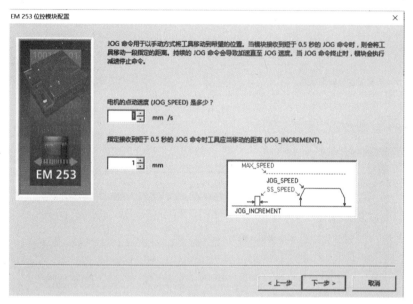

a) EM253 电动机点动设置窗口

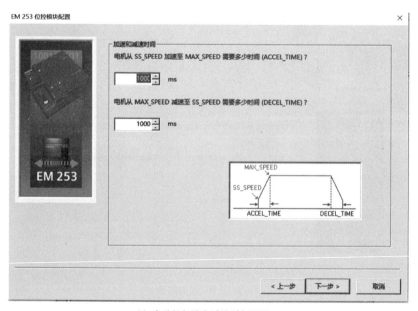

b) 电动机加速和减速时间设置

图 5-45 其他设置（一）

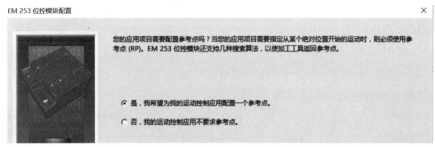

a）运动参考点选择

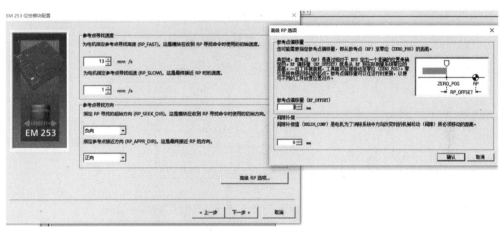

b）运动参考点RP详细参数和选项

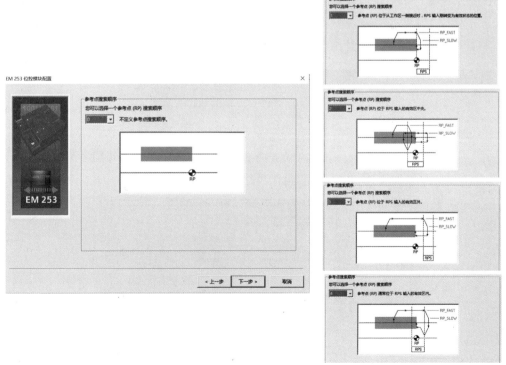

c）不同参考点的搜索顺序

图 5-46   其他设置（二）

伺服系统中原点是非常重要的，因此，设定好起始方向、参考点偏移量和间隙补偿，对于提高伺服系统的精度有很大帮助。系统定义了几种参考点搜索方法，可以选择并指定最优的搜索方法，如图 5-46c 所示。

设置好参考点后，我们将对 EM253 的 QB 地址进行设置，选取默认地址即可，单击"下一步"，进入运动包络设置，如图 5-47a 所示。

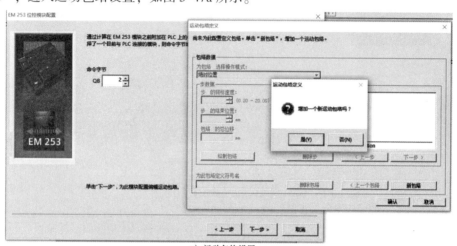

a）运动包络设置

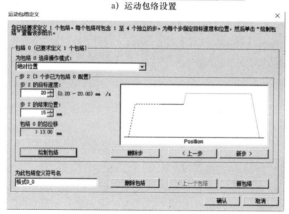

b）包络曲线的绘制

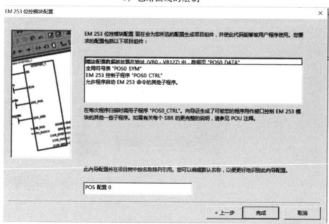

c）完成设置后的界面

图 5-47　其他设置（三）

　　运动包络设置是 EM253 模块中的主要功能，这一设置可以将运动曲线预先定义好，避免突然加速和减速造成的系统惯量冲击，也可以提高系统的运行效率。绘制包络可以定制 4 步，每一步能够设定起始速度、加速时间、最高速度和位移量，设置后单击"新包络"即可完成绘制，完成包络后，EM253 模块的配置结束，绘制的包络如图 5-47b、c 所示。

　　如图 5-47c 完成 EM253 模块的伺服配置后，进行控制电动机实验。首先，我们发现在主程序中出现了多个子程序，调用其中一个后，界面如图 5-48 所示。

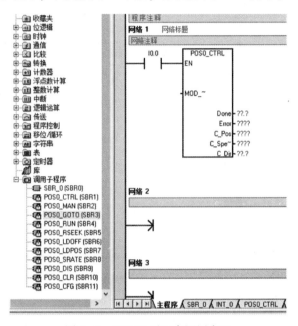

图 5-48　EM253 子程序调用窗口

　　对于一个子程序的调用，需要制定使能端 EN 的触点，工作模式 MOD，是否空闲 Done、Error、C_Pos、C_Speed、C_Dir 多个端口对应的输入端和输出端，如图 5-49 所示。

	符号	变量类型	数据类型	注释
	EN	IN	BOOL	
L0.0	MOD_EN	IN	BOOL	使能模块。1=可以发送命令；0=取消任何正在执行的命令
		IN		
		IN_OUT		
L0.1	Done	OUT	BOOL	当 EM 253 空闲时接通
LB1	Error	OUT	BYTE	包含对模块最新请求的结果
LD2	C_Pos	OUT	REAL	当前位置
LD6	C_Speed	OUT	REAL	当前速度
L10.0	C_Dir	OUT	BOOL	当前方向
		OUT		
		TEMP		

图 5-49　EM253 的配置表—子程序 POS0_CTRL

　　在 EM253 模块完成配置后存在多个子程序，用于定位模板 EM253 的功能子程序，在程序存储空间上最多可以达到 1700 个字节。为了减少不必要程序占用存储空间，用户可以删除没有使用到的功能子程序。如果需要恢复用户所删除的功能子程序，只需要简单地再次运行向导配置工具。各个子程序功能见表 5-15。

表 5-15　各个子程序功能

序　号	名　称	功　　能
1	POSx_CTRL	自动装载模板已经配置的运动控制参数和轨迹,使能、初始化定位模板 EM 253
2	POSx_MAN	可以将定位模板 EM 253 的工作模式置为"手动操作模式"
3	POSx_GOTO	可以使机械设备按照"GOTO"命令给出的速度值、位置值,以指定的操作模式运动到相应的机械设备坐标系位置动
4	POSx_RUN	可以使电动机按照预先定义好的运动轨迹包络,移动到指定的机械位置
5	POSx_RSEEK	设定机械设备坐标系的参考原点位置
6	POSx_LDOFF	设定机械设备坐标系参考原点位置的偏置数值
7	POSx_LDPOS	使定位模板 EM253 改变当前的机械坐标位置值为输入参数值"New_Pos"
8	POSx_SRATE	使定位模板 EM253 改变配置参数"加速度时间、减速度时间、轨迹拐点时间"
9	POSx_DIS	使定位模板 EM253 在 DIS 输出端子上高电平输出
10	POSx_CLR	使定位模板 EM253 在 CLR 输出端子上产生一个 500ms 的脉冲
11	POSx_CFG	重新装载最新的定位模板 EM253 配置参数和预定义运动轨迹包络

通过调用子程序,完成伺服电动机的配置,实现伺服输出位置控制以及其他操作,以下是采用 EM253 控制伺服电动机的操作梯形图示例。

1. 初始化与恢复控制

该子程序如图 5-50 所示,主要完成伺服使能,给出 SM0.0 触点作为始终使能的触发端,再使用 I0.4、M0.0、I0.0 三个触点的逻辑组合作为临时中断的单元,当这三个触点的并联网络一旦接通,伺服将停止工作。该子程序还说明了伺服电动机工作状态给予的存储位置,例如结束时 M10.0 就会置 1,VD510 存储位置信息,LD9 存储速度信息,M10.1 存储方向信息,而错误信号存储在 LB0 中。

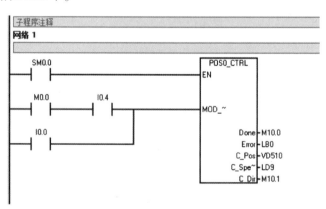

图 5-50　伺服初始化与使能子程序

2. 装载新位置子程序 POS0_LDPOS

该子程序如图 5-51 所示,主要完成给运动中的伺服电动机一个新零点的方法,同样,这个模块也有使能端,需要给予 START 一个位置信息后,子程序才能够启动。New_Pos 代表的是给出的新位置,这个新位置可以作为新的零位,之后的坐标移动都以这个位置为基准进行。

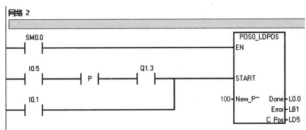

a) 装载新零点位置子程序

	符号	变量类型	数据类型	注释
	EN	IN	BOOL	
L0.0	START	IN	BOOL	如果 EM 253 不忙，向其发送命令
LD1	New_Pos	IN	DINT	希望装入 EM 253 的当前位置参数的数值
		IN		
		IN_OUT		
L5.0	Done	OUT	BOOL	当 EM 253 完成命令时为 '1'
LB6	Error	OUT	BYTE	来自 EM 253 模块的错误状态
LD7	C_Pos	OUT	DINT	当前位置
		OUT		
		TEMP		

b) 装载新位置子程序的变量说明

图 5-51　装载新位置子程序

3. POS_GOTO 子程序

该子程序是常见的一个子程序，用于伺服控制中向某个方向运动，如图 5-52 所示，这里面 Mode 参数非常关键，决定移动的方式。目标位置 POS 和速度也是两个重要的参数。

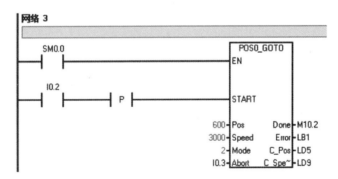

a) 伺服控制中移动到指定位置的子程序

	符号	变量类型	数据类型	注释
	EN	IN	BOOL	
L0.0	START	IN	BOOL	如果 EM 253 不忙，向其发送命令
LD1	Pos	IN	DINT	运动的目标位置
LD5	Speed	IN	DINT	运动的目标速度
LB9	Mode	IN	BYTE	移动类型。0 = 绝对；1 = 相对；2 = 正向；3 = 负向
L10.0	Abort	IN	BOOL	取消命令
		IN		
		IN_OUT		
L10.1	Done	OUT	BOOL	当 EM 253 完成命令时为 '1'
LB11	Error	OUT	BYTE	来自 EM 253 模块的错误状态
LD12	C_Pos	OUT	DINT	当前位置
LD16	C_Speed	OUT	DINT	当前速度
		OUT		
		TEMP		

b) 运行到指定位置子程序的参数列表

图 5-52　运行到指定位置的子程序

以上是几个基本的子程序，EM253 还有很多子程序可以使用，我们需要根据实际的应用环境条件进行改进与测试。伺服电动机与步进电动机在脉冲输出上是一致的，但是伺服电动机的参数较多，包括伺服零点、伺服就绪等，在使用中需要认真研究伺服系统的说明书，完成设计与制作。

习　题

1. 根据课程，编写出通过电动机带动编码器，实现固定位置定位运动的程序。
2. 阅读伺服电动机说明，完成使用 Q0.0 和 Q0.1 同时控制两路伺服电动机。
3. 根据西门子 S7-200 用户手册，编写使用 EM253 控制伺服电动机的程序，完成配置。

单元 6 S7-200 PLC 的指令及基本电路编程

本单元系统介绍 S7-200 PLC 的各种指令及基本电路的编程方法，便于指令的学习和设计 PLC 控制系统时的使用。

6.1 基本指令

6.1.1 标准触点指令和输出指令

1. 标准触点指令

动合触点对应的存储器地址位为 1 状态时，该触点闭合。在语句表中，分别用 LD（Load，装载）、A（And，与）和 O（Or，或）指令来表示开始、串联和并联的动合触点。

动断触点对应的存储器地址位为 0 状态时，该触点闭合。在语句表中，分别用 LDN（Load Not）、AN（And Not）和 ON（Or Not）来表示开始、串联和并联的动断触点（见表 6-1）。图 6-1 是标准触点指令梯形图表示方法，触点符号中间的"/"表示动断，触点指令中变量的数据类型为 BOOL 型。

表 6-1 标准触点指令（语句表）

语 句 表	功 能
LD bit	装载电路开始的动合触点
A bit	与串联的动合触点
O bit	或并联的动合触点
LDN bit	装载电路开始的动断触点
AN bit	与串联的动断触点
ON bit	或并联的动断触点

a) 标准动合触点　　b) 标准动断触点

图 6-1 标准触点指令（梯形图）

2. 堆栈

S7-200 PLC 有 1 个 9 位的堆栈，栈顶用来存储逻辑运算的结果，下面的 8 位用来存储中间运算结果。堆栈中的数据一般按"先进后出"的原则存取。

执行 LD 指令时，将指令指定的位地址中的二进制数据装载入栈顶。执行 A（与）指令时，将指令指定的位地址中的二进制数和栈顶中的二进制数相"与"，结果存入栈顶。执行 O（或）指令时，将指令指定的位地址中的二进制数和栈顶中的二进制数相"或"，结果存入栈顶。

执行动断触点对应的 LDN、AN 和 ON 指令时，取出指令指定的位地址中的二进制数据后，将它取反（0 变为 1，1 变为 0），然后再做对应的"装载""与""或"操作。

3. 输出指令

当执行输出指令时，"能流"到则线圈被激励，并将输出位的新数值（前面各逻辑运算的结果，栈顶值）写入输出映像寄存器，并将其输出，动合触点闭合，动断触点断开。输出指令执行前后堆栈各级栈值不变。图6-2是触点与输出指令的举例。

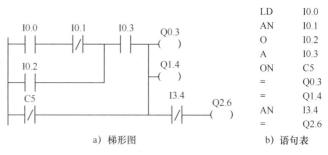

a）梯形图   b）语句表

图6-2 标准触点指令与输出指令举例

6.1.2 逻辑块指令

1. 串联电路块的并联指令

串联电路块的并联指令是指串联电路块之间又构成了"或"的逻辑关系，指令在执行时，先算出各个串联支路（"与"逻辑）的结果，然后再把这些结果进行"或"逻辑运算。语句表表示为：OLD（Or Load）。

OLD指令用逻辑"或"操作对堆栈第1层和第2层的数据（串联支路的结果）相"或"，即将两个串联电路块并联，并将运算结果存入堆栈的顶部。第3~9层中的数据依次向上移动一位。

2. 并联电路块的串联指令

并联电路块的串联指令是指并联电路块之间又构成了"与"的逻辑关系，指令在执行时，先算出各个并联电路块（"或"逻辑）的结果，然后再把这些结果进行"与"逻辑运算。语句表表示为：ALD（And Load）。

OLD与ALD指令的应用举例如图6-3所示。ALD与OLD指令的堆栈操作如图6-4所示，图中 x 表示不确定的值，$S0 = \overline{I1.4} \cdot I0.3$，$S1 = I3.2 \cdot \overline{T16}$，$S2 = \overline{C24 \cdot I1.2}$。

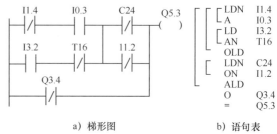

a）梯形图   b）语句表

图6-3 ALD与OLD指令举例

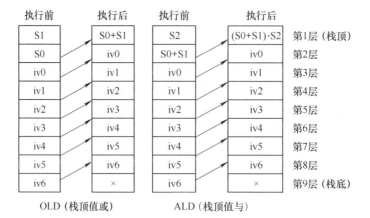

图6-4 ALD与OLD指令的堆栈操作

6.1.3　正负跳变指令

正跳变触点检测到一次正跳变（触点的输入信号由 0 变为 1）时，或负跳变触点检测到一次负跳变（触点的输入信号由 1 变为 0）时，触点接通一个扫描周期。正/负跳变指令的助记符分别为 EU（Edge Up "上升沿"）和 ED（Edge Down "下降沿"），它们没有操作数。梯形图中触点符号中间的 "P" 和 "N" 分别表示正跳变（Positive）和负跳变（Negative）。正负跳变指令举例如图 6-5 所示。

图 6-5　正负跳变指令举例

6.1.4　置位与复位

执行置位或复位（N）指令时，把从指定的位地址开始的 N 个点都被置位（变为 1）或复位（变为 0），置位或复位的点数 N 可以是 1 ~255。置位指令为 S（Set），复位指令为 R（Reset）。置位或复位指令如图 6-6 所示，实例中 N 取 1。

只要 I0.0 闭合为 1 时，Q0.1 就能执行置位，置位后即使 I0.0 断开为 0，仍保持置位；只要 I0.1 闭合为 1 时，Q0.1 就能执行复位，复位后即使 I0.1 断开为 0，仍保持复位。

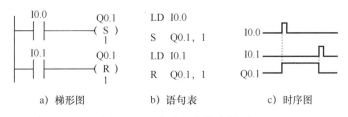

图 6-6　置位或复位指令举例

6.1.5　比较指令

比较指令为上、下限控制提供了方便。比较指令实际上是比较触点，比较指令编程如图 6-7 所示。

梯形图中，如果 "能流" 通，则执行比较指令，该指令是将两个操作数（IN1、IN2）按指定的比较关系做比较，比较关系成立则比较触点闭合。

比较关系有 6 种：IN1 = IN2、IN1 ≥ IN2、IN1 ≤ IN2、IN1 > IN2、IN1 < IN2、IN1 <> IN2、其中 "<>" 表示不等于。

比较指令的两个操作数（IN1、IN2）的数据类型整数型可以是字节型（BYTE）、有符号整数型（INT）、有符号双字整数型（DINT）、实数型（REAL）。按操作数的数据类型，比较指令可分为字节比较、整数比较、双字整数比较、实数比较指令。其中字节比较是无符号的，其余的比较指令均为有符号的。各类比较指令见表 6-2。

表 6-2　比较指令

	字 节 比 较	整 数 比 较	双字整数比较	实 数 比 较
梯形图	IN1 ┤=B├ IN2	IN1 ┤=I├ IN2	IN1 ┤=D├ IN2	IN1 ┤=R├ IN2
语句表	LDB= IN1,IN2 AB= IN1,IN2 OB= IN1,IN2 LDB<> IN1,IN2 AB<> IN1,IN2 OB<> IN1,IN2 LDB< IN1,IN2 AB< IN1,IN2 OB< IN1,IN2 LDB<= IN1,IN2 AB<= IN1,IN2 OB<= IN1,IN2 LDB> IN1,IN2 AB> IN1,IN2 OB> IN1,IN2 LDB>= IN1,IN2 AB>= IN1,IN2 OB>= IN1,IN2	LDW= IN1,IN2 AW= IN1,IN2 OW= IN1,IN2 LDW<> IN1,IN2 AW<> IN1,IN2 OW<> IN1,IN2 LDW< IN1,IN2 AW< IN1,IN2 OW< IN1,IN2 LDW<= IN1,IN2 AW<= IN1,IN2 OW<= IN1,IN2 LDW> IN1,IN2 AW> IN1,IN2 OW> IN1,IN2 LDW>= IN1,IN2 AW>= IN1,IN2 OW>= IN1,IN2	LDD= IN1,IN2 AD= IN1,IN2 OD= IN1,IN2 LDD<> IN1,IN2 AD<> IN1,IN2 OD<> IN1,IN2 LDD< IN1,IN2 AD< IN1,IN2 OD< IN1,IN2 LDD<= IN1,IN2 AD<= IN1,IN2 OD<= IN1,IN2 LDD> IN1,IN2 AD> IN1,IN2 OD> IN1,IN2 LDD>= IN1,IN2 AD>= IN1,IN2 OD>= IN1,IN2	LDR= IN1,IN2 AR= IN1,IN2 OR= IN1,IN2 LDR<> IN1,IN2 AR<> IN1,IN2 OR<> IN1,IN2 LDR< IN1,IN2 AR< IN1,IN2 OR< IN1,IN2 LDR<= IN1,IN2 AR<= IN1,IN2 OR<= IN1,IN2 LDR> IN1,IN2 AR> IN1,IN2 OR> IN1,IN2 LDR>= IN1,IN2 AR>= IN1,IN2 OR>= IN1,IN2

6.1.6　传送指令

1. 数据传送指令

数据传送指令把输入（IN）指定的数据传送到输出（OUT），传送过程中数据值保持不变。数据传送指令按操作数的数据类型可分为字节传送（MOVB）、字传送（MOVW）、双字传送（MOVD）、实数传送（MOVR）指令，如图6-8所示。EN为使能输入，ENO为使能输出。

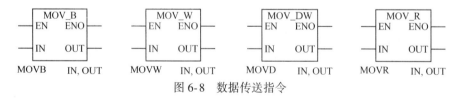

图 6-8　数据传送指令

2. 数据块传送指令

数据块传送指令把从输入（IN）指定地址的 N 个连续字节、字、双字的内容传送到从输出（OUT）指定地址开始的 N 个连续字节、字、双字的存储单元中。传送过程中源存储单元的内容不变。N 的数据范围为 1~255。数据块传送指令按操作数的数据类型可分为字节块传送（BMB）、字块传送（BMW）、双字块传送（BMD）指令，如图6-9所示。

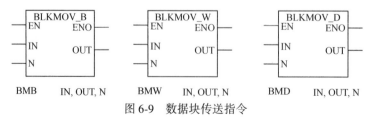

图 6-9　数据块传送指令

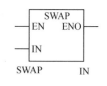

3. 交换字节指令

交换字节（SWAP）指令，把输入（IN）指定字的高字节内容与低字节内容互相交换。交换结果仍存放在输入（IN）指定的地址中。交换字节指令如图6-10所示。操作数的数据类型为无符号整数型（WORD）。

图6-10　交换字节指令

6.1.7　取反指令

取反（NOT）触点将它左边电路的逻辑运算结果取反，运算结果若为1则变为0，为0则变为1，该指令没有操作数。取反指令如图6-11所示。

a）梯形图　b）指令表　c）时序图

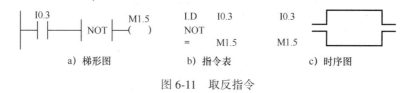

图6-11　取反指令

6.1.8　立即I/O指令

根据CPU的扫描规则，程序执行过程中梯形图各输入继电器、输出继电器触点的状态取自于I/O映像寄存器。为了加快输入输出响应速度，S7-200 PLC还可采用直接处理方式，引入立即I/O指令，立即I/O指令包括立即触点指令、立即输出指令和立即置位或立即复位指令、传送字节立即读、写指令。

1. 立即触点指令

执行立即触点指令时，直接读取物理输入点的值，输入映像寄存器内容不更新。指令操作数仅限于输入物理点的值。当输入物理点的触点闭合时，相应的动合立即触点的位（bit）值为1；动断立即触点的位（bit）值为0。

梯形图中，动合和动断指令用立即触点表示。触点中的“I”表示立即之意，如图6-12所示。

语句表中，动合立即触点编程由LDI、AI和OI指令描述，动断立即触点编程由LDNI、ANI和ONI指令描述。指令中的“I”表示立即之意。

a）梯形图　b）指令表

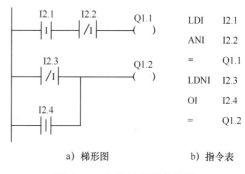

图6-12　立即触点指令举例

2. 立即输出指令

当执行立即输出指令（=I）时，由操作数地址指定的物理输出点的位值等于指令前的逻辑值，栈顶值被同时立即复制到物理输出点和相应的输出映像寄存器，而不受扫描过程的影响。指令操作数只限于输出（Q）。立即输出指令编程如图6-13所示。

3. 立即置位或立即复位指令

当执行立即置位或立即复位指令时，从指令操作数指定的地址开始的N个物理输出点将被立即置位或立即复位且保持。立即置位或立即复位的点数N可以是1～128。图6-14所示是立即置位、复位指令的应用例子。

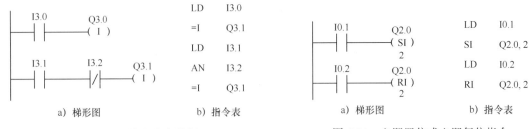

图 6-13　立即输出指令举例　　　　图 6-14　立即置位或立即复位指令

4. 传送字节立即读、写指令

传送字节立即读（BIR）指令，读取输入（IN）指定字节地址的物理输入点（IB）的值，并写入输出（OUT）指定字节地址的存储单元中。

传送字节立即写（BIW）指令，将从输入（IN）指定字节地址的内容写入输出（OUT）指定字节地址的物理输出点（QB）。

传送字节立即读、写指令如图 6-15 所示。传送字节立即读、写指令操作数的数据类型为字节型（BYTE）。

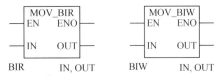

图 6-15　传送字节立即读、写指令

6.1.9　逻辑堆栈指令

逻辑堆栈指令用于语句表编程，使用梯形图、功能块图编程时，梯形图、功能块图编辑器会自动插入相关的指令处理堆栈操作。对复杂的逻辑关系进行编程时，要用到逻辑堆栈指令。

1. 栈装载与

栈装载与指令（ALD）对堆栈中第一层和第二层的值进行逻辑与操作。结果放入栈顶。执行完栈装载与指令之后，栈深度减 1。

2. 栈装载或

栈装载或指令（OLD）对堆栈中第一层和第二层的值进行逻辑或操作。结果放入栈顶。执行完栈装载或指令之后，栈深度减 1。

3. 逻辑入栈（LPS）指令

执行 LPS（Logic Push）逻辑入栈指令，复制栈顶的值并将这个值推入栈顶，原堆栈中各级栈值依次下压一级，栈底值丢失。

4. 逻辑读栈（LRD）指令

执行 LRD（Logic Read）指令，把堆栈中第二级的值复制到栈顶。堆栈没有入栈或出栈操作，但原栈顶值被新的复制值取代。

5. 逻辑出栈（LPP）指令

执行 LPP（Logic POP）指令，将栈顶的值弹出，原堆栈各级栈值依次上弹一级，堆栈第二级的值成为新的栈顶值。

合理运用 LPS、LRD、LPP 指令可达到简化程序的目的。但应注意，LPS 与 LPP 必须配对使用。

6. 装载堆栈

装载堆栈（LDS n，Load stack，n = 1~8）指令复制堆栈内第 n 层的值到栈顶，栈中原来的数据依次向下一层推移，栈底值被推出丢失。

　　逻辑堆栈指令功能图解如图 6-16 所示，"x"表示不确定。逻辑堆栈指令编程举例如图 6-17所示。

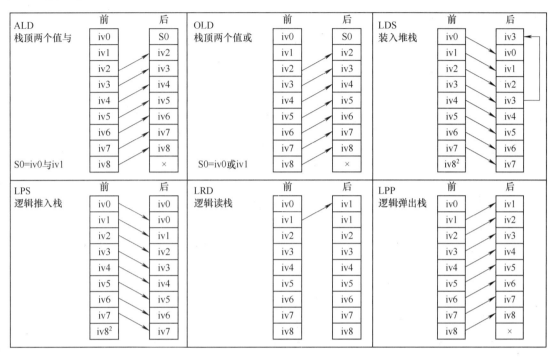

图 6-16　逻辑堆栈指令功能图解

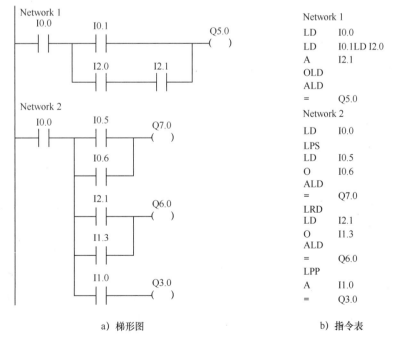

Network 1

```
LD    I0.0
LD    I0.1LD I2.0
A     I2.1
OLD
ALD
=     Q5.0
```

Network 2

```
LD    I0.0
LPS
LD    I0.5
O     I0.6
ALD
=     Q7.0
LRD
LD    I2.1
O     I1.3
ALD
=     Q6.0
LPP
A     I1.0
=     Q3.0
```

a) 梯形图　　　　　　　　　b) 指令表

图 6-17　逻辑堆栈指令编程举例

6.2　定时器和计数器指令

6.2.1　定时器指令

S7-200 PLC 的定时器类型有三种：接通延时定时器（TON）、有记忆接通延时定时器（TONR）、断开延时定时器（TOF）。

定时器分辨率（时基）有三种：1ms、10ms、100ms。定时器的分辨率由定时器号决定，使用不同的定时器号，可以得到不同的定时器时间，见表 6-3。

表 6-3　定时器号和分辨率

定时器类型	分　辨　率	最　大　值	定时器号码
TONR	1ms	32.767s	T0,T64
	10ms	327.67s	T1~T4,T65~T68
	100ms	3276.7s	T5~T31,T69~T95
TON、TOF	1ms	32.767s	T32,T96
	10ms	327.67s	T33~T36,T97~T100
	100ms	3276.7s	T37~T63,T101~T255

定时器总数有 256 个，定时器号范围为 T0~T255。每个定时器有如下两个相关变量：

1）当前值：定时器累计时间的当前值（16 位有符号整数），它存放在定时器的 16 位当前值寄存器中。

2）定时器位：当定时器当前值等于或大于设定值时，该定时器位被置为"1"。

1. 接通延时定时器（TON）

允许输入端（IN）接通时，接通延时定时器开始计时，当定时器的当前值等于或大于设定值（PT）时，该定时器位被置位为"1"。定时器累计值达到设定时间后，TON 继续计时，一直计到最大值 32767。

允许输入端（IN）断开时，定时器 TON 复位，即当前值为"0"，定时器位为"0"。定时器的实际设定时间 T = 设定值（PT）×分辨率，设定值（PT）的数据类型是有符号整数（INT）。接通延时定时器 TON 是模拟通电延时型物理时间继电器功能。图 6-18 为接通延时定时器（TON）指令编程举例。

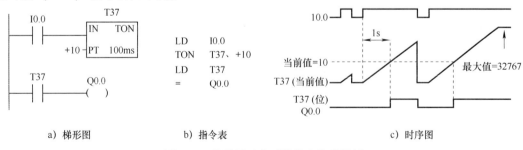

a）梯形图　　　　　b）指令表　　　　　c）时序图

图 6-18　接通延时定时器指令编程举例

为了确保在每一次定时器达到预设值时，自复位定时器的输出都能接通一个程序扫描周期，用一个动断触点来代替定时器位作为定时器的使能输入。自复位接通延迟定时器如图 6-19 所示。定时器 T33 的动合触点每隔（10ms×100＝）1s 就闭合一次，且持续一个扫描周期。可以利用这种特性产生脉宽为一个扫描周期的脉冲信号。改变定时器的设定值，就可改变脉冲信号的频率。T33 动合触点状态的时序图如图 6-19c 所示。M0.0 和 T33（位）脉冲过快，以致在状态视图中无法监视。通过比较指令使 Q0.0 为真的时间较长，可以在状态表中监视 Q0.0 的占空比为 40%。

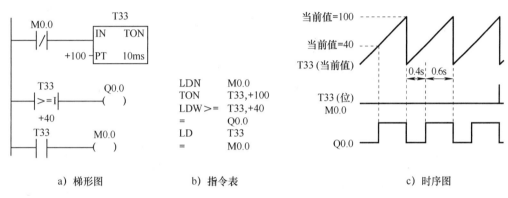

a) 梯形图　　　　　　b) 指令表　　　　　　c) 时序图

图 6-19　自复位接通延迟定时器

2. 断开延时定时器（TOF）

断开延时定时器（TOF）是模拟断电延时型物理时间继电器功能。

允许输入端（IN）接通时，定时器位立即为 1，并把当前值设为 0。

允许输入端（IN）断开时，定时器开始计时，当断开延时定时器（TOF）的计时当前值等于设定时间时，定时器位断开为 0，并且停止计时。TOF 指令必须用负跳变（由 on 到 off）的输入信号启动计时。

在第一个扫描周期，TON 和 TOF 被自动复位，定时器位 OFF，当前值为 0。断开延时定时器可用于设备停机后的延时，例如大型变频电动机的冷却风扇延时。断开延时定时器（TOF）指令编程举例如图 6-20 所示。

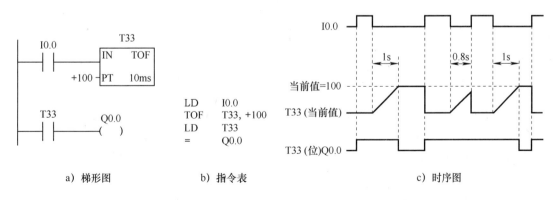

a) 梯形图　　　　　　b) 指令表　　　　　　c) 时序图

图 6-20　断开延时定时器指令编程举例

3. 保持型接通延时定时器（TONR）

允许输入端（IN）接通时，接通保持型接通延时定时器（TONR），并开始计时，当定时器（TONR）的当前值等于或大于设定值时，该定时器位被置位为 1。定时器（TONR）累计值达到设定值后，定时器（TONR）继续计时，一直计到最大值 32767。

允许输入端（IN）断开时，定时器（TONR）的当前值保持不变，定时器位不变。

允许输入端（IN）再次接通，定时器当前值从原保持值开始再往上累计时间，继续计时。可以用定时器（TONR）累计多次输入信号的接通时间。

在第一个扫描周期，定时器位为 OFF。可以在系统块中设置 TONR 的当前值有断电保持功能。保持型接通延时定时器（TONR）只能通过复位指令进行复位操作。

保持型接通延时定时器（TONR）指令编程举例如图 6-21 所示。

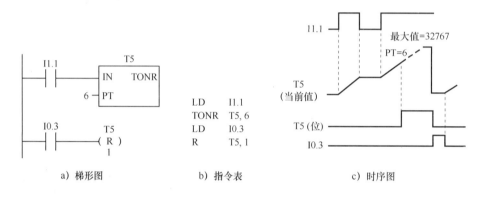

a) 梯形图　　　　b) 指令表　　　　c) 时序图

图 6-21　保持型接通延时定时器指令编程举例

4. 定时器刷新周期

不同分辨率的定时器它们当前值的刷新周期是不同的，具体情况如下：

（1）1ms 分辨率定时器　1ms 分辨率定时器启动后，定时器对 1ms 的时间间隔（即时基信号）进行计时。每隔 1ms 对定时器位和定时器当前值刷新一次，在一个扫描周期中要刷新多次，而不和扫描周期同步。

因为可能在 1ms 内的任意时刻启动定时器，设定值必须比最小要求的定时间隔大一个时间基准。例如对 1ms 定时器，为了保证时间间隔至少为 56ms，设定值应为 57。10ms、100ms 定时器也有类似的问题，可用相同的原则处理，即设定值等于要求的最小时间间隔对应的值加 1。

1ms 定时器的编程举例如图 6-22 所示。在图 6-22a 中，T32 定时器 1ms 更新 1 次。当计时当前值 100 在图示 A 处刷新，Q0.0 可以接通一个扫描周期，若在其他位置刷新，Q0.0 则永远不会接通。而在 A 点刷新的概率是很小的，若改为图 6-22b，就可保证当定时器当前值到达设定值时，Q0.0 会接通一个扫描周期。

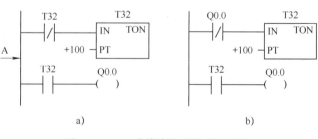

a)　　　　　　　b)

图 6-22　1ms 分辨率定时器编程举例

（2）10ms 分辨率定时器　10ms 分辨率定时器启动后，定时器对 10ms 时间间隔进行计时。程序执行时，在每次扫描周期的开始对 10ms 定时器刷新，将一个扫描周期内增加的 10ms 时间间隔的个数加到当前值。在一个扫描周期内定时器位和定时器当前值保持不变。10ms 分辨率定时器也应使用图 6-22b 的模式。

（3）100ms 分辨率定时器　100ms 分辨率定时器启动后，定时器对 100ms 时间间隔进行计时。只有在定时器指令执行时，100ms 定时器的当前值才被刷新。因此，如果启动了 100ms 定时器但是没有在每一扫描周期执行定时器指令，将会丢失时间。

在子程序和中断程序中不宜用 100ms 的定时器。子程序和中断程序不是每个扫描周期都执行的，那么在子程序和中断程序中的 100ms 定时器的当前值就不能及时刷新，会造成时基脉冲丢失，致使计时失准。在主程序中，不能重复使用同一个定时器号，否则该定时器指令在一个扫描周期中多次被执行，定时器的当前值在一个扫描周期中被多次刷新。这样，该定时器就会多计了时基脉冲，同样造成计时失准。因此 100ms 定时器只能用于每个扫描周期内同一定时器指令执行一次，且仅执行一次的场合。100ms 定时器的编程举例如图 6-23 所示。

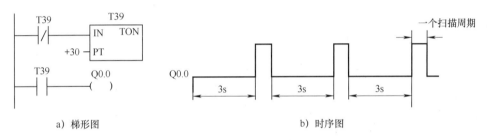

a）梯形图　　　　　　　　b）时序图

图 6-23　100ms 分辨率定时器编程举例

6.2.2　计数器指令

定时器是对 PLC 内部的时钟脉冲进行计数，而计数器是对外部的或由程序产生的计数脉冲进行计数。计数器是累计其计数输入端的计数脉冲上升沿的次数。S7-200 PLC 有三种类型的计数器：增计数、减计数、增/减计数器。计数器总数有 256 个，计数器号范围为 C（0~255）。计数器标号既可以用来表示当前值，又可以用来表示计数器位。由于每一个计数器只有一个当前值，所以不要多次定义同一个计数器。

计数器有两个相关变量：

当前值：计数器累计计数的当前值（16 位有符号整数），它存放在计数器的 16 位当前值寄存器中。

计数器位：当计数器的当前值等于或大于设定值时，计数器位置为"1"。

1. 增计数器指令（CTU）

当增计数器的计数输入端（CU）有一个计数脉冲的上升沿信号时，增计数器被启动，计数值加 1，计数器做递增计数，直至计数到最大值 32767 时，才停止计数。

当计数器当前值等于或大于设定值（PV）时，该计数器位被置位。复位输入端（R）有效时，计数器被复位，计数器位为 0，并且当前值被清零。也可用复位指令（R）复位计数器。设定值（PV）的数据类型为有符号整数（INT）。增计数器指令编程举例如图 6-24 所示。

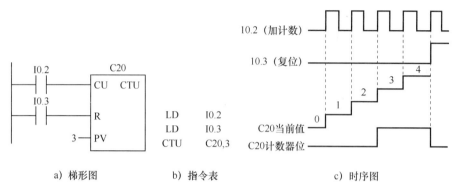

图 6-24 增计数器指令编程举例

2. 增/减计数器指令（CTUD）

当增/减计数器的计数输入端（CU）有一个计数脉冲的上升沿信号时，计数器做递增计数；当增/减计数器的另一个计数输入端（CD）有一个计数脉冲的上升沿信号时，计数器做递减计数。当计数器当前值等于或大于设定值（PV）时，该计数器位被置位；当复位输入端（R）有效时，计数器被复位。

计数器在达到计数最大值 32767 后，下一个 CU 输入端上升沿将使计数值变为最小值（-32768），同样在达到最小计数值（-32768）后，下一个 CD 输入端上升沿将使计数值变为最大值（32767）。当用复位指令（R）复位计数器时，计数器位被复位，并且当前值清零。

增/减计数器指令编程举例如图 6-25 所示。

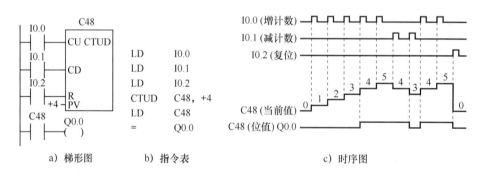

图 6-25 增/减计数器指令编程举例

3. 减计数器指令（CTD）

当装载输入端（LD）有效时，计数器复位并把设定值（PV）装入当前值寄存器（CV）中。当减计数器的计数输入端（CD）有一个计数脉冲的上升沿信号时，计数器从设定位开始做递减计效，直至计数器当前值等于 0 时，停止计数，同时计数器位被置位。减计数器指令（CTD）无复位端，它是在装载输入端（LD）接通时，使计数器复位并把设定值装入当前值寄存器中。

减计数器指令编程举例如图 6-26 所示。

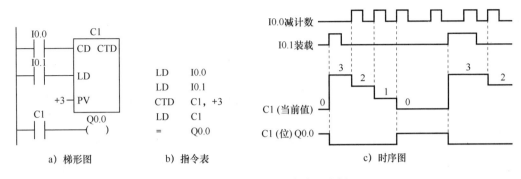

a) 梯形图　　　　b) 指令表　　　　　　　　c) 时序图

图 6-26　减计数器指令编程举例

6.3　程序控制指令

6.3.1　空操作指令

空操作指令（NOP N）不做任何的逻辑操作，用于在程序中留出一个位置，以便调试程序时插入指令，还可以用于微调扫描时间，操作数 N＝0 ~255。空操作指令的梯形图和语句表表示如图 6-27 所示。

图 6-27　空操作指令

6.3.2　结束指令

结束指令分为有条件结束指令和无条件结束指令，各自的梯形图和语句表表示如图 6-28 所示。

有条件结束指令（END），执行条件成立时结束主程序，返回主程序起点。条件结束指令用在无条件结束指令（MEND）之前。用户程序必须以无条件结束指令结束主程序。S7-200 PLC 的 STEP 7-Micro/WIN32 编程软件在主程序结束时自动加上一个无条件结束（MEND）指令。条件结束指令不能在子程序或中断程序内使用。

——(END)　　　——(MEND)
　　　END　　　　　　　MEND
a) 有条件结束指令　　　b) 无条件结束指令
图 6-28　结束指令

6.3.3　跳转与标号指令

JMP 线圈导通（栈顶的值为 1）时，跳转指令（JMP）可使程序指针转到同一程序中的具体标号（n）处。标号指令（LBL），标记跳转目的地的位置（n）。指令操作数 n 为常数（0 ~255）。跳转指令和标号指令必须配合使用，而且只能使用在同一程序块中，如主程序、同一个子程序或同一个中断程序，不能在不同的程序块间互相跳转，如图 6-29 所示。

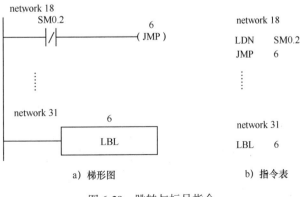

a) 梯形图　　　　　　b) 指令表

图 6-29　跳转与标号指令

6.3.4 FOR/NEXT 循环指令

循环开始指令（FOR）标记循环体的开始；循环结束指令（NEXT）标记循环的结束，并置栈顶值为"1"。FOR 与 NEXT 之间的程序部分为循环体。必须为 FOR 指令设定当前循环次数的计数器（INDX）、初值（INIT）和终值（FINAL）。每执行一次循环体，当前计数值增加 1，并将其值同终值做比较，如果大于终值，那么终止循环。例如，给定初值（INIT）为 1，终值（FINAL）为 10，那么随着当前计数值（INDX）从 1 增加到 10，FOR 与 NEXT 之间的指令被执行 10 次。

FOR 指令必须与 NEXT 指令成对配套使用。允许输入端（EN）有效时，执行循环体直到循环结束。在 FOR/NEXT 循环执行的过程中可以修改终值。当允许输入端重新有效时，指令自动将各参数复位（初值 INIT 和终值 FINAL，并将初值复制到计数器 INDX 中）。允许循环嵌套，嵌套深度可达 8 层。

FOR/NEXT 指令的寻址范围见表 6-4。循环指令嵌套编程举例如图 6-30 所示。

表 6-4　FOR/NEXT 指令的寻址范围

输入/输出	数据类型	寻址范围
INDX	INT	IW、QW、VW、MW、SMW、SW、T、C、LW、AIW、AC、*VD、*LD、*AC
INIT、FINAL	INT	VW、IW、QW、MW、SMW、SW、T、C、LW、AC、AIW、*VD、*AC、常数

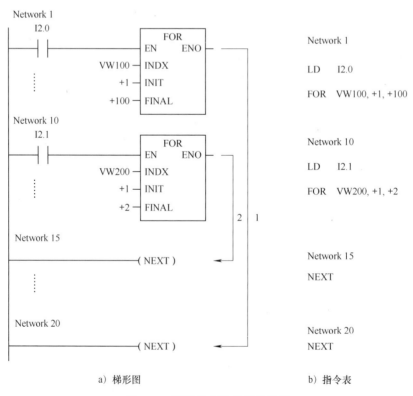

a）梯形图　　　　　　　　　　b）指令表

图 6-30　循环指令嵌套编程举例

6.3.5　子程序调用指令、子程序返回指令

1. 子程序的意义

子程序常用于需要多次反复执行相同任务的地方，只需要写一次子程序，别的程序在需要子程序的时候调用它，而无需重写该程序。子程序的调用是有条件的，未调用它时不会执行子程序中的指令，因此使用子程序可以减少扫描时间。

使用子程序可以将程序分成容易管理的小块，使程序结构简单清晰，易于查错和维护。如果子程序中只引用参数和局部变量，可以将子程序移植到其他项目。为了移植子程序，应在子程序中尽量使用 L 存储器中的局部变量，避免使用全局符号和变量，如 I、O、M、SM、AI、AQ、V、T、C、S、AC 等存储器中的绝对地址。

2. 子程序的创建

STEP 7-Micro/WIN 在打开程序编辑器时，默认提供了一个空的子程序 SBR-0，可以直接在其中输入程序，用户可以新建、删除子程序，或者给子程序改名。

可采用下列方法新建子程序：在"编辑"菜单中选择"插入"→"子程序"，或者在程序编辑器视窗中单击鼠标右键，从弹出菜单中选择"插入"→"子程序"。程序编辑器将进入新建的子程序编辑界面，程序编辑器底部会出现标志新的子程序的新标签，在程序编辑器窗口中可以对新的子程序编程。

3. 子程序调用指令、子程序返回指令

子程序调用指令、子程序返回指令如图 6-31 所示。

　a) 子程序调用指令　　b) 子程序返回指令　　c) 带参数子程序调用指令

图 6-31　子程序调用指令、子程序返回指令

主程序可以用子程序调用（CALL）指令来调用一个子程序。子程序调用指令把程序控制权交给子程序（SBR_n）。子程序结束后，必须返回主程序。可以带参数或不带参数调用子程序。每个子程序必须以无条件返回指令（RET）作为结束。STEP7-Micro/WIN32 为每个子程序自动加入无条件返回指令（RET）。有条件子程序返回（CRET）指令，在允许输入端有效时，终止子程序（SBR_n）。子程序执行完毕，控制程序回到主程序中子程序调用（CALL）指令的下一条指令。

子程序被调用时，系统会保存当前的逻辑堆栈。保存后再置栈顶值为 1，堆栈的其他值为零，把控制权交给被调用的子程序。子程序执行完毕，通过返回指令自动恢复逻辑堆栈原调用点的值，把控制权交还给调用程序。主程序和子程序共用累加器，调用子程序时自动保存或恢复累加器的值，无须对累加器做存储及重装操作。

停止调用子程序后，不再执行子程序中的指令，子程序中线圈对应的编程元件保持子程序最后一次执行时的状态不变。子程序中定时器使用应注意：停止调用子程序时，

如果子程序中的定时器正在定时，100ms 定时器将停止定时，当前值保持不变，重新调用时继续定时；1ms、10ms 定时器继续定时，定时时间到，其动合触点可以在子程序之外起作用。

在中断程序、子程序中也可调用子程序，但在子程序中不能调用自己，子程序的嵌套深度为 8 层，但在中断程序中调用的子程序，不能再调用其他子程序。调用子程序并从子程序返回的举例如图 6-32 所示。

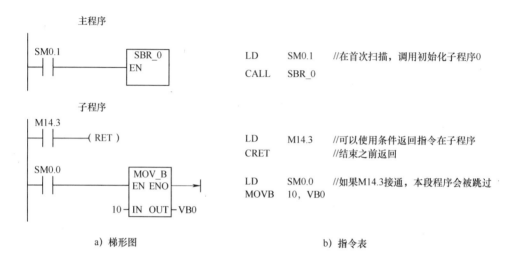

图 6-32　子程序调用指令

4. 带参数调用子程序

可带参数调用子程序指令如图 6-31 所示。参数在子程序的局部变量表中的定义如图6-33所示。参数由地址、参数名称（最多 8 个字符）、变量类型和数据类型描述。子程序最多可以传递 16 个参数。

局部变量表中的变量类型区定义的变量有：输入子程序参数（IN）、输入/输出子程序参数（IN/OUT）、输出子程序参数（OUT）、暂时变量（TEMP）4 种类型。

IN：输入子程序参数。输入子程序参数可以是直接寻址数据（如：VB10）、间接寻址数据（如：＊AC1）、常数（如：16#1234）或地址（如：&VB100）。

IN/OUT：输入/输出子程序参数。调用时，将指定参数位置的值传到子程序，返回时，从子程序得到的结果值被返回到同一地址。参数可采用直接寻址和间接寻址，但常数和地址不允许作为输入/输出参数。

OUT：输出子程序参数。将从子程序来的结果值返回到指定参数位置。输出参数可以采用直接寻址和间接寻址，但不可以是常数或地址。

TEMP：暂时变量。只能在子

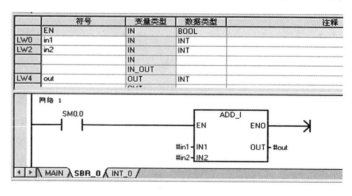

图 6-33　局部变量表和子程序

程序内部暂时存储数据。不能用来传递参数。

在带参数调用子程序指令中，参数必须按照一定顺序排列，输入参数（IN）排在最前面，其次是输入/输出参数（IN/OUT），最后是输出参数（OUT）。

局部变量表使用局部变量存储器，当在局部变量表中加入一个参数时，系统自动给该参数分配局部变量存储空间。局部变量表的最左列（图 6-33）是每个被传递参数的局部变量存储器地址。当子程序调用时，输入参数值被复制到子程序的局部变量存储器。当子程序完成时，从局部变量存储器区复制输出参数值到指定的输出参数地址。

例 6-1　编制一个带参数的子程序，完成任意两个整数的加法。

1）建立一个子程序，并在该子程序局部变量表中输入局部变量，系统会自动为局部变量分配局部存储器地址，如图 6-33 所示局部变量表最左列。

2）用局部变量表中定义的局部变量编写两个整数加法的子程序。

3）在主程序中调用该子程序，如图 6-34 所示。

在图 6-34 所示的主程序中应根据子程序局部变量表中变量的数据类型（INT）指定输入、输出变量的地址（对于整数型的变量应按字编址），输入变量也可以为常量。如图 6-34 所示，便可以实现 VW0 + VW2 = VW100 的运算。

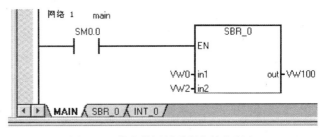

图 6-34　带参数调用子程序的主程序

例 6-2　编制电动机起动子程序并调用，控制两台电动机起停。

1）编制子程序，如图 6-35a 所示，"电机"的变量类型为 IN_OUT。

2）编制主程序，如图 6-35b 所示，两次调用子程序。

如果参数"电机"的数据类型为输出（OUT），两次调用子程序 SBR_0，因为保存参数"电机"（L0.2）的存储器是共用的，接通 I0.0 外接的小开关，Q0.0 和 Q0.1 同时变为 ON。将输出参数"电机"的变量类型改为 IN_OUT，参数"电机"返回的运算结果分别用 Q0.0 和 Q0.1 保存，因此解决了上述问题。

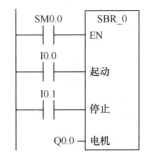

a）子程序

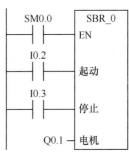

b）主程序

图 6-35　电动机起动子程序和主程序

6.3.6 暂停指令

暂停指令能够引起 CPU 工作方式从运行方式（RUN）进入停止方式（STOP），立即终止程序的执行。如果 STOP 指令在中断程序中执行，那么该中断程序立即终止，并且忽略所有挂起的中断，继续扫描主程序的剩余部分，在本次扫描的最后，完成 CPU 从 RUN 到 STOP 方式的转换。暂停指令（STOP）如图 6-36 所示。

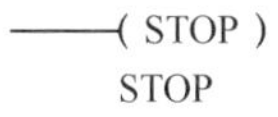

——(STOP)
STOP

图 6-36　暂停指令

6.3.7 看门狗复位指令

为了保证系统可靠运行，PLC 内部设置了系统监视定时器（WDT，Watchdog），用于监视扫描周期是否超时。每当扫描到 WDT 定时器时，WDT 定时器将复位。WDT 定时器有一设定值（100~300ms），系统正常工作时，所需扫描时间小于 WDT 的设定值，WDT 定时器及时复位。如果强烈的外部干扰使可编程序控制器偏离正常的程序执行路线，监控定时器没被复位到达定时时间，则报警并停止 CPU 运行，同时复位输出。这种故障称为 WDT 故障，以防止因系统故障或程序进入死循环而引起的扫描周期过长。

系统正常工作时，如果希望扫描时间超过 WDT 定时器的设定值，或者预计发生大量中断事件，或者使用循环指令使扫描时间过长，可能在 WDT 定时器的设定值内不能返回主程序。为防止这些情况下 WDT 动作，可将看门狗复位指令（WDR）（图 6-37）指令插入到程序中适当的地方（俗称喂狗），使 WDT 定时器复位。如果 FOR/NEXT 循环程序的执行时间可能超过 WDT 定时器的定时时间，可将 WDR 指令插入到循环程序中。条件跳转指令 JMP 若在它对应的标号之后（即程序往回跳），可能因连续反复跳步使它们之间的程序被反复执行，总的执行时间超过 WDT 定时器的定时时间。为了避免出现这样的情况，可在 JMP 指令和对应的标号之间插入 WDR 指令。

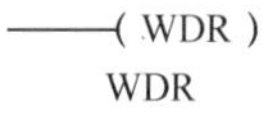

——(WDR)
WDR

图 6-37　看门狗复位指令

使用 WDR 指令后，在终止本次扫描之前，下列操作将被禁止：通信（自由端口模式除外）；I/O 更新（立即 I/O 除外）；强制更新；SM 位更新（SM0、SM5~SM29 除外）；运行时间诊断程序；中断程序中的 STOP 指令；10ms、100ms 计时器对于超过 25s 的扫描不能正确累计时间。

看门狗复位指令、暂停指令、结束指令和空操作指令的应用举例如图 6-38 所示。

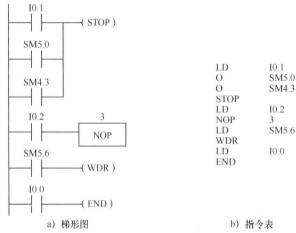

a) 梯形图　　　　　　　b) 指令表

图 6-38　看门狗复位指令、暂停指令、结束指令和空操作指令的应用举例

6.3.8　顺序控制继电器指令

所谓顺序控制，是使生产过程按工艺要求事先安排的顺序自动地进行控制。顺序功能图 SFC（Sequential Function Chart）编程语言是基于工艺流程的高级语言。顺序控制继电器（SCR）指令是依据被控对象的顺序功能图进行编程，将控制程序进行逻辑分段，从而实现顺序控制。用 SCR 指令编制的顺序控制程序清晰明了，统一性强，尤其适合初学者和不熟悉继电器控制系统的人员运用。

1. 顺序控制功能图

顺序控制功能图用约定的几何图形、有向线段、简单的文字来说明和描述 PLC 的处理过程及程序的执行步骤，是设计 PLC 顺序控制程序的有力工具。

（1）步　顺序控制设计法将系统的一个工作周期划分为若干个顺序相连的阶段（步，Step）。用编程元件（例如位存储器 M）来代表各步。步是根据输出量的状态变化来划分的，在任何一步之内，各输出量的 ON/OFF 状态不变，但是相邻两步输出量的状态是不同的。步的这种划分使代表各步的编程元件的状态与各输出量的状态之间有着简单的逻辑关系。

系统的初始状态相对应的步称之为初始步。初始状态一般是系统等待启动的相对静止的状态。每个顺序功能图都必须有一个初始步。顺序功能图中初始步用双线方框表示。

控制系统当前处在某一阶段时，该步处于活动状态，称该步为"活动步"。步处于活动状态时，相应的动作被执行，其状态元件的值为 1（ON）；处于不活动状态时，则停止执行。

（2）动作　每一步可以完成不同的动作。动作分为存储型和非存储型：如 Q0.0，Q0.1，Q0.2 均为非存储型，在对应的步为活动步时为 1，为不活动步时为 0。步与它的非存储性动作的波形相同。存储型为置位动作。

（3）有向连线　在 SFC 中，随着时间的推移和转换条件的实现，将会发生步的活动状态的进展，这种进展按有向连线规定的路线和方向进行。在画 SFC 时，将代表各步的方框按它们成为活动步的先后次序顺序排列，并用有向连线将它们连接起来。步的活动状态习惯是从上到下或从左到右，在这两个方向有向连线上的箭头可以省略。如果不是上述的方向，则应在有向连线上用箭头注明进展方向。

（4）转换和转换条件　转换用有向连线上和有向连线相垂直的短划线表示，将相邻两步分隔开。

使当前步进到下一个步的信号，称为转换条件，可以是输入信号，按钮信号；也可以是 PLC 内部信号，如时间继电器的信号、计数器的信号等。

转换条件可以是多个信号的与、或、非的组合，也可以是信号的上升沿或下降沿，分别用↑和↓表示。转换条件直接标示在表示转换的短线旁边，较多使用布尔代数表达式。

2. 顺序控制功能图结构

顺序控制功能图结构有三种基本结构：单序列、选择序列和并行序列结构如图 6-39 所示。

单序列结构的功能表图没有分支，每个步后只有一个步，步与步之间只有一个转换条件。一个转换条件不是指一个信号，它可能是多个信号的"与""或"等逻辑关系的组合。

选择序列与并行序列结构的共同点：都有分支和合并；不同点：选择序列中各选择分支不能同时执行。若已选择了转向某一分支，则不允许另外几个分支的首步成为活动步，所以各分支之间要互锁。并行序列中各分支的首步同时被激活变成活动步。用双线来表示其分支的开始和合并，以示区别。转换条件放在双线之上（或之下）。

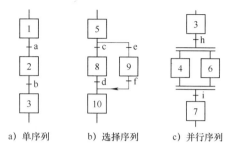

a) 单序列　　b) 选择序列　　c) 并行序列

图 6-39　顺序控制功能图结构

3. SCR 指令的功能

SCR 指令如图 6-40 所示，包括顺序控制开始指令 LSCR（Load Sequential Control Relay）、顺序控制转移指令 SCRT（Sequential Control Relay Transition）和顺序控制结束指令 SCRE（Sequential Control Relay End），从 LSCR 开始到 SCRE 结束的所有指令组成一个 SCR 程序段。一个 SCR 程序段对应顺序功能图中的一个顺序步。

a) 顺序控制开始指令　　b) 顺序控制转移指令　　c) 顺序控制结束指令

图 6-40　SCR 指令

顺序控制开始指令 LSCR Sn 标记一个顺序控制继电器（SCR）程序段的开始。LSCR 指令把 S 位（例 S0.1）的值装载到 SCR 堆栈和逻辑堆栈栈顶。SCR 堆栈的值决定该 SCR 段是否执行。当 SCR 程序段的 S 位置位时，允许该 SCR 程序段工作。顺序控制转移指令 SCRT 执行 SCR 程序段的转换，SCRT 指令有两个功能，一方面使当前激活的 SCR 程序段的 S 位复位，以使该 SCR 程序段停止工作；另一方面使下一个将要执行的 SCR 程序段 S 位置位，以便下一个 SCR 程序段工作。顺序控制结束指令 SCRE 表示一个 SCR 程序段的结束，它使程序退出一个激活的 SCR 程序段，SCR 程序段必须由 SCRE 指令结束。

4. 使用 SCR 指令注意事项

应用顺序控制继电器指令应注意的问题如下：

1）能使用顺序控制继电器位 Sn 作为段标志位。一个顺序控制继电器位在各程序块中只能使用一次。例如，如果在主程序中使用了 S2.0，就不能再在子程序、中断程序或是主程序的其他地方重复使用。

2）在一个顺序控制程序段内不能出现跳入、跳出或段内跳转等程序结构，即在段内不能使用 JMP 和 LBL 指令。

3）在一个顺序控制程序段内不允许出现循环程序结构和条件结束，即在段内不能使用 FOR、NEXT 和 END 指令。

5. SCR 指令编程举例

按下启动按钮后，小车右行，至右限位开关后暂停 3s，再左行，至左限位开关后再右行，如此循环往复。试用 SCR 指令设计其控制程序。

图 6-41 所示是小车运行顺序功能图和用 SCR 指令编写的梯形图程序。

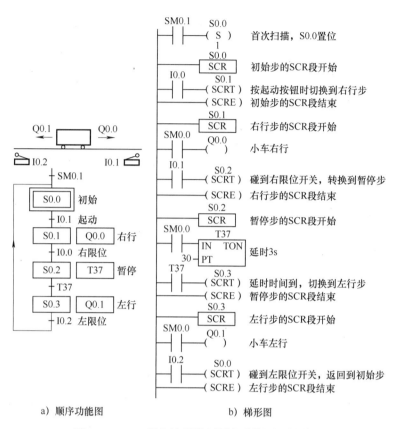

a）顺序功能图　　　　　　　　　b）梯形图

图 6-41　SCR 指令编程举例顺序功能图和梯形图

6.4　数学运算指令

6.4.1　算术运算指令

1. 加减法指令

加减法指令对有符号数进行加减法操作，包括整数加法指令（ADD-I）、双整数加法指令（ADD-DI）和实数加法指令（ADD-R）；整数减法指令（SUB-I）、双整数减法指令（SUB-DI）和实数减法指令（SUB-R）。加减法指令的表示如图 6-42 所示。

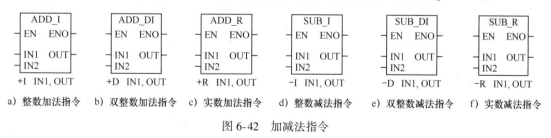

a）整数加法指令　b）双整数加法指令　c）实数加法指令　d）整数减法指令　e）双整数减法指令　f）实数减法指令

图 6-42　加减法指令

当使能端信号 EN＝1 时将操作数 IN1 和 IN2 相加或相减，产生一个相应结果 OUT。
在 LAD 中，执行结果为 IN1＋IN2→OUT，IN1－IN2→OUT。

在 STL 中，通常将 IN1 与 OUT 共用一个地址单元，执行结果为 OUT+IN1→OUT，OUT−IN1→OUT。

使 ENO=0 的错误条件：0006（间接地址），SM1.1（溢出），SM4.3（运行时间）。

这些指令影响 SM1.0（零）、SM1.1（溢出）和 SM1.2（负）。

2. 乘法和除法指令

乘法指令对有符号数进行相乘操作，包括整数乘法指令（MUL-I）、双整数乘法指令（MUL-DI）、实数乘法指令（MUL-R）和整数乘法产生双整数指令（MUL）。表示方法如图 6-43 所示。除法指令对有符号数进行相除操作，包括整数除法指令（DIV-I）、双整数除法指令（DIV-DI）、实数除法指令（DIV-R）和整数除法产生双整数指令（DIV）。表示方法如图 6-44 所示。

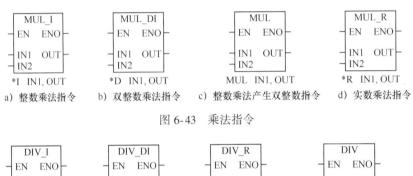

图 6-43　乘法指令

图 6-44　除法指令

在梯形图中，IN1 × IN2＝OUT，IN1/IN2＝OUT。

在语句表中，IN1 × OUT＝OUT，OUT/IN1＝OUT。

整数乘法指令将两个 16 位整数相乘，产生一个 16 位乘积。整数除法 DIV-I 指令将两个 16 位整数相除，产生一个 16 位的商，不保留余数。如果结果大于一个字，溢出位被置 1。

双整数乘法指令将两个 32 位整数相乘，产生一个 32 位乘积。双整数除法指令将两个 32 位整数相除，产生一个 32 位的商，不保留余数。

整数乘法产生双整数指令将两个 16 位整数相乘，产生一个 32 位乘积。整数除法产生双整数指令 DIV 将两个 16 位整数相除，产生一个 32 位结果，高 16 位为余数，低 16 位为商。

实数乘法指令将两个 32 位实数相乘，产生一个 32 位实数积。实数除法指令将两个 32 位实数相除，并产生一个 32 位实数商。

在语句表乘法指令中，32 位结果的低 16 位被用作乘数；在语句表除法指令中，32 位结果的低 16 位被用作被除数。

使 ENO＝0 的错误条件：SM1.1（溢出），SM1.3（除数为 0），SM4.3（运行时间），0006（间接地址）。这些指令影响 SM1.0（零）、SM1.1（溢出）、SM1.3（除数为 0）和 SM1.2（负）。

整数、双整数和实数的加、减、乘、除指令的寻址范围见表 6-5，整数乘法产生双整数和带余数的整数除法指令的寻址范围见表 6-6。

表 6-5　整数、双整数和实数的加、减、乘、除指令的寻址范围

输入/输出	数据类型	寻址范围
IN1、IN2	INT	IW、QW、VW、MW、SMW、SW、T、C、LW、AC、AIW、* VD、* AC、* LD、常数
	DINT	ID、QD、VD、MD、SMD、SD、LD、AC、HC、* VD、* LD、* AC、常数
	REAL	ID、QD、VD、MD、SMD、SD、LD、AC、* VD、* LD、* AC、常数
OUT	INT	IW、QW、VW、MW、SMW、SW、LW、T、C、AC、* VD、* AC、* LD
	DINT、REAL	ID、QD、VD、MD、SMD、SD、LD、AC、* VD、* LD、* AC

表 6-6　整数乘法产生双整数和带余数的整数除法指令的寻址范围

输入/输出	数据类型	寻址范围
IN1、IN2	INT	IW、QW、VW、MW、SMW、SW、LW、T、C、AC、AIW、* VD、* LD、* AC、常数
OUT	DINT	ID、QD、VD、MD、SMD、SD、LD、AC、* VD、* LD、* AC

以实数为例的运算指令如图 6-45 所示。

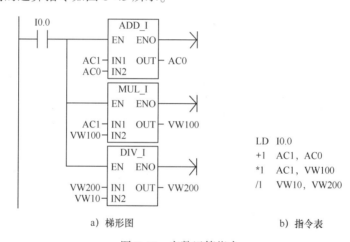

a) 梯形图　　　　　　b) 指令表

图 6-45　实数运算指令

3. 加 1 和减 1 指令

加 1 和减 1 指令把输入（IN）数据加 1 或减 1，并把结果存放到输出单元（OUT），加 1 和减 1 按操作数的数据类型可分为字节、字、双字加 1 和减 1 指令，如图 6-46 所示。

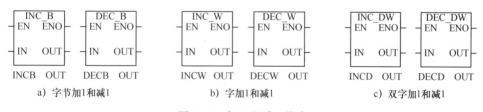

a) 字节加 1 和减 1　　　　b) 字加 1 和减 1　　　　c) 双字加 1 和减 1

图 6-46　加 1 和减 1 指令

执行加 1 和减 1 指令操作时，将操作数 IN 和 OUT 共用一个地址单元，因而在语句表中 OUT+1=OUT，OUT−1=OUT。

字节加 1 指令 INC-B（Increment Byte）和字节减 1 指令 DEC-B（Decrement Byte）的

操作数数据类型是无符号字节（BYTE），指令影响的特殊存储器位 SM1.0（零）、SM1.1（溢出）。

字加 1 指令 INC-W、双字加 1 指令 INC-DW 和字减 1 指令 DEC-W、双字减 1 指令 DEC-DW 的操作数的数据类型分别是有符号整数（INT）、有符号双字整数（DINT），指令影响的特殊存储器位 SM1.0（零）、SM1.1（溢出）、SM1.2（负）。加 1 和减 1 指令寻址范围见表 6-7。

表 6-7　加 1 和减 1 指令寻址范围

输入/输出	数据类型	寻址范围
IN	BYTE	IB、QB、VB、MB、SMB、SB、LB、AC、*VD、*LD、*AC、常数
	INT	IW、QW、VW、MW、SMW、SW、LW、T、C、AC、AIW、*VD、*LD、*AC、常数
	DINT	ID、QD、VD、MD、SMD、SD、LD、AC、HC、*VD、*LD、*AC、常数
OUT	BYTE	IB、QB、VB、MB、SMB、SB、LB、AC、*VD、*AC、*LD
	INT	IW、QW、VW、MW、SMW、SW、T、C、LW、AC、*VD、*LD、*AC
	DINT	ID、QD、VD、MD、SMD、SD、LD、AC、*VD、*LD、*AC

6.4.2　浮点数函数运算指令

浮点数函数运算指令包括平方根指令、自然对数指令、指数指令、三角函数指令等常用的函数指令，这些指令的操作数均为实数。浮点数函数运算指令的梯形图和语句表表示如图 6-47 所示。

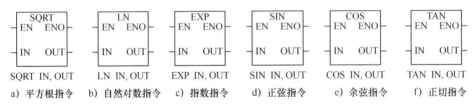

图 6-47　浮点数函数运算指令

1. 平方根（Square Root）指令

实数的平方根指令（SQRT），把输入端（IN）的 32 位实数开方，得到 32 位实数结果，并把结果存放到输出端（OUT）指定的存储单元中。

2. 自然对数（Natural Logarithm）指令

自然对数指令（LN），将输入端（IN）的 32 位实数取自然对数，结果存放到输出端（OUT）指定的存储单元中。

求以 10 为底的对数（lgx）时，只要将其自然对数（lnx）除以 2.302585 即可。

3. 自然指数（Natural Exponential）指令

自然指数指令（EXP），将输入端（IN）的 32 位实数取以 e 为底的指数，结果存放到输出端（OUT）指定的存储单元中。

自然指数指令与自然对数指令相配合，即可完成以任意实数为底的指数运算。例如：

求 5 的立方：$5^3 = \mathrm{EXP}[3 \times \mathrm{LN}(5)] = 125$。

求 5 的 3/2 次方：$5^{3/2} = \mathrm{EXP}[(3/2) \times \mathrm{LN}(5)] = 11.18034\cdots$

4. 正弦、余弦、正切指令

正弦、余弦、正切指令，对输入端（IN）指定的 32 位实数的弧度值取正弦、余弦、正切，结果存入输出端（OUT）指定的存储单元。

如果输入值为角度值，应将该角度值转换为弧度值。

数学功能指令影响的特殊存储器位：SM1.0（零），SM1.1（溢出），SM1.2（负数）。浮点数函数运算指令的操作数 IN 和 OUT 均为实数，寻址范围见表 6-8。

表 6-8　浮点数函数运算指令的寻址范围

输入/输出	数据类型	寻址范围
IN	实数	ID、QD、VD、MD、SMD、SD、LD、AC、＊VD、＊LD、＊AC、常数
OUT	实数	ID、QD、VD、MD、SMD、SD、LD、AC、＊VD、＊LD、＊AC

6.4.3　逻辑运算指令

1. 逻辑"与"指令

逻辑"与"指令，对两个输入（IN1，IN2）的数据按位"与"，结果存入 OUT。

逻辑"与"指令，按操作数的数据类型可分字节"与"、字"与"、双字"与"指令，如图 6-48 所示。

2. 逻辑"或"指令

逻辑"或"指令对两个输入（IN1、IN2）的数据按位"或"，结果存入 OUT。逻辑"或"指令按操作数数据类型可分为字节"或"、字"或"、双字"或"指令，如图 6-49 所示。

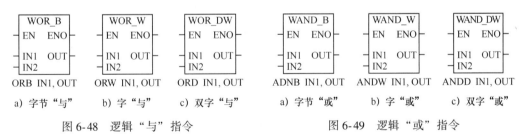

图 6-48　逻辑"与"指令　　　　　图 6-49　逻辑"或"指令

3. 逻辑"异或"指令

逻辑"异或"指令，对两个输入（IN1、IN2）的数据按位"异或"，结果存入 OUT。逻辑"异或"指令按操作数数据类型可分为字节"异或"、字"异或"、双字"异或"指令，如图 6-50 所示。

逻辑运算指令的操作数均为无符号数。逻辑运算指令寻址范围见表 6-9。

图 6-50　逻辑"异或"指令

表 6-9　逻辑运算指令寻址范围

输入/输出	数据类型	寻址范围
IN1,IN2	BYTE	IB、QB、VB、MB、SMB、SB、LB、AC、* VD、* LD、* AC、常数
	WORD	IW、QW、VW、MW、SMW、SW、LW、T、C、AC、AIW、* VD、* LD、* AC、常数
	DWORD	ID、QD、VD、MD、SMD、SD、LD、AC、HC、* VD、* LD、* AC、常数
OUT	BYTE	IB、QB、VB、MB、SMB、SB、LB、AC、* VD、* AC、* LD
	WORD	IW、QW、VW、MW、SMW、SW、T、C、LW、AC、* VD、* AC、* LD
	DWORD	ID、QD、VD、MD、SMD、SD、LD、AC、* VD、* AC、* LD

图 6-51 所示是逻辑运算指令的操作，图中指令 "ANDW AC1，AC0" 的结果存放在 AC0。

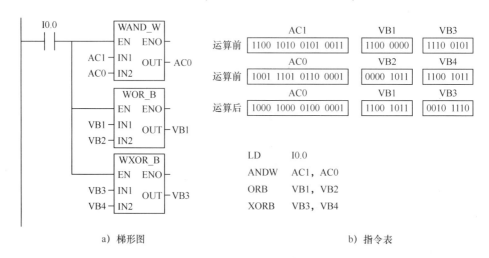

图 6-51　逻辑运算指令

6.5　数据处理指令

6.5.1　移位和循环移位指令

1. 右移位指令

右移位指令，把输入端（IN）指定的数据右移 N 位，对移位后的空位自动补零，结果存入 OUT。右移位指令按操作数的数据类型可分为字节右移位（SHR-B）、字右移位（SHR-W）、双字右移位（SHR-DW）指令，如图 6-52 所示。

2. 左移位指令

左移位指令，把输入端（IN）指定的数据左移 N 位，对移位后的空位自动补零，结果存入 OUT。左移位指令，按操作数的数据类型可分为字节左移位（SHL-B）、字左移位（SHL-W）、双字左移位（SHL-DW）指令，如图 6-53 所示。

字节、字、双字移位指令的实际最大可移位数分别为 8、16、32。移位后溢出位（SM1.1）的值就是最后一次移出的位值。如果移位的结果是 0，零存储器位（SM1.0）就置位。

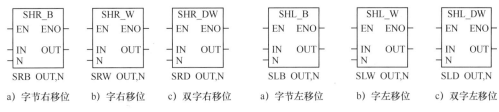

图 6-52 右移位指令　　　　　　　　图 6-53 左移位指令

3. 循环右移指令

循环右移指令，把输入端（IN）指定的数据循环右移 N 位，结果存入 OUT。

循环右移指令按操作数的数据类型可分为字节循环右移（ROR-B）、字循环右移（ROR-W）、双字循环右移（ROR-DW）指令，如图 6-54 所示。

4. 循环左移指令

循环左移指令，把输入端（IN）指定的数据循环左移 N 位，结果存入 OUT。

循环左移指令，按操作数的数据类型可分为字节循环左移（ROL-B）、字循环左移（ROL-W）、双字循环左移（ROL-DW）指令，如图 6-55 所示。

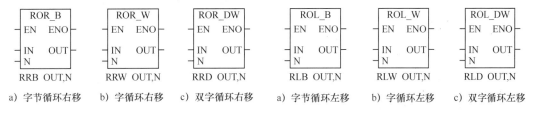

图 6-54 循环右移指令　　　　　　　　图 6-55 循环左移指令

移位和循环移位指令均为无符号数操作。

对于字节、字、双字循环移位指令，如果所需移位次数 N 大于或等于 8、16、32，那么在执行循环移位前，先对 N 取以 8、16、32 为底的模（N 除以 8、16、32 后取余数），其结果 0~7、0~15、0~31 为实际移动位数。

执行循环移位后溢出位（SM1.1）的值就是最后一次循环移出位的值。如果移位的结果是 0，零存储器位（SM1.0）就置位。移位和循环移位指令影响的特殊存储器位：SM1.0（零）、SM1.1（溢出）。移位和循环移位指令寻址范围见表 6-10。移位和循环移位指令编程举例如图 6-56 所示。

表 6-10　移位和循环移位指令寻址范围

输入/输出	数 据 类 型	寻 址 范 围
IN	BYTE	IB、QB、VB、MB、SMB、SB、LB、AC、＊VD、＊LD、＊AC、常数
	WORD	IW、QW、VW、MW、SMW、SW、LW、T、C、AC、AIW、＊VD、＊LD、＊AC、常数
	DWORD	ID、QD、VD、MD、SMD、SD、LD、AC、HC、＊VD、＊LD、＊AC、常数
OUT	BYTE	IB、QB、VB、MB、SMB、SB、LB、AC、＊VD、＊LD、＊AC
	WORD	IW、QW、VW、MW、SMW、SW、T、C、LW、AIW、AC、＊VD、＊LD、＊AC
	DWORD	ID、QD、VD、MD、SMD、SD、LD、AC、＊VD、＊LD、＊AC
N	BYTE	IB、QB、VB、MB、SMB、SB、LB、AC、＊VD、＊LD、＊AC、常数

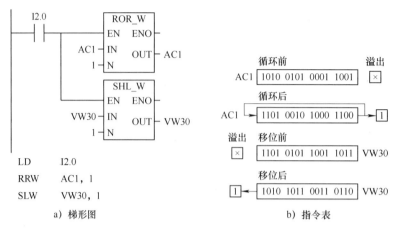

LD I2.0
RRW AC1, 1
SLW VW30, 1

a) 梯形图   b) 指令表

图 6-56 移位和循环移位指令编程举例

5. 移位寄存器指令

移位寄存器指令 SHRB 将 DATA 端输入的数值移入移位寄存器。S-BIT 指定移位寄存器的最低位，N 指定移位寄存器的长度和移位方向，正向移位时 N 为正，反向移位时 N 为负，字节型变量 N 的范围为 −64 ~ +64。SHRB 指令移出的位放在溢出位（SM1.1）。N 为正时，在数字量输入（EN）的上升沿时，寄存器中的各位由低位向高位移一位，DATA 输入的二进制数从最低位移入，最高位被移到溢出位。N 为负时，从最高位移入，从最低位移出。DATA 和 S-BIT 为 BOOL 变量。移位寄存器指令寻址范围见表 6-11，移位寄存器指令举例如图 6-57 所示。

表 6-11 移位寄存器指令寻址范围

输入/输出	数据类型	寻址范围
DATA、S_BIT	BOOL	I、Q、V、M、SM、S、T、C、L
N	BYTE	IB、QB、VB、MB、SMB、SB、LB、AC、＊VD、＊LD、＊AC、常数

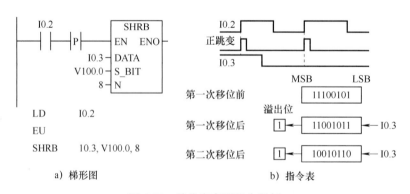

LD I0.2
EU
SHRB I0.3, V100.0, 8

a) 梯形图   b) 指令表

图 6-57 移位寄存器指令举例

6. 字节交换指令

字节交换指令用来交换输入字 IN 的高字节和低字节。字节交换指令寻址范围见表 6-12，字节交换指令举例如图 6-58 所示。

表 6-12　字节交换指令寻址范围

输入/输出	数据类型	寻址范围
IN	WORD	IW、QW、VW、MW、SMW、SW、T、C、LW、AIW、AC、* VD、* LD、* AC

| a）梯形图 | b）指令表 | c）执行结果 |

图 6-58　字节交换指令举例

6.5.2　数据转换指令

1. BCD 码与整数的转换

BCD 码转为整数指令（BCDI）将输入端（IN）指定的 BCD 码转换成整数，并将结果存放到输出端（OUT）指定的存储单元中。输入数据的范围是 0~9999（BCD 码）。

整数转为 BCD 码指令（IBCD），将输入端（IN）指定的整数转换成 BCD 码，并将结果存放到输出端（OUT）指定的存储单元中。输入数据的范围是 0~9999。

图 6-59 所示是 BCD 码与整数的转换指令，它是无符号操作。指令影响的特殊存储器位：SM1.6（非法 BCD），寻址范围见表 6-13。

表 6-13　BCD 码与整数、双字整数与实数、双整数与整数和字节与整数的转换寻址范围

输入/输出	数据类型	寻址范围
IN	BYTE	IB、QB、VB、MB、SMB、SB、LB、AC、* VD、* LD、* AC、常数
	WORD、INT	IW、QW、VW、MW、SMW、SW、T、C、LW、AIW、AC、* VD、* LD、* AC、常数
	DINT	ID、QD、VD、MD、SMD、SD、LD、HC、AC、* VD、* LD、* AC、常数
	REAL	ID、QD、VD、MD、SMD、SD、LD、AC、* VD、* LD、* AC、常数
OUT	BYTE	IB、QB、VB、MB、SMB、SB、LB、AC、* VD、* LD、* AC
	WORD、INT	IW、QW、VW、MW、SMW、SW、T、C、LW、AIW、AC、* VD、* LD、* AC
	DINT、REAL	ID、QD、VD、MD、SMD、SD、LD、AC、* VD、* LD、* AC

2. 双字整数与实数的转换

双字整数与实数的转换指令如图 6-60 所示。

| a）BCD码转整数 | b）整数转BCD码 | a）双字整数转实数 | b）ROUND取整指令 | c）TRUNC取整指令 |

图 6-59　BCD 码与整数的转换指令　　　　图 6-60　双字整数与实数的转换指令

双字整数转换为实数指令（DTR），将输入端（IN）指定的 32 位有符号整数转换成 32 位实数，并将结果存放到输出端（OUT）指定的存储单元中。

实数转换为双字整数指令可分为四舍五入取整（ROUND）和舍去尾数后取整（TRUNC）指令。

ROUND 取整指令，将输入端（IN）指定的实数转换成有符号双字整数，并将结果存放到输出端（OUT）指定的存储单元中。转换时实数的小数部分四舍五入。

TRUNC 取整指令，将输入端（IN）指定的 32 位实数舍去小数部分后，再转换成 32 位有符号整数，结果存入输出端（OUT）指定的存储单元中。

取整指令被转换的输入值应是有效的实数，如果实数值太大，使输出无法表示，那么溢出位（SM1.1）被置位，寻址范围见表 6-14。

表 6-14 译码和编码指令的寻址范围

输入/输出	数据类型	寻址范围
IN	BYTE	IB、QB、VB、MB、SMB、SB、LB、AC、＊VD、＊LD、＊AC、常数
	WORD	IW、QW、VW、MW、SMW、SW、LW、T、C、AC、AIW、＊VD、＊LD、＊AC、常数
OUT	BYTE	IB、QB、VB、MB、SMB、SB、LB、AC、＊VD、＊LD、＊AC
	WORD	IW、QW、VW、MW、SMW、SW、T、C、LW、AC、AQW、＊VD、＊LD、＊AC

3. 双整数与整数的转换

双整数与整数转换指令如图 6-61 所示，寻址范围见表 6-13。

双整数转为整数（DTI）指令，把输入端（IN）的有符号双整数转换成整数，并存入 OUT。被转换的输入值应是有效的双整数，否则溢出位（SM1.1）被置位。

整数转为双整数（ITD）指令，把输入端（IN）的整数转换成双整数，并存入 OUT。此时，要进行符号扩展。

欲将整数转换为实数，可先用 ITD 指令把整数转换为双整数，然后再用 DTR 指令把双整数转换为实数。

4. 字节与整数的转换

字节与整数的转换指令如图 6-62 所示。

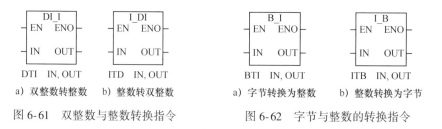

a）双整数转整数   b）整数转双整数   a）字节转换为整数   b）整数转换为字节

图 6-61　双整数与整数转换指令   图 6-62　字节与整数的转换指令

字节转换为整数指令（BTI），把输入端（IN）指定的字节型数据转换成整数型数据，并存入 OUT。由于字节型数据是无符号的，无需进行符号扩展。

整数转换为字节指令（ITB），把输入端（IN）的无符号整数转换成一个字节型数据，送到 OUT。被转换的值应是有效的整数。否则溢出位（SM1.1）被置位。BCD 码与整数、双字整数与实数、双整数与整数和字节与整数的转换寻址范围见表 6-13，转换指令编程举例如图 6-63 所示。

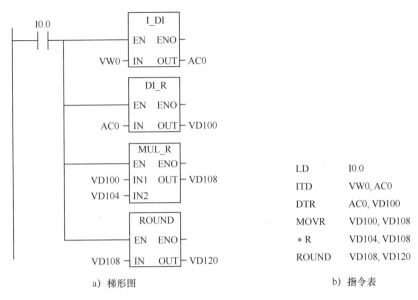

a）梯形图   b）指令表

图 6-63　转换指令编程举例

5. 译码和编码指令

译码指令（DECO），根据输入字节（IN）的低 4 位的二进制值所对应的十进制数（0~15），置输出字（OUT）的相应位为"1"，其他位置"0"。

编码指令（ENCO），将输入字（IN）中值为 1 的最低有效位的位号编码成 4 位二进制数，写入输出字节（OUT）的低 4 位。

译码和编码指令的寻址范围见表 6-14，译码和编码指令编程举例如图 6-64 所示。在图 6-64a 中，AC0 存放错误码 5，译码指令使 VW400 的第 5 位置"1"。在图 6-64b 中，VW10 存放错误位，编码指令把错误位转换成错误码存于 VB20。

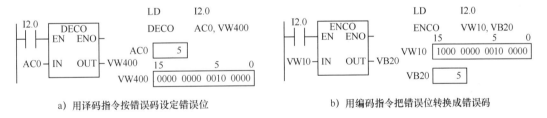

a）用译码指令按错误码设定错误位   b）用编码指令把错误位转换成错误码

图 6-64　译码和编码指令编程举例

6. 段译码指令（SEG）

段译码指令根据输入字节（IN）低 4 位的十六进制数产生点亮七段显示器各段的代码，送入 OUT 单元。七段码显示器编码如图 6-65 所示，七段显示器的 a~g 段分别对应于输出字节的最低位（第 0 位到第 6 位），某段应亮时输出字节中对应的位为 1，反之为 0。例如显示数字"1"时，仅 b 和 c 为 1，其余位为 0，输出值为 6。段译码指令编程举例如图 6-66 所示。

7. ASCⅡ码与十六进制数的转换指令

ASCⅡ码与十六进制数的转换指令如图 6-67 所示。ASCⅡ码到十六进制转换指令编程举例如图 6-68 所示。

输入 LSD	七段码显示器	输出 -gfe dcba	输入 LSD	七段码显示器	输出 -gfe dcba
0	0	0011 1111	8	8	0111 1111
1	1	0000 0110	9	9	0110 0111
2	2	0101 1011	A	A	0111 0111
3	3	0100 1111	B	b	0111 1100
4	4	0110 0110	C	C	0011 1001
5	5	0110 1101	D	d	0101 1110
6	6	0111 1101	E	E	0111 1001
7	7	0000 0111	F	F	0111 0001

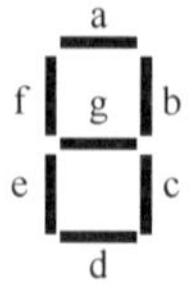

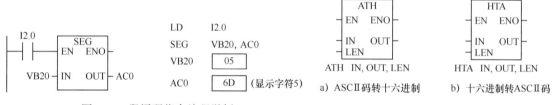

图 6-65　段译码指令

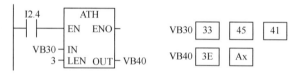

图 6-66　段译码指令编程举例

图 6-67　ASCⅡ码与十六进制数的转换指令

ATH 指令，把 ASCⅡ字符串转换成十六进制数。输入端（IN）指定 ASCⅡ字符串的起始字节地址，LEN 指定字符串的长度（最大为 255 个字符），OUT 指定存放转换结果的存储区的起始字节地址。

图 6-68　ASCⅡ码到十六进制转换指令编程举例

在图 6-68 中，IN 为 VB30，LEN 为 3，则将 VB30、VB31、VB32 的 ASCⅡ字符串：33、45、41 转换成十六进制数，并把转换结果（3EA）存放在 OUT 指定的起始字节地址的存储单元中（即 VB40、VB41），“x”表示 VB41 低 4 位的数不变。

HTA 指令，是 ATH 指令的逆操作。HTA 指令把从输入端（IN）指定的起始字节地址开始，长度为 LEN 的十六进制数转换成 ASCⅡ码字符串，并将转换结果存入由 OUT 指定的起始字节地址的存储区。最多可转换 255 个十六进制数。

十六进制数（0~F）对应的合法的 ASCⅡ码字符为：30~39 和 41~46。ATH、HTA 指令的操作数数据类型均为字节型。指令影响的特殊存储器标志位：SM1.7（非法 ASCⅡ码）。ASCⅡ码转换指令寻址范围见表 6-15。

表 6-15　ASCⅡ码转换指令寻址范围

输入/输出	数据类型	寻址范围
IN	BYTE	IB、QB、VB、MB、SMB、SB、LB、* VD、* LD、* AC
	INT	IW、QW、VW、MW、SMW、SW、LW、T、C、AC、AIW、* VD、* LD、* AC、常数
	DINT	ID、QD、VD、MD、SMD、SD、LD、AC、HC、* VD、* LD、* AC、常数
	REAL	ID、QD、VD、MD、SMD、SD、LD、AC、* VD、* LD、* AC、常数
LEN、FMT	BYTE	IB、QB、VB、MB、SMB、SB、LB、AC、* VD、* LD、* AC、常数
OUT	BYTE	IB、QB、VB、MB、SMB、SB、LB、* VD、* LD、* AC

8. 整数转换为 ASCⅡ码指令 ITA

整数、双整数、实数转为 ASCⅡ码指令如图 6-69 所示。寻址范围见表 6-15。

ITA 指令将输入端的整数（IN）转换成 ASCⅡ字符串，参数 FMT（Format）指定小数部分的位数和小数点的表示方法。转换结果放在从 OUT 开始的 8 个连续字节的输出缓冲区中，ASCⅡ字符中始终是 8 个字符，FMT 和 OUT 均为字节变量。

图 6-69　整数、双整数、实数转换为 ASCⅡ码指令

输出缓冲区中小数点右侧的位数由 FMT 的 nnn 域指定，nnn＝0~5。如果 n＝0，则显示整数。nnn>5 时，非法格式，此时无输出，用 ASCⅡ空格填充整个输出缓冲区。位 c 指定用逗号（c＝1）或小数点（c＝0）作为整数和小数部分的分隔符，FMT 的高 4 位必须为 0。图 6-70 中的 FMT＝3，小数部分有 3 位，使用小数点号。

输出缓冲区按下面的规则进行格式化：

1）正数写入输出缓冲区时不带符号。

2）负数写入输出缓冲区时带负号。

3）小数点左边的无效零（与小数点相邻的位除外）被删除。

4）输出缓冲区中的数字右对齐。

	MSB							LSB
	7	6	5	4	3	2	1	0
FMT	0	0	0	0	c	n	n	n

	OUT	OUT +1	OUT +2	OUT +3	OUT +4	OUT +5	OUT +6	OUT +7
IN=12				0	.	0	1	2
IN=−123			−	0	.	1	2	3
IN=1234				1	.	2	3	4
IN=−12345		−	1	2	.	3	4	5

图 6-70　ITA 指令的 FMT 操作数及缓冲区

9. 双整数转换为 ASCⅡ码

寻址范围见表 6-15。DTA 指令将双字整数（IN）转换为 ASCⅡ字符中，转换结果放在 OUT 开始的 12 个连续字节中。输出缓冲区的大小始终为 12 字节，FMT 各位的意义和输出缓冲区格式化的规则同 ITA 指令，FMT 和 OUT 均为字节变量。

在图 6-71 中，指令格式操作数 FMT＝4（0100），则 c＝0；nnn＝100，那么，格式化的数据格式：采用小数点作为整数和小数之间的分隔符；在小数点右边有 4 位数字。

	MSB							LSB
	7							0
FMT	0	0	0	0	c	n	n	n

	OUT	OUT +1	OUT +2	OUT +3	OUT +4	OUT +5	OUT +6	OUT +7	OUT +8	OUT +9	OUT +10	OUT +11
IN=−12							−	0	.	0	0	1	2
IN=1234567					1	2	3	.	4	5	6	7

图 6-71　DTA 指令的 FMT 操作数及缓冲区

10. 实数转换为 ASCⅡ码

寻址范围见表 6-16。RTA 指令将输入的实数（浮点数）转换成 ASCⅡ字符串，转换结果送入 OUT 开始的 3~15 个字节中。

操作数 FMT 的定义如图 6-72 所示，输出缓冲区的大小由 ssss 区的值指定，ssss＝3～15。输出缓冲区中小数部分的位数由 nnn 指定，nnn＝0～5。如果 n＝0，则显示整数。nnn＞5 或输出缓冲区过小，无法容纳转换数值时，用 ASCⅡ空格填充整个输出缓冲区。位 c 指定用逗号（c＝1）或小数点（c＝0）作为整数和小数部分的分隔符，FMT 和 OUT 均为字节变量。

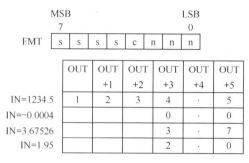

MSB 7						LSB 0	
FMT	s	s	s	s	c	n	n	n

	OUT	OUT +1	OUT +2	OUT +3	OUT +4	OUT +5
IN=1234.5	1	2	3	4	.	5
IN=−0.0004					0	0
IN=3.67526					3	7
IN=1.95				2	.	0

图 6-72　RTA 指令的 FMT 操作数及缓冲区

除了 ITA 指令输出缓冲区格式化的 4 条规则外，还应遵守：

1）小数部分的位数如果大于 nnn 指定的位数，用四舍五入的方式去掉多余的位。

2）输出缓冲区应不小于 3 个字节，还应大于小数部分的位数。

在图 6-72 中，指令格式操作数（FMT）的高 4 位取：ssss＝0110，缓冲区的大小是 6 个字节；FMT 的低 4 位取：c＝0，nnn＝001。

那么，格式化的数据格式是：采用小数点作为整数和小数之间的分隔符；在小数点右边有一位数字。例如，输入端（IN）的实数 3.67525，因其小数部分有 5 位多于 nnn 区的值（nnn＝1），则用四舍五入的方法删去多余的 4 位，转换结果为 3.7。

6.5.3　表功能指令

PLC 所用的数据多数是以数据表的形式存放在堆栈式的存储区中，为了对数据表的数据进行操作，需要使用表功能指令。表功能指令包括填表指令、查表指令、先进先出指令和后进先出指令。表功能指令实际就是对数据（只能是字型数据）的存取操作。

1. 填表指令 ATT

填表指令向表（TBL）中填入一个字值。TBL 指明表格的首地址，表中第一个数是最大填表数（TL），第二个数是实际填表数（EC），指出已填入表的数据个数。新的数据填加在表的末尾。每向表中填加一个新的数据，EC 会自动加 1，最多可向表中填入 100 个数据。填表指令编程举例如图 6-73 所示（图中 x 表示无效数据）。填表指令寻址范围见表 6-16。

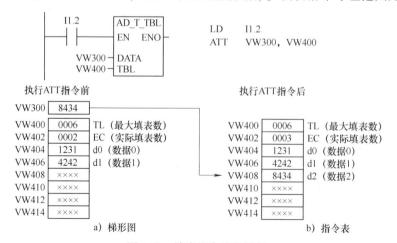

图 6-73　填表指令编程举例

表 6-16　填表指令寻址范围

输入/输出	数据类型	寻址范围
DATA	INT	IW、QW、VW、MW、SMW、SW、LW、T、C、AC、AIW、*VD、*LD、*AC、常数
TBL	WORD	IW、QW、VW、MW、SMW、SW、T、C、LW、*VD、*LD、*AC

2. 查表指令 FND

查表指令从 INDX 开始查表 TBL（表格的首地址），搜索与数据 PTN 的关系满足 CMD 定义条件的数据。命令参数 CMD 表明查找条件，它是一个 1~4 的数值，分别代表=、<>、<、>符号，INDX 用来指定表中符合查找条件的数据编号。如果发现一个符合条件的数据，那么 INDX 指向表中该数的编号。为了查找下一个符合条件的数据，再次启动查表指令前，必须先对 INDX 加 1。如果没有发现符合条件的数据，那么 INDX 等于 EC。一个表最多有 100 个填表数据，数据的编号为 0~99。查表指令寻址范围见表 6-17。

表 6-17　查表指令的寻址范围

输入/输出	数据类型	寻址范围
TBL	WORD	IW、QW、VW、MW、SMW、T、C、LW、*VD、*LC、*AC
PTN	INT	IW、QW、VW、MW、SMW、SW、LW、T、C、AC、AIW、*VD、*LD、*AC、常数
INDX	WORD	IW、QW、VW、MW、SMW、SW、T、C、LW、AIW、AC、*VD、*LD、*AC
CMD	BYTE	(常数)1:等于(=),2:不等于(<>),3:小于(<),4:大于(>)

如果查找由指令 ATT、LIFO 和 FIFO 生成的表时，实际填表数（EC）和输入的数据相对应，最大填表数（TL）对 FND 指令无意义。FND 指令的操作数 TBL 的首地址是指向 EC 的地址，比相应的 ATT、LIFO 或 FIFO 指令的操作数 TABLE 要高 2 个字节。FND 指令与 ATT、LIFO 和 FIFO 指令所使用的表格式上的差异如图 6-74 所示。

VW202	0006	EC（实际填表数）
VW204	××××	d0（数据0）
VW206	××××	d1（数据1）
VW208	××××	d2（数据2）
VW210	××××	d3（数据3）
VW212	××××	d4（数据4）
VW214	××××	d5（数据5）

a）FND指令的表格式

VW200	0006	TL（最大*填表数）
VW202	0006	EC（实际填表数）
VW204	××××	d0（数据0）
VW206	××××	d1（数据1）
VW208	××××	d2（数据2）
VW210	××××	d3（数据3）
VW212	××××	d4（数据4）
VW214	××××	d5（数据5）

b）ATT、LIFO和FIFO指令的表格式

图 6-74　FND 指令与 ATT、LIFO 和 FIFO 指令所使用的表格式上的差异

图 6-75 中的 I1.2 接通时，从 EC 地址 VW402 的表中查找等于（CMD=1）16#3451 的数。为了从头开始查找，AC0 的初值为 0。查表指令执行后，AC0=2，找到了满足条件的数据 2。查表中剩余的数据之前，AC0（INDX）应加 1。第二次执行后，AC0=4，找到了满足条件的数据 4，将 AC0 再次加 1。第 3 次执行后，AC0 等于表中填入的项数 6（EC），表示表已查完，没有找到符合条件的数据。再次查表前，应将 INDX 清 0。

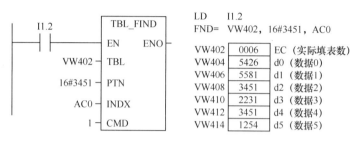

图 6-75　查表指令

3. 先进先出指令 FIFO

先进先出指令，从表（TBL）中移走第一个数据（最先进入表中的数据），并将此数输出到 DATA。剩余数据依次上移一个位置。每执行一次指令，表中的实际填表数（EC）减 1。图 6-76 所示是 FIFO 指令的操作过程。如果试图从空表中移走数据，特殊存储器位 SM1.5 将被置为 1。寻址范围见表 6-18。

图 6-76　先进先出指令

表 6-18　先进先出和先进后出指令的寻址范围

输入/输出	数据类型	寻 址 范 围
TBL	WORD	IW、QW、VW、MW、SMW、SW、T、C、LW、* VD、* LD、* AC
DATA	INT	IW、QW、VW、MW、SMW、SW、T、C、LW、AC、AQW、* VD、* LD、* AC

4. 后进先出指令 LIFO

后进先出指令从表（TBL）中移走最后一个数据（最后进入表中的数据），并将此数输出到 DATA，剩下的各项依次向上移动一个位置。每执行一次指令，表中的实际填表数（EC）减 1，如图 6-77 所示。如果试图从空表中移走数据，特殊存储器位 SM1.5 将被置为 1。先进先出和先进后出指令的寻址范围见表 6-19。

5. 存储器填充指令 FILL

存储器填充指令用输入值（IN）填充从输出（OUT）开始的 N 个字的内容。N 为（1～255）。存储器填充指令寻址范围见表 6-19。

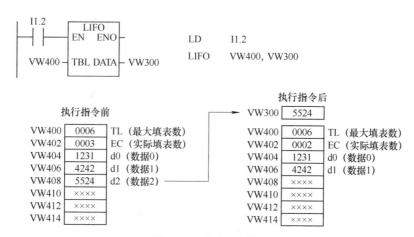

图 6-77 后进先出指令

表 6-19 存储器填充指令寻址范围

输入/输出	数据类型	寻址范围
IN	INT	IW、QW、VW、MW、SMW、SW、LW、T、C、AC、AIW、* VD、* LD、* AC、常数
N	BYTE	IB、QB、VB、MB、SMB、SB、LB、AC、* VD、* LD、* AC、常数
OUT	INT	IW、QW、VW、MW、SMW、SW、T、C、LW、AQW、* VD、* LD、* AC

FILL 指令编程举例如图 6-78 所示，执行 FILL 指令后，VW400～VW418 的区域被清零。

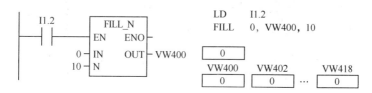

图 6-78 存储器填充指令编程举例

6.5.4 读写实时时钟指令

读实时时钟指令 TODR（Time of Day Read）从实时时钟读取当前时间和日期，并把它们装入以 T 为起始地址的 8 字节缓冲区，依次存放年、月、日、时、分、秒、0 和星期。

写实时时钟指令 TODW（Time of Day Write）通过起始地址为 T 的 8 字节缓冲区，将设置的时间和日期写入实时时钟。读写实时时钟指令如图 6-79 所示。时间和日期的数据类型为字节型，读写实时时钟指令寻址范围见表 6-20。

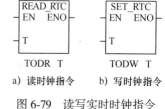

a) 读时钟指令   b) 写时钟指令

图 6-79 读写实时时钟指令

表 6-20 读写实时时钟指令寻址范围

输入/输出	数据类型	寻址范围
T	BYTE	IB、QB、VB、MB、SMB、SB、LB、* VD、* LD、* AC

年、月、日、时、分、秒、星期的数值范围分别是 0～99、1～12、1～31、0～23、0～59、

0~59、1~7。必须用 BCD 码表示所有的日期和时间值。对于年份用最低两位数表示，例如，2000 年用 00 年表示。

S7-200 不执行检查和核实日期是否准确。无效日期（如 2 月 30 日）可以被接受，因此，必须确保输入数据的准确性。不要同时在主程序和中断程序中使用 TODR/TODW 指令，否则会产生非致命错误（SM4.3 将被置 1）。

6.6 中断指令

中断是计算机在实时处理和实时控制中不可缺少的一项技术，应用十分广泛。中断指令使系统暂时中断现在正在执行的程序，而转到中断服务程序去处理那些急需处理的事件，处理后再返回原程序执行。中断指令对特定的内部和外部事件做快速响应。设计中断程序时应遵循"越短越好"原则，以减少中断程序的执行时间，减少对其他处理的延迟，否则可能引起主程序控制的设备操作异常。

可采用下列方法新建中断程序：在"编辑"菜单中选择"插入"→"中断"，或者在程序编辑器视窗中单击鼠标右键，从弹出菜单中选择"插入"→"中断"，程序编辑器将进入新建的中断程序编辑界面，程序编辑器底部将出现标志新的中断程序的新标签，在程序编辑器窗口中可以对新的中断程序编程。

中断程序不是由程序调用，而是在中断事件发生时由操作系统调用。因为不能预知系统何时调用中断程序，它不能改写其他程序使用的存储器，为此应在中断程序中使用局部变量。中断前后，系统保存和恢复逻辑堆栈、累加寄存器、特殊存储器标志位（SM），从而避免了中断程序返回后对用户主程序执行现场所造成的破坏。

1. 中断指令

（1）全局中断允许、全局中断禁止指令

1）全局中断允许 ENI（Enable Interrupt）指令：全局地允许所有被连接的中断事件。

2）全局中断禁止 DISI（Disable Interrupt）指令：全局地禁止处理所有中断事件。执行 DISI 指令后，出现的中断事件就进入中断队伍排队等候，直到 ENI 指令重新允许中断。

（2）中断连接指令、中断分离指令　CPU 进入 RUN 模式时自动禁止了中断。在 RUN 模式执行 ENI 指令后，允许所有中断，但各中断事件发生时是否会执行中断程序，取决于是否执行了该中断事件的中断连接指令。

1）中断连接 ATCH（Attach Interrupt）指令：用来建立某个中断事件（EVNT）和相应中断程序（INT）之间的联系，并允许这个中断事件。中断事件由中断事件号指定（见表 6-21），中断程序由中断程序号指定。为某个中断事件指定中断程序后，该中断事件被自动地允许。

多个中断事件可调用同一个中断程序，但一个中断事件不能同时与多个中断程序建立连接，否则，在中断允许且某个中断事件发生时，系统默认执行与该事件建立连接的最后一个中断程序。

2）中断分离 DTCH（Detach Interrupt）指令：用来解除某个中断事件（EVNT）和已连接中断程序（INT）之间的联系，并禁止该中断事件。指令操作数 INT、EVNT 的数据类型均为 BYTE 型常数。

可以用 DTCH 指令断开中断事件和中断程序之间的联系，以禁止单个中断事件。

（3）中断返回指令

1）有条件中断返回（CRETI）指令，根据控制的条件从中断程序中返回到主程序。

2）可用中断程序入口点处的中断程序标号来识别每个中断程序。中断程序由位于中断程序标号和无条件中断返回指令间的所有指令组成。中断程序在响应与之关联的内部或外部中断事件时执行。可以用无条件中断返回（RETI）指令或有条件中断返回（CRETI）指令退出中断程序，从而将控制权交还给主程序。在中断程序中，必须用 RETI 指令结束每个中断程序。程序编译时，由编程软件自动在中断程序结尾加上 RETI 指令。

3）所有的中断程序必须放在主程序的无条件结束指令之后。在中断程序中不能使用 DISI、ENI、HDEF、LSCR 和 END 指令。中断指令的梯形图和语句表如图 6-80 所示。中断指令编程举例如图 6-81 所示。

图 6-80　中断指令的梯形图和语句表

主程序OB1

LD	SM0.1
ATCH	INT_0, 1
ENI	

//在第一次扫描时：
//1. 将中断程序INT_0定义为I0.0的下降沿中断
//2. 全局允许中断

LD	SM5.0
DTCH	1

//如果检测到I/O错误
//禁止I0.0的下降沿中断
//该程序段是可选的

LD	M5.0
DISI	

//当M5.0接通时
//禁止所有中断

中断程序INT0

LD	SM5.0
CRETI	

//I0.0下降沿中断程序
//基于I/O错误的条件返回

a）梯形图　　　　　　　　　b）指令表

图 6-81　中断指令编程举例

2. 中断的分类

中断可分为三类：

（1）通信口中断　S7-200 PLC 的串行通信口可由用户程序来控制。通信口的这种操作模式称为自由端口模式。在该模式下，接收信息完成、发送信息完成和接收一个字符均可产生中断事件。利用接收和发送中断可简化程序对通信的控制。通信口中断事件的中断号有 8、9、23～26（见表 6-22）。

（2）I/O 中断　I/O 中断包含了上升沿或下降沿中断、高速计数器（HSC）中断和脉冲串输出（PTO）中断。必须用 ATCH 指令将一个中断程序连接到相应的 I/O 中断事件上以允许上述的中断。

S7-200 PLC 可用输入点（I0.0~I0.3）的上升沿或下降沿产生中断，CPU 检测这些上升沿或下降沿事件，可用来指示某个事件发生时的故障状态。

高速计数器中断，允许响应诸如当前值等于预置值、轴转动方向变化的计数方向改变和计数器外部复位等事件而产生中断。

脉冲串输出中断，允许对完成指定脉冲数输出的响应。I/O 中断事件的中断号有 0~7、12~20、27~33，见表 6-21。

表 6-21　中断事件的中断号和优先级

中 断 号	中 断 描 述	优先级分组	组内优先级
8	通信口 0:字符接收	通信(最高)	0
9	通信口 0:发送完成		0
23	通信口 0:报文接收完成		0
24	通信口 1:报文接收完成		1
25	通信口 1:字符接收		1
26	通信口 1:发送完成		1
19	PT00 脉冲输出完成	I/O(中等)	0
20	PT01 脉冲输出完成		1
0	I0.0 的上升沿		2
2	I0.1 的上升沿		3
4	I0.2 的上升沿		4
6	I0.3 的上升沿		5
1	I0.0 的下降沿		6
3	I0.1 的下降沿		7
5	I0.2 的下降沿		8
7	I0.3 的下降沿		9
12	HSC0 CV=PV(当前值=设定值)		10
27	HSC0 方向改变		11
28	HSC0 外部复位		12
13	HSC1 CV=PV(当前值=设定值)		13
14	HSC1 方向改变		14
15	HSC1 外部复位		15
16	HSC2 CV=PV(当前值=设定值)		16
17	HSC2 方向改变		17
18	HSC2 外部复位		18
32	HSC3 CV=PV(当前值=设定值)		19
29	HSC4 CV=PV(当前值=设定值)		20
30	HSC4 方向改变		21
31	HSC4 外部复位		22
33	HSC5 CV=PV(当前值=设定值)		23
10	定时中断 0　SMB34	定时(最低)	0
11	定时中断 1　SMB35		1
21	定时器 T32 的 CT=PT		2
22	定时器 T96 的 CT=PT		3

（3）时基中断　时基中断包括定时中断和定时器 T32/T96 中断。

定时中断按指定的周期时间循环执行。以 1ms 为周期增量，周期时间为 1～255ms。定时中断 0、定时中断 1 把周期时间分别写入特殊存储器 SMB34、SMB35。

用 ATCH 指令把一个定时中断事件与一个中断程序连接起来后，系统捕捉周期时间值。如果要改变周期时间，首先必须修改 SMB34 或 SMB35 中的值，然后重新建立中断程序与定时中断事件的连接。重新建立连接后，定时中断功能清除前一次连接时的周期时间值，并用新值重新开始计时。

当定时中断设定的周期时间到，定时中断事件把控制权交给相应的中断程序。定时中断一旦允许就连续地运行，按指定的时间间隔反复执行被连接的中断程序。常用定时中断以固定的时间间隔去控制模拟量的采集和执行 PID 回路程序。如果退出 RUN 模式或分离定时中断，则定时中断被禁止。执行了全局中断禁止指令后，定时中断事件仍会继续发生，并进入中断队列直到中断允许或队列排满为止。

定时器 T32/T96 中断，在给定时间间隔到达时及时地产生中断。这些中断只支持 1ms 分辨率的延时接通定时器（TON）和延时断开定时器（TOF）T32 和 T96。T32 和 T96 定时器与其他定时器的功能相同。只是 T32、T96 在中断允许后，当定时器的当前值等于预置值时就产生中断。编程时应先建立 T32/T96 中断事件与相应中断程序的连接。

定时中断指令采集模拟量的程序举例如图 6-82 所示。

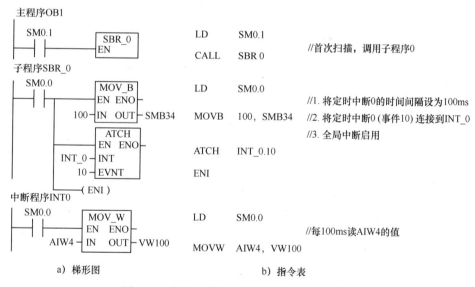

图 6-82　定时中断指令采集模拟量的程序举例

3. 中断优先级

中断按固定的次序来决定优先级：

1）通信（最高优先级）。

2）I/O 中断（中等优先级）。

3）时基中断（最低优先级）。

在各个优先级范围内，CPU 按先来先服务的原则处理中断。任何时刻只能执行一个用户中断程序。一旦中断程序开始执行，它会一直执行到结束，而且不会被别的中断程序

（甚至是更高优先级的中断程序）所打断。正在处理某中断程序时，新出现的中断事件需排队等持，以待处理。三个中断队列及其能保存的最大中断事件数见表 6-22。

表 6-22　中断队列和每个队列的最大中断事件数

队　　列	CPU221	CPU222	CPU224	CPU226
通信中断队列	4	4	4	8
I/O 中断队列	16	16	16	16
定时中断队列	8	8	8	8

在中断队列排满后，有时还可能出现中断事件。这时由队列溢出存储器位表明丢失的中断事件的类型。通信中断、I/O 中断、定时中断的中断队列溢出位分别是 SM4.0、SM4.1、SM4.2。中断队列溢出标志位只在中断程序中使用，因为在队列变空或控制返回到主程序时，这些标志位会被复位。

按优先级排列的中断事件及其事件号见表 6-21。

6.7　PID 算法和 PID 回路指令

用可编程序控制器对模拟量进行 PID 控制时，可以采用以下几种方式：

1. 使用 PID 过程控制模块

这种模块的 PID 控制程序是可编程序控制器生产厂家设计的，并存放在模块中，用户使用时只需设置一些参数，使用起来非常方便，一块模块可以控制几路甚至几十路闭环回路。但是这种模块的价格昂贵，一般在大型控制系统中使用。

2. 使用 PID 功能指令

现在很多可编程序控制器都有用于 PID 控制的功能指令，如 S7-200 PLC 的 PID 指令。它们实际上是用于 PID 控制的子程序，与模拟量输入/输出模块一起使用，可以得到类似于使用 PID 过程控制模块的效果，但是价格便宜很多。

可以用 STEP 7-Micro/WIN 32 编程软件中的"指令向导"模块简单快速地设置 PID 程序中的各种参数，设置完成后，指令向导将自动生成 PID 程序。

3. 用自编的程序实现 PID 闭环控制

有的可编程序控制器没有 PID 过程控制模块和 PID 控制用的功能指令，有的虽然可使用 PID 控制指令，但是希望采用某种改进的 PID 控制算法。在上述情况下，都需要用户自己编制 PID 控制程序。

这里只介绍 PID 功能指令的使用。

6.7.1　PID 算法

在闭环控制系统中广泛应用 PID 控制（即比例-积分-微分控制），对被控对象进行控制，使给定和输出反馈的偏差 $e(n)$ 趋于零，使系统的响应达到快（快速）、准（准确）、稳（稳定）的最佳状态。典型的 PID 模拟控制系统如图 6-83 所示。PID 回路的输出变量 $M(t)$ 是时间 t 的函数，见式（6-1）。它可以看作是比例项、积分项、微分项三项之和。$M_{initial}$ 是回路输出的初始值，K_C 是 PID 回路的增益，T_I 和 T_D 分别是积分时间常数和微分时间常数。

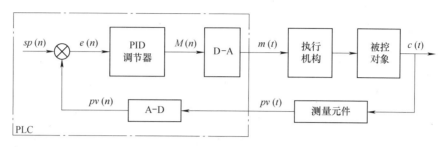

图 6-83　PID 闭环控制系统

$$M(t) = K_C \left(e + \frac{1}{T_I} \int_0^t e \, dt + T_D \frac{de}{dt} \right) + M_{initial} \tag{6-1}$$

数字计算机处理这个函数关系式，必须将连续函数离散化，对偏差周期采样后，计算输出值。式（6-2）是式（6-1）的离散形式。

$$M_n = K_C e_n + (K_I e_n + MX) + K_D (e_n - e_{n-1}) \tag{6-2}$$

式中，e_n 是第 n 次采样时的误差值，e_{n-1} 是第 $n-1$ 次采样时的误差值，K_C、K_I 和 K_D 分别是 PID 回路的增益、积分项的系数和微分项的系数，积分和（MX）是所有积分项前值之和。每一次计算只需要保存上一次的误差 e_{n-1} 和上一次的积分项 MX。式（6-2）也可写为：

$$M_n = K_C (SP_n - PV_n) + K_C (T_S/T_I)(SP_n - PV_n) + MX + K_C (T_D/T_S)(PV_{n-1} - PV_n) \tag{6-3}$$

式（6-3）包含了 9 个用来控制和监视 PID 运算的参数，在 PID 回路指令使用时要构成回路表，回路表由 36 个字节组成，其格式见表 6-23 所列。

表 6-23　回路表格式

偏移地址	变　量　名	数据类型	变量类型	描　　述
0	过程变量（PV_n）	实数	输入	必须在 0.0~1.0 之间
4	给定值（SP_n）	实数	输入	必须在 0.0~1.0 之间
8	输出值（M_n）	实数	输入/输出	必须在 0.0~1.0 之间
12	增益（K_C）	实数	输入	比例常数，可正可负
16	采样时间（T_S）	实数	输入	单位为 s，必须是正数
20	积分时间（T_I）	实数	输入	单位为 min，必须是正数
24	微分时间（T_D）	实数	输入	单位为 min，必须是正数
28	积分项前值（MX）	实数	输入/输出	必须在 0.0~1.0 之间
32	过程变量前值（PV_{n-1}）	实数	输入/输出	必须在 0.0~1.0 之间

6.7.2　PID 回路指令

1. PID 回路指令

PID 回路指令的梯形图和语句表表示如图 6-84 所示。TBL 是回路表的起始地址，是由 VB 指定的字节型数据；LOOP 是回路号，是 0~7 的常数。

当 EN 有效时，PID 回路指令利用回路表中的输入信息和组态信息，进行 PID（比例、积分和微分）运算，并得到输出控制量。PID 指令必须用在定时发生的中断程序中，或者在主程序中由定时器控制 PID 指令的执行频率。

2. 控制方式

S7-200 PLC 执行 PID 回路指令时为自动运行方式，不执行时为手动方式。

当 PID 回路指令的输入端 EN 检测到一个从 0 到 1 的正跳变信号，PID 回路就从手动方式无扰动地切换到自动方式。为了保证向自动模式的切换无冲击，在手动模式中设定的输出值必须作为 PID 指令的一个输入（写入到 PID 回路表的 M_n），PID 回路指令为此完成一系列如下动作，以保证 EN 正跳变时从手动方式无扰动地切换到自动模式：

图 6-84　PID 回路指令

置 SP_n（给定值）= PV_n（过程变量）；

置 PV_{n-1}（过程变量前值）= PV_n（过程变量）；

置 MX（积分项前值）= M_n（输出值）。

梯形图中，若 PID 指令的使能端（EN）直接接至左母线，在启动 CPU 或 CPU 从 STOP 方式转换到 RUN 方式时，PID 使能位的默认值是 1，可以执行 PID 指令，但无正跳变信号，因而不能实现无扰动的切换。

3. 回路控制类型的选择

比例项的作用是加快系统的响应，其结果虽然较能有效地克服扰动的影响，但有稳态误差出现。积分项的作用是消除稳态误差。微分具有超前作用，对于具有滞后的控制系统，引入微分控制。

在许多控制系统中，可能只需要 P、I、D 中的一种或两种控制类型。例如，可能只要求比例控制或比例与积分控制。通过设置参数可对回路控制类型进行选择。

如果不想要比例作用，应将回路增益设为 0。由于回路增益同时影响积分项和微分项控制，此时用于计算积分项、微分项的增益约定为 1。如果不想要微分作用，可令微分时间为 0。如果不需要积分作用，可将积分时间设为无穷大。

4. 关于回路控制参数

（1）回路输入变量的数据转换和标准化　每个 PID 回路具有两个输入量，即给定值和过程变量。给定值通常为固定值，如设定的汽车速度。过程变量受回路输出的影响，并反映了控制的效果，如测量轮胎转速的测速计输入。给定值和过程变量都是实际的工程量，其大小、范围和单位都可能不同。在进行 PID 运算之前，必须将这些值转换为无量纲、标准的浮点型实数。转换步骤如下：

1）回路输入变量的数据转换。

把 A－D 模拟量单元输出的 16 位整数值转换为浮点型实数，可以用下面的程序段实现：

```
XORD    AC0, AC0              //清 0 累加器 AC0
MOVW    AIW0, AC0             //把待变换的模拟量存入累加器
LDW>=   AC0, 0               //若模拟量为正
JMP     0                    //则转到标号为 0 的程序段直接变换
NOT                          //否则（即模拟量为负）
ORD     16#FFFF0000, AC0      //先对 AC0 中的值进行符号扩展
LBL     0                    //标号 0
ITD     AC0, AC0             //将 16 位数转换为 32 位整数格式
DTR     AC0, AC0             //将 32 位整数格式转换为实数格式
```

2）实数值的标准化。

把实数值进一步标准化为 0.0~1.0 之间的实数。实数标准化的公式如下：

$$R_{norm} = (R_{raw}/Span + Offset) \tag{6-4}$$

式中，R_{norm} 为标准化的实数值；R_{raw} 为未标准化的实数值；Offset 补偿值或偏置，单极性为 0.0，双极性为 0.5；Span 是值域大小，为最大允许值减去最小允许值，单极性为 32000（典型值），双级性为 64000（典型值）。

下面的程序段用于将 AC0 中的双极性模拟量进行标准化处理（可紧接上述转换为实数格式的程序段）：

```
/R      64000.0，AC0   //累加器中的实数值除以 64000.0，使标准化
+R      0.5，AC0       //加上偏置，使其落在 0.0~1.0 之间
MOVR    AC0，VD100     //标准化的值存入回路表
```

（2）回路输出变量的数据转换   回路输出值是一个控制量，是用来控制外部设备的，如汽车速度控制中的油阀开度。PID 运算的输出值是在 0.0~1.0 之间标准化了的实数值，在输出变量传送到 D-A 模拟量单元之前，必须把回路输出变量转化为相应的 16 位整数。这一转换实际上是标准化过程的逆过程。转换步骤如下：

1）把回路输出的标准化实数转换成实数，公式如下：

$$R_{scal} = (M_n - Offset) \times Span \tag{6-5}$$

式中，R_{scal} 是回路输出的刻度实数值；M_n 是回路输出的标准化实数；Offset、Span 的定义同式（6-4）。

将回路输出转换为对应的实数的程序如下：

```
MOVR    VD108，AC0       //将回路输出变量移入累加器
-R      0.5，AC0         //对双极性输出值，Offset 为 0.5，仅双极性有此句
*R      64000.0，AC0     //在累加器中得到刻度值，如果单极性变量应乘以 32000.0
```

2）将代表回路输出的实数刻度值转换成 16 位整数。

```
ROUND   AC0，AC0         //将实数转换为 32 位整数
DTI     AC0，AC0         //将双整数转换为整数
MOVW    AC0，AQW0        //将 16 位整数写入模拟输出寄存器
```

5. 变量和范围

过程变量和给定值是 PID 运算的输入变量，因此，在回路表中这些变量只能被回路指令读取而不能改写。

输出变量是由 PID 运算产生的，在每一次 PID 运算完成之后，需要把新的输出值写入回路表，以供下一次 PID 运算。输出值被限定为 0.0~1.0 之间的实数。

如果使用积分控制，积分项前值 MX 要根据 PID 运算结果更新。每次 PID 运算后更新了的积分项前值要写入回路表，用作下一次 PID 运算的输入。当输出值超过范围（0.0~1.0），那么积分项前值必须根据下列公式进行调整：

$$MX = 1.0 - (MP_n + MD_n) \quad 当计算输出值 M_n > 1.0 \tag{6-6}$$

$$MX = -(MP_n + MD_n) \quad 当计算输出值 M_n < 0.0 \tag{6-7}$$

式中，MX 是经过调整了的积分项前值；MP_n 是第 n 采样时刻的比例项；MD_n 是第 n 采样时刻的微分项。

修改回路表中积分项前值时，应保证 MX 的值在 0.0~1.0 之间。调整积分项前值后使

输出值回到 (0.0~1.0) 的范围, 可以提高系统的响应性能。

6. PID 参数整定

(1) PID 参数与系统动静态性能的关系　PID 控制器的参数整定是控制系统设计的核心内容。它是根据被控过程的特性确定 PID 控制器的比例系数、积分时间和微分时间, 采样周期也是另一个主要参数。参数如果整定得不好, 系统的动静态性能达不到要求, 甚至会使系统不能稳定运行。PID 的参数与系统动态、静态性能之间的关系是参数整定的基础。

1) 比例项的作用是加快系统的响应, 在误差出现时, 比例控制能立即给出控制信号, 使被控制量朝着误差减小的方向变化。其结果虽较能有效地克服扰动的影响, 但纯比例调节存在稳态误差, 稳态误差与 K_c 成反比。

增大 K_c 使系统反应灵敏, 上升速度加快, 且可以减小稳态误差。但是 K_c 过大会使超调量增大, 振荡次数增加, 调节时间也加长, 导致动态性能变坏, K_c 过大还使闭环系统不稳定。如果 K_c 太小, 虽然没有超调量, 系统输出量变化缓慢, 调节时间过长。

2) 积分项的作用是消除稳态误差。即便误差很小, 积分项也会随着时间的增加而加大, 它推动控制器的输出向稳态误差减小的方向变化, 直到稳态误差等于零。积分作用太强 (即 T_I 太小) 使系统的稳定性变差, 超调量增大; 积分作用太弱 (即 T_I 太大) 使系统消除稳态误差的速度减慢, T_I 的值应取得适中。

3) 微分具有超前作用, 对于具有滞后的控制系统, 引入微分控制。微分项能预测误差变化的趋势, 从而做到提前起抑制误差的控制作用。微分时间 T_D 太长可能会引起频率较高的振荡, 或使被控量接近稳态值时变化缓慢。这是因为接近稳态值时, 误差很小, 比例部分消除误差的能力很弱。由于微分部分太强, 抑制了被控量的上升, 导致被控量上升极为缓慢, 到达稳态的时间过长。

4) 采样周期。确定采样周期时, 应保证在被控量迅速变化时, 例如启动过程中的上升段, 能有足够多的采样点数, 以保证不会因采样点过稀而丢失被采集的模拟量中的重要信息。

表 6-24 给出了过程控制中采样周期的经验数据, 表中的数据仅供参考, 实际的采样周期需要经过现场调试后确定。S7-200 PLC 中 PID 的采样时间精度用定时中断来保证。

表 6-24　采样周期的经验数据

被控制量	流 量	压 力	温 度	液 位	成 分
采样周期/s	1~5	3~10	15~20	6~8	15~20

(2) PID 参数整定方法　PID 控制器参数整定的方法很多, 概括起来有两大类: 一是理论计算整定法。它主要是依据系统的数学模型, 经过理论计算确定控制器参数。这种方法所得到的计算数据未必可以直接用, 还必须通过工程实际进行调整和修改。二是工程整定方法, 它主要依赖工程经验, 直接在控制系统的试验中进行, 且方法简单、易于掌握, 在工程实际中被广泛采用。PID 控制器参数的工程整定方法, 主要有临界比例法、反应曲线法和衰减法。三种方法各有其特点, 其共同点都是通过试验, 然后按照工程经验公式对控制器参数进行整定。无论采用哪一种方法所得到的控制器参数, 都需要在实际运行中进行最后调整与完善。

观察反馈量的连续波形, 可以使用带慢扫描记忆功能的示波器 (如数字示波器), 波形记录仪, 或者在 PC 机上做的趋势曲线监控画面等。新版编程软件 STEP 7-Micro/WIN V4.0 内置了一个 PID 调试控制面板工具, 具有图形化的给定、反馈、调节器输出波形显示, 可以用于手动调试 PID 参数。对于没有 "自整定 PID" 功能的老版 CPU, 也能实现 PID 手动调节, 将 PID 回路表的地址复制到状态表中, 在监控模式下在线修改 PID 参数, 而不必停机修改。

PID 调试的一般原则：在输出不振荡时，增大比例增益 P；在输出不振荡时，减小积分时间常数 T_i；在输出不振荡时，增大微分时间常数 T_d。

PID 调试的一般步骤如下：

1）确定比例增益 P。确定比例增益 P 时，首先去掉 PID 的积分项和微分项，一般是令 $T_i = 9999$、$T_d = 0$，使 PID 为纯比例调节。输入设定为系统允许的最大值的 60% ~ 70%，由 0 逐渐加大比例增益 P，直至系统出现振荡；再反过来，从此时的比例增益逐渐减小，直至系统振荡消失，记录此时的比例增益 P，设定 PID 的比例增益 P 为当前值的 60% ~ 70%。至此比例增益 P 调试完成。

2）确定积分时间常数 T_i。比例增益 P 确定后，设定一个较大的积分时间常数 T_i 的初值，然后逐渐减小 T_i，直至系统出现振荡，之后再反过来，逐渐加大 T_i，直至系统振荡消失。记录此时的 T_i，设定 PID 的积分时间常数 T_i 为当前值的 150% ~ 180%。积分时间常数 T_i 调试完成。

3）确定微分时间常数 T_d。微分时间常数 T_d 一般不用设定，为 0 即可。如果反复调节 K_c 和 T_I，超调量仍然较大，可以加入微分，T_D 从 0 逐渐增大，与确定 P 和 T_i 的方法相同，取不振荡时的 30%。

4）系统空载、带载联调，再对 PID 参数进行微调，直至满足要求。

总之，PID 参数的调试是一个综合、互相影响的过程，实际调试过程中的多次尝试是非常重要的步骤，也是必须的。

PID 参数是根据控制对象的惯量来确定的。大惯量如：大烘房的温度控制，一般 P 可在 10 以上，I = 3 ~ 10，D = 1 左右。小惯量如：一个小型电动机带一台水泵进行压力闭环控制，一般只用 PI 控制。P = 1 ~ 10，I = 0.1 ~ 1，D = 0，这些要在现场调试时进行修正的。变频器一般也有 PID 控制功能。如果用 S7-200 PLC 控制变频器，并且需要控制的变量只与变频器有关，例如用变频水泵控制水压，可以优先考虑使用变频器的 PID 功能。

7. PID 指令编程举例

某水箱需要维持一定的水位，该水箱里的水以变化的速度流出。这就需要有一个水泵以变化的速度给水箱供水以维持水位（满水位的 75%）不变，这样才能使水箱不断水。

（1）分析 本系统的给定值是水箱满水位的 75% 时的水位，过程变量由水位测量计提供。输出值是水泵的速度，可以从允许最大值的 0% 变到 100%。

给定值可以预先设定后直接输入到回路表中，过程变量值来自水位测量计的单极性模拟量，回路输出值也是一个单极性模拟量，用来控制水泵速度。

本系统中选择比例和积分控制，其回路增益和时间常数通过工程计算初步确定，但还需要进一步调整以达到最优控制效果。初步确定的回路增益和时间常数为：$K_C = 0.25$，$T_S = 0.1$，$T_1 = 30min$，$T_D = 0$。

（2）程序实现 系统启动时关闭出水口，用手动方式控制水泵速度使水位达到满水位的 75%，然后打开出水口，同时水泵控制从手动方式切换到自动方式。这种切换可由一个手动开关（I0.1）控制。I0.1 控制手动与自动的切换，0 代表手动；1 代表自动。

水箱水位 PID 控制的程序如图 6-85 所示。其中主程序 OB1 的功能是 PLC 首次运行时利用 SM0.1 调用初始化子程序 SBR-0。子程序 SBR-0 的功能是形成 PID 的回路表，建立 100ms 的定时中断，并且打开中断。中断程序 INT-0 的功能是输入水箱的水面高度 AIW0 的值，并送入回路表。

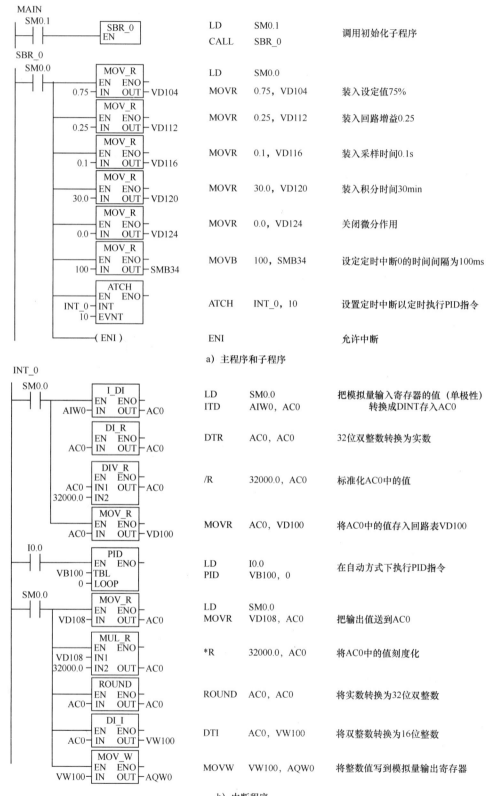

a) 主程序和子程序

b) 中断程序

图 6-85 水箱水位 PID 控制的程序

6.7.3　PID 指令向导

STEP 7-Micro/WIN 提供了 PID 指令向导，帮助用户方便地生成一个闭环控制过程的 PID 算法。用户只要在向导的指引下填写相应的参数，就可以方便快捷地完成 PID 运算的自动编程；在应用程序中调用 PID 向导生成的子程序，完成 PID 控制任务。向导最多允许配置 8 个 PID 回路。

PID 向导既可以生成模拟量输出 PID 控制算法，也支持开关量输出（如控制加热棒）；既支持连续自动调节，也支持手动参与控制，并能实现手动到自动的无扰切换。除此之外，它还支持 PID 反作用调节。

PID 功能块只接受 0.0~1.0 之间的实数作为反馈、给定与控制输出的有效数值，如果是直接使用 PID 功能块编程，必须保证数据在这个范围之内，否则会出错。其他如增益、采样时间、积分时间和微分时间都是实数。但 PID 向导已经把外围实际的物理量与 PID 功能块需要的输入输出数据之间进行了转换，不再需要用户自己编程进行输入/输出的转换与标准化处理。而且 S7-200 CPU 有 PID 自整定功能，用户可以利用此功能得到最优化的 PID 参数。若要使用 PID 自整定功能，必须用 PID 向导完成编程任务。

1. PID 向导

1）单击编程软件指令树中的"向导"→PID 图标，或者在 Micro/WIN 中的命令菜单中选择 Tools→Instruction Wizard，然后在指令向导窗口中选择 PID 指令，如图 6-86 所示。

如果项目中已经配置了一个 PID 回路，则向导会指出已经存在的 PID 回路，并让你选择是配置修改已有的回路，还是配置一个新的回路。

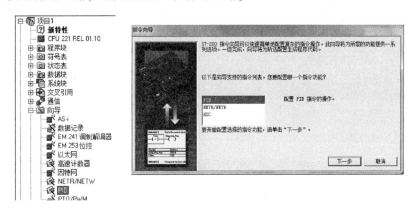

a）指令树路径　　　　　　　　　　b）工具栏路径

图 6-86　PID 向导

2）定义需要配置的 PID 回路号。在图 6-87 中定义需要配置的 PID 回路号。

3）设定 PID 回路参数。如图 6-88 所示，回路给定值（SP）的范围需要在低限和高限输入域中输入实数，默认值为 0.0 和 100.0，表示给定值的取值范围占过程反馈量程的百分比。它也可以用实际的工程单位数值表示。

PID 回路参数都应当是实数。如果不想要积分作用，可以把积分时间设为无穷大：即 9999.99；如果不想要微分回路，可以把微分时间设为 0。采样时间是 PID 控制回路对反馈采样和重新计算输出值的时间间隔，在向导设置完成后，若想要修改此数，则必须返回向导中修改，不可在程序中或状态表中修改。注意：关于具体的 PID 参数值，每一个项目都不一样，需要现场调试来定，没有所谓的经验参数。

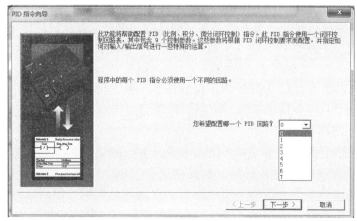

图 6-87　选择 PID 回路号

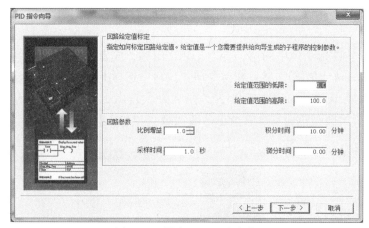

图 6-88　设定 PID 回路参数

4）设定回路输入输出值。在图 6-89 中，首先设定过程变量的范围：

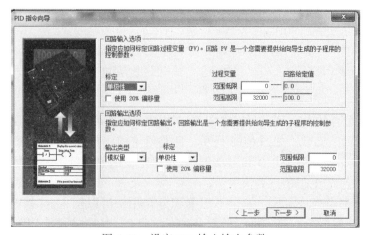

图 6-89　设定 PID 输入输出参数

① 回路输入选项—标定。

单极性：即输入的信号为正，如 0～10V 或 0～20mA 等。

双极性：输入信号在从负到正的范围内变化。如输入信号为±10V、±5V 等时选用。

20%偏移：如果输入为 4～20mA，则选单极性此项，4mA 是 20mA 信号的 20%，所以选 20%偏移，即 4mA 对应 6400，20mA 对应 32000。

② 回路输入选项—过程变量。

过程变量所对应的回路给定值即为图 6-89 中设定的给定值范围。

在指定输入类型设置为单极性时，默认值为 0～32000，对应输入量程范围为 0～10V 或 0～20mA 等，输入信号正。

在指定输入类型设置为双极性时，默认值为-32000～32000，对应的输入范围根据量程不同可以是±10V、±5V 等。

在指定输入类型选中 20%偏移时，取值范围为 6400～32000，不可改变，此反馈输入也可以是工程单位数值。

③ 回路输出选项—输出类型。

可以选择模拟量输出或数字量输出。模拟量输出用来控制一些需要模拟量给定的设备，如比例阀、变频器等；数字量输出实际上是控制输出点的通、断状态，按照一定的占空比变化，可以控制固态继电器（加热棒等）。

④ 回路输出选项—标定。

单极性输出：可为 0～10V 或 0～20mA 等。

双极性输出：可为±10V 或±5V 等。

20%偏移：使输出为 4～20mA。

⑤ 回路输出选项—范围。

选择模拟量设定回路输出变量值的范围为单极性时，默认值为 0～32000。

选择模拟量设定回路输出变量值的范围为双极性时，取值为-32000～32000。

选择模拟量设定回路输出变量值的范围为 20%偏移时，取值为 6400～32000，不可改变，如果选择了开关量输出，需要设定此占空比的周期。

5）设定回路报警选项。如图 6-90 所示，向导提供了三个输出来反映过程值（PV）的低值报警、高值报警及过程值模拟量模块错误状态。当报警条件满足时，输出置位为 1。这些功能在选中了相应的选择框之后起作用。

① 使能低值报警并设定过程值（PV）报警的低值，此值为过程值的百分数，默认值为 0.10，即报警的低值为过程值的 10%。此值最低可设 0.01，即满量程的 1%。

② 使能高值报警并设定过程值（PV）报警的高值，此值为过程值的百分数，默认值为 0.90，即报警的高值为过程值的 90%。此值最高可设 1.00，即满量程的 100%。

③ 使能过程值（PV）模拟量模块错误报警并设定模块与 CPU 连接时所处的模块位置。"0" 就是第一个扩展模块的位置。

6）指定 PID 运算数据存储区。PID 指令使用了一个 80 个字节的 V 区参数表来进行控制回路的运算工作；除此之外，PID 向导生成的输入/输出量的标准化程序也需要 40 个字节的运算数据存储区。需要为它们定义一个起始地址，要保证该地址起始的若干字节在程序的其他地方没有被重复使用。如果单击"建议地址"，则向导将自动设定当前程序中没有用过的 V 区地址，如图 6-91 所示。自动分配的地址只是在执行 PID 向导时编译检测到空闲地址。向导将自动为该参数表分配符号名，用户不用再自己为这些参数分配符号名，否则将导致 PID 控制不执行。

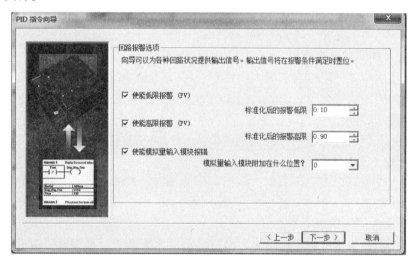

图 6-90　设定回路报警限幅值

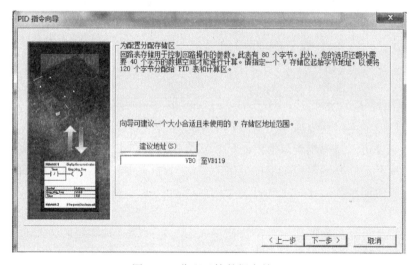

图 6-91　分配运算数据存储区

7）定义向导所生成的 PID 初使化子程序和中断程序名及手动/自动模式。如图 6-92 所示，向导已经为初使化子程序和中断子程序定义了默认名，也可以修改成自己命名的名字。

如果项目中已经存在一个 PID 配置，则中断程序名为只读，不可更改。因为一个项目中所有 PID 共用一个中断程序，它的名字不会被任何新的 PID 所更改。

PID 向导中断用的是 SMB34 定时中断，在使用了 PID 向导后，注意在其他编程时不要再用此中断，也不要向 SMB34 中写入新的数值，否则 PID 将停止工作。

向导中可以选择添加 PID 手动控制模式。在 PID 手动控制模式下，回路输出由手动输出设定控制，此时需要写入手动控制输出参数，一个 0.0～1.0 的实数，代表输出的 0%～100%，而不是直接去改变输出值。此功能提供了 PID 控制的手动和自动之间的无扰切换能力。

PID 指令向导
向导将创建一个子程序，用于初始化所选 PID 配置。
此初始化子程序应如何命名？ PID0_INIT
向导将为 PID 回路控制创建一个中断程序。此程序还将执行必要的错误检查。
此中断程序应如何命名？ PID_EXE
可以选择对 PID 进行手动控制。处于手动模式时，不执行 PID 计算，回路输出由用户程序控制。
增加 PID 手动控制
<上一步
下一步 >
取消

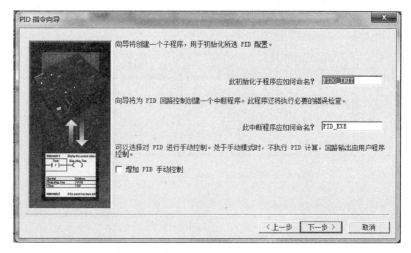

图 6-92 指定子程序、中断服务程序名和选择手动控制

8）生成 PID 初始化子程序、中断程序及符号表等。一旦单击“完成”按钮，将在项目中生成上述 PID 初始化子程序 PIDx-INIT（图 6-93）、中断程序 PID-EXE（图 6-94）、符号表 PIDx-SYM（图 6-95）和数据块 PIDx-DATA 等。

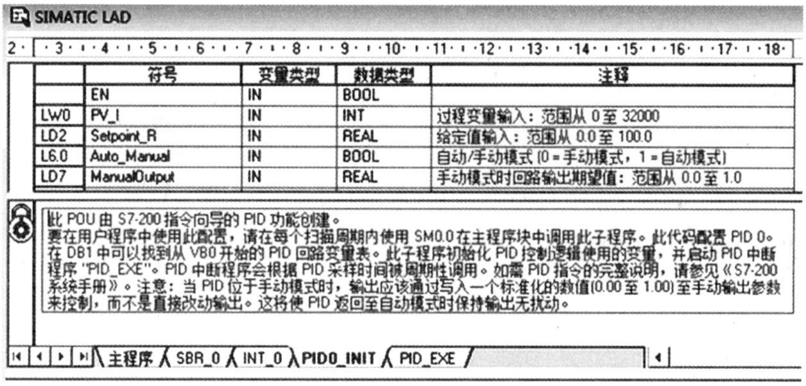

SIMATIC LAD
符号 变量类型 数据类型 注释
EN IN BOOL
LW0 PV_I IN INT 过程变量输入：范围从 0 至 32000
LD2 Setpoint_R IN REAL 给定值输入：范围从 0.0 至 100.0
L6.0 Auto_Manual IN BOOL 自动/手动模式（0＝手动模式，1＝自动模式）
LD7 ManualOutput IN REAL 手动模式时回路输出期望值：范围从 0.0 至 1.0
此 POU 由 S7-200 指令向导的 PID 功能创建。
要在用户程序中使用此配置，请在每个扫描周期内使用 SM0.0 在主程序块中调用此子程序。此代码配置 PID 0。在 DB1 中可以找到从 VB0 开始的 PID 回路变量表。此子程序初始化 PID 控制逻辑使用的变量，并启动 PID 中断程序 "PID_EXE"。PID 中断程序会根据 PID 采样时间被周期性调用。如需 PID 指令的完整说明，请参见《S7-200 系统手册》。注意：当 PID 位于手动模式时，输出应该通过写入一个标准化的数值(0.00 至 1.00)至手动输出参数来控制，而不是直接改动输出。这将使 PID 返回至自动模式时保持输出无扰动。
主程序 SBR_0 INT_0 PID0_INIT PID_EXE

图 6-93 PID 初始化子程序

SIMATIC LAD
符号 变量类型 数据类型
TEMP
TEMP
TEMP
TEMP
此 POU 由 S7-200 指令向导的 PID 功能创建。
此中断程序执行 PID 定时中断。此中断子程序已附加在子程序"PID0_INIT"内。
主程序 SBR_0 INT_0 PID0_INIT PID_EXE

图 6-94 中断程序

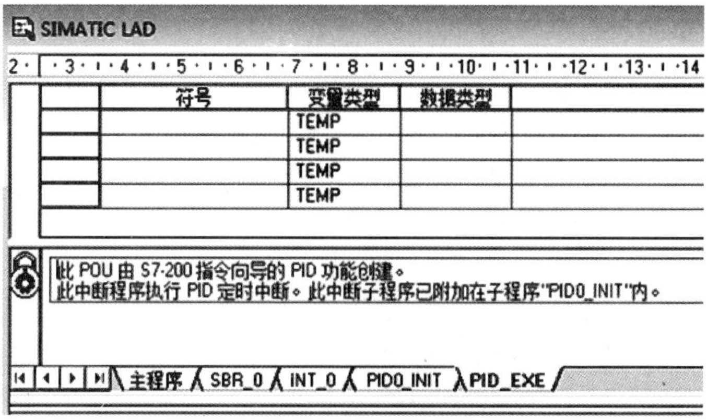

图 6-95 PID 符号表

PID 符号表 PIDx-SYM 中可以找到 P（比例）、I〔积分〕、D（微分）等参数的地址。利用这些参数地址用户可以方便地在 STEP-Micro/WIN 中使用程序、状态表或从 HMI 修改 PID 参数值进行编程调试。PID 初始化子程序和中断程序用户只能用、不能读。

9）配置完 PID 向导，应在主程序中用 SM0.0 调用向导生成的 PID 初始化子程序（图 6-96）。调用 PID 子程序时，不用考虑中断程序。子程序会自动初始化相关的定时中断处理事项，CPU 根据在向导中设置的采样时间，周期性地调用中断程序，在中断程序中执行 PID 运算。

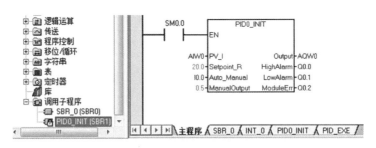

图 6-96 调用 PID 初始化子程序

① 必须用 SM0.0 来使能 PID，以保证它的正常运行。

② PV-I，输入过程值（反馈）的模拟量输入地址。

③ setpoint-R，输入设定值变量地址（VDxx），或者直接输入设定值常数，根据向导中的设定范围 0.0~100.0，此处应输入一个 0.0~100.0 的实数，例：若输入 20，即为过程值的 20%，假设过程值 AIW0 是量程为 0~200℃的温度值，则此处的设定值 20 代表 40℃（即 200℃ 的 20%）；如果在向导中（图 6-86）设定给定范围为 0.0~200.0，则此处的 20 相当于 20℃。

④ 此处用 I0.0 控制 PID 的手动/自动方式，当 I0.0 为 1 时，为自动，经过 PID 运算从 AQW0 输出；当 I0.0 为 0 时，PID 将停止计算，AQW0 输出为 ManualOutput（VD4）中的设定值，此时不要另外编程或直接给 AQW0 赋值。若在向导中没有选择 PID 手动功能，则此项不会出现。

⑤ ManualOutput，定义 PID 手动状态下的输出，从 AQW0 输出一个满值范围内对应此值的输出量。此处可输入手动设定值的变量地址（VDxx），或直接输入数。数值范围为 0.0~1.0 之间的一个实数，代表输出范围的百分比。例如输入 0.5，则设定为输出的 50%。若在向导中没有选择 PID 手动功能，则此项不会出现。

⑥ Output，键入控制量的输出地址。

⑦ 当高报警条件满足时，相应的输出置位为 1，若在向导中没有使能高报警功能，则此项将不会出现。

⑧ 当低报警条件满足时，相应的输出置位为 1，若在向导中没有使能低报警功能，则此项将不会出现。

⑨ 当模块出错时，相应的输出置位为 1，若在向导中没有使能模块错误报警功能，则此项将不会出现。

2. PID 自整定

（1）自整定方法　在一个稳定的控制过程中产生一个微小但持续的扰动，根据过程变量中变化的周期和振幅，确定控制过程的最终频率和增益，然后利用最终的增益和频率值，PID 自整定给出推荐的增益值、积分时间值和微分时间值。PID 自整定适用于双向调节、反向调节、P 调节、PI 调节、PD 调节和 PID 调节等各种调节回路。

（2）扩展回路表　S7-200 中的 PID 指令涉及回路表，回路表中包含了回路参数，见表 6-25。该表原来只有 36 个字节，现在有了 PID 自整定功能，表的长度增加到 80 个字节。可以通过 PID 自整定控制面板操纵 PID 回路表中的所有参数。

表 6-25　扩展回路表

偏移地址	变 量 名	数据类型	变量类型	描　述
0	过程变量（PV_n）	实数	输入	必须在 0.0~1.0 之间
4	给定值（SP_n）	实数	输入	必须在 0.0~1.0 之间
8	输出值（M_n）	实数	输入/输出	必须在 0.0~1.0 之间
12	增益（K_c）	实数	输入	比例常数，可正可负
16	采样时间（T_S）	实数	输入	单位为 s，必须是正数
20	积分时间（T_I）	实数	输入	单位为 min，必须是正数
24	微分时间（T_D）	实数	输入	单位为 min，必须是正数
28	积分项前值（MX）	实数	输入/输出	必须在 0.0~1.0 之间
32	过程变量前值（PV_{n-1}）	实数	输入/输出	必须在 0.0~1.0 之间
36	PID 回路表 ID	ASC Ⅱ 码	常数	ASC Ⅱ 常数
40	AT 控制（ACNTL）	BYTE	输入	
41	AT 状态（ASTAT）	BYTE	输出	
42	AT 结果（ARES）	BYTE	输入/输出	
43	AT 配置（ACNFG）	BYTE	输入	
44	偏移（DEV）	REAL	输入	最大过程变量振幅的标准化值：0.25~25
48	滞后（HYS）	REAL	输入	过程变量滞后的标准化值：0.005~0.1
52	初始输出阶跃幅度（STEP）	REAL	输入	输出阶跃幅度变化的标准化大小，用于减小过程变量的振动：0.05~0.4
56	看门狗时间（WDOG）	REAL	输入	两次零相交之间允许的最大时间间隔：60~7200s
60	推荐增益（AT_KC）	REAL	输出	自整定过程推荐的增益值
64	推荐积分时间（AT_TI）	REAL	输出	自整定过程推荐的积分时间值
68	推荐微分时间（AT_TD）	REAL	输出	自整定过程推荐的微分时间值
72	实际输出阶跃幅度（ASTEP）	REAL	输出	自整定过程确定的归一化以后的输出阶跃幅度
76	实际滞后（AHYS）	REAL	输出	自整定过程确定的归一化以后的过程变量滞后值

（3）PID 自整定画面 要想使用 PID 自整定，必须使用 PID 向导进行编程，然后进入
PID 调节控制面板，启动、停止自整定功能。另外从控制面板中可以手动改变 PID 参数，并
用图形方式监视 PID 回路的运行。

使用控制面板时，编程软件应与 S7-200 建立通信连接，将至少有一个 PID 回路的用户
程序下载到 PLC，并将 PLC 切换到运行模式。在 Micro/WIN V4.0 在线的情况下，单击导航
栏"工具"或单击主菜单"工具"中的 PID 调节控制面板，如图 6-97 所示。打开的 PID 调
节控制面板，如图 6-98 所示。

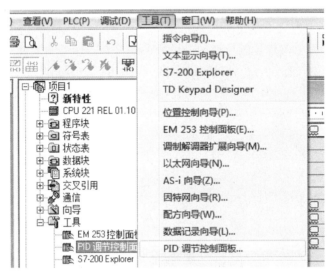

图 6-97 PID 调节控制面板的路径

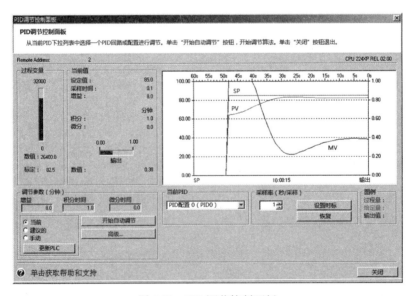

图 6-98 PID 调节控制面板

PID 调节控制面板的图形显示区用不同的颜色显示 SP、PV 和 MV 的波形图。左侧纵轴
的刻度用百分数表示各变量的相对值，右侧纵轴的刻度是 PV 和 SP 的实际值。

在采样速率区域中，可以在 1~480s 之间选择图形显示的采样时间间隔，还可以编辑采样速率，用"设置时间"按钮使设定生效。

单击"暂停"按钮来冻结画面，用"恢复"按钮来重新启动数据采样。在图形区域内单击鼠标右键选择"清除"，可以清除图形。用屏幕左下方的单选框选择参数的当前值、建议值或手动值，选择手动值可以手动修改 PID 参数。单击"更新 PLC"按钮，将显示的参数传送到被监视的 PID 回路中。"开始自动调节"按钮用来启动和停止自整定过程。

（4）PID 自整定操作　手动将 PID 调节到稳定状态后，即过程值与设定值接近，且输出没有不规律的变化，并最好处于控制范围中心附近。此时，在程序中使 PID 调节器工作在自动模式下，然后单击"开始自动调节"按钮启动 PID 自整定功能，这时按钮变为"停止自动调节"。自整定控制器会在回路的输出中加入一些小的阶跃变化，使得控制过程产生小的振荡，自动计算出优化的 PID 参数并将计算出的 PID 参数显示在 PID 参数区。当按钮再次变为"开始自动调节"时，表示系统已经完成了 PID 自整定。此时 PID 参数区所显示的为整定后的参数，如果希望系统更新为自整定后的 PID 参数，单击"更新 PLC"按钮即可。

单击图 6-98PID 调节控制面板的"高级…"按钮，弹出"高级 PID 自动调节参数"对话框，如图 6-99 所示。对话框中"死区"是滞后参数，给出一个相对于设定值的正负偏移量，过程变量在此偏移量范围内不会导致控制器改变输出值，这个值用于减小过程变量中噪声的影响；偏移参数是指希望得到的过程变量相对于设定值的峰-峰值幅度；初始步长值就是输出的变动第一步变化值，以占实际输出量程的百分比表示。看门狗时间要求过程变量必须在此时间（时基为 s）内达到或穿越给定值，否则会产生看门狗超时错误。

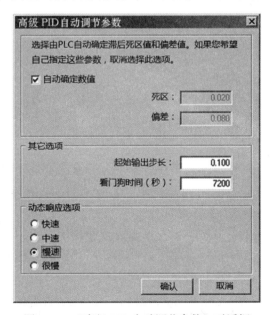

图 6-99　"高级 PID 自动调节参数"对话框

自整定所推荐的参数值与控制过程所选择的响应速度相关，可以选择快速响应、中速响应、慢速响应或者极慢速响应。根据控制过程，一个快速响应会产生超调，它符合不完全衰减整定条件。一个中速响应会使控制过程濒临超调的边缘，它符合临界衰减整定条件。一个慢速响应不会导致超调，它符合强衰减整定条件。一个极慢速响应不会导致超调，它符合超强衰减整定条件。

3. PID 向导编程及自整定实例

实验用温度控制 PID 控制盒，加热用的电阻丝用 AQW0 输出的 0~10V 来控制。温度变送器将 0~99℃的温度转换为 0~5V。由 CPU 的模拟量输入通道 AIW0 将它转换为所对应的数字量范围（0~16000）。

设置 PID 回路 0 的设定值范围为 0.0%~100.0%，增益为 10.0，采样周期为 0.1s，积分时间为 3.0min，微分时间为 0min，即选择的是 PI 控制器。设置 PID 控制器的输入、输出量均为单极性，输入变化范围均为 0~16000，输出变化范围均为 0~32000。回路不使用报警功能，占用 VB0~VB119。完成向导中的设置工作后，将会自动生成子程序 PID0-INIT 和中断程序 PID-EXE。在编程时，用一直闭合的 SM0.0 动合触点来控制它的使能输入端（EN），将指令树的"\指令\调用子程序"文件夹中的 PID0-INIT 图标"拖放"到主程序的梯形图编辑区中，设置 PID0_INIT 的输入过程变量 PV_I 的地址为 AIW0，实数设定值 Setpoint-R（即波形图中的 SP）为 80.0%，PID 控制器的输出变量 Output（即波形图中的 MV）的地址为 AQW0。

将程序块和数据块下载到 CPU 后，将 CPU 切换到 RUN 模式，执行菜单命令"工具"→"PID 调节控制面板"，用 PID 整定控制面板监视 PID 回路的运行情况。当过程值与设定值接近且输出稳定时，单击"开始自动调节"按钮，启动自整定过程。自整定结束后，PID 调节控制面板的调节参数区给出了推荐的控制器参数。单击左下方的"更新 PLC"按钮，将推荐的参数写入 CPU。

6.8 网络通信指令

6.8.1 SIEMENS PLC 网络

SIMATIC NET 为西门子网络产品统一商标，它是一个对外开放的网络，已广泛应用于工业生产的各个领域。为了适应不同控制的需求，其控制网络分成若干层次，采用不同的国际标准，以满足用户的不同需要。

西门子公司产品的生产金字塔由 4 级组成，由上到下依次是公司管理级、工厂过程管理级、过程监控级、过程测量与控制级。在这 4 级子网中包含 3 层总线，最底层为 AS-i 总线。AS-i 是执行器-传感器（Actuator Sensor Interface）的简称，是传感器和执行器通信的国际标准，属于主从式网络，主要负责现场传感器和执行器的通信，也可以是远程 I/O 总线（PLC 与远程 I/O 模块之间的通信）。中间层为工业现场总线 PROFIBUS，是用于车间级和现场级的国际标准，PROFIBUS 由 3 部分组成，即 PROFIBUS-DP（分布式外部设备）、PROFIBUS-PA（过程自动化）和 PROFIBUS-FMS（现场总线报文规范）。此外，基于 PROFIBUS 还推出了用于运动控制总线驱动技术 PROFI-drive 和故障安全通信技术 PROFI-safe。顶层为工业以太网，它基于国际标准 IEEE 802.3，是一种开放式网络，可以实现管理控制网络的一体化，可以集成到互联网，为全球联网提供条件。S7 系列 PLC 的网络结构如图 6-100 所示。

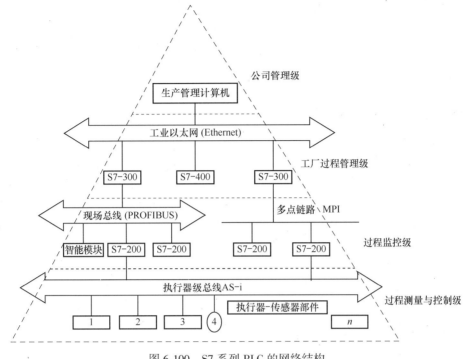

图 6-100　S7 系列 PLC 的网络结构

6.8.2　网络通信设备和协议

1. 并行通信和串行通信

按每次传送的数据位数，通信方式可分为并行通信和串行通信。

（1）并行通信　并行通信是一次同时传送 8 位二进制数据，从发送端到接收端需要 8 根传输线。这主要用于近距离通信，如在 PLC 主机内部的数据通信通常以并行方式进行。这种方式的优点是传输速度快，处理简单，但所用数据线多，成本高，不宜进行远距离通信。

（2）串行通信　串行通信一次只传送 1 位二进制数据，从发送端到接收端只需要 1 根传输线。串行方式虽然传输率低，但适合于远距离的传输。在 PLC 网络中普通采用串行通信方式。

1）异步通信和同步通信。串行通信按信息传送格式可分为异步通信和同步通信。

异步通信时，被传送的数据编码成串脉冲。传送一个 ASC Ⅱ 字符（每个字符有 7 位数据）的格式如图 6-101 所示，首先发送起始位，接着是数据位、奇偶校验位，最后是停止位。

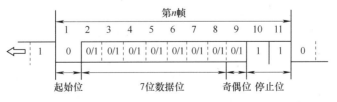

图 6-101　串行通信数据格式

同步通信时，用 1 个或 2 个同步字符表示传送过程的开始，接着是 n 个字符的数据块，字符之间不允许有空隙。发送端发送时，首先对欲发送的原始数据进行编码。由于发送端发出的编码自带时钟，实现了收发双方的自同步功能。接收端经过解码，便可以得到原始数据。

在同步通信的一帧信息中，多个要传送的字符放在同步字符后面，不需要每个字符的起始、停止位，数据传输效率高于异步通信，常用于高速通信的场合。但同步通信的硬件比异步通信复杂，所需软、硬件的价格是异步通信的 8~12 倍。因此，通常在数据传输速率超过 2kbit/s 的系统中才采用同步通信。

2）单工、半双工与全双工通信。

按照串行通信数据在线路上的传输方向，通信方式分为单工通信、半双工通信和全双工通信。单工通信只支持数据在一个方向上传输，如无线电广播和电视广播都是单工通信。

半双工通信允许数据在两个方向上传输，但在同一时刻，只允许数据在一个方向上传输。它实际上是一种可切换方向的单工通信。

全双工通信允许数据同时在两个方向上传输，又称为双向同时通信，即通信的双方可以同时发送和接收数据。例如，现代电话通信提供了全双工传送。

2. 串行通信接口

（1）RS232C　RS232C 是美国 EIC（电子工业联合会）在 1969 年公布的通信协议，至今仍在计算机和 PLC 中广泛使用。RS232C 采用负逻辑，用 -5~15V 表示逻辑状态"1"，用 5~15v 表示逻辑状态"0"。其最大通信距离为 15m，最高传输速率为 20kbit/s，只能进行一对一的通信。可使用 9 针或 25 针的 D 型连接器，可编程序控制器一般使用 9 针的连接器，距离较近时只需要 3 根线（图 6-102，GND 为信号地）。RS232C 使用单端驱动、单端接收电路（图 6-103），容易受到公共地线上的电位差和外部引入的干扰信号的影响。

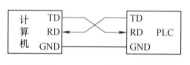

图 6-102　RS232C 的信号线连接

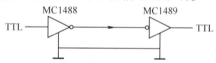

图 6-103　单端驱动、单端接收电路

（2）RS422A　美国 EIC 于 1977 年制订了串行通信标准 RS499，对 RS232C 的电气特性做了改进，RS422A 是 RS499 的子集。RS442A 采用平衡驱动、差分接收电路（图 6-104），从根本上取消了信号地线。外部输入的干扰信号是以共模方式出现的，两根传输钱上的共模干扰信号相同，因接收器是差分输入，共模信号可以互相抵消。只要接收器有足够的抗共模干扰能力，就能从干扰信号中识别出驱动器输出的有用信号，从而克服外部干扰的影响。

RS422A 在最大传输速率（10Mbit/s）时，允许的最大通信距离为 12m；传输速率为 100kbit/s 时，最大通信距离为 1200m。一台驱动器可以连接 10 台接收器。

（3）RS485　RS485 是 RS422A 的变形产品，RS422A 是全双工通信，两对平衡差分信号线分别用于发送和接收。RS485 为半双工通信，只有一对平衡差分信号线，不能同时发送和接收。

使用 RS485 通信接口和双绞线可组成串行通信网络（图 6-105），构成分布式系统，系统中最多可有 32 个站，新的接口器件已允许连接 128 个站。

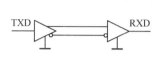

图 6-104　平衡驱动、差分接收电路

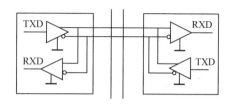

图 6-105　RS485 网络

3. 网络通信硬件

如果网络中的各个站分别在不同的地方接地，由于各个接地点之间的电位差，在网络线中出现的不必要的电流有可能导致通信错误或者设备损坏。因此，各个站的内部应使用同一个参考电位，然后将各个站的参考点用导线连接在一起，再一点接地。

（1）通信口　S7-200 CPU 上的通信口是与 RS485 兼容的 9 针 D 型连接器，符合欧洲标准 EN 50170。表 6-26 给出了通信口的引脚分配。

表 6-26　S7-200 CPU 通信口的引脚分配

针	信号	端口 0/端口 1
1	屏蔽	机壳接地
2	24V 返回	逻辑地
3	RS485 信号 B	RS485 信号 B
4	发送申请	RTS（TTL）
5	5V 返回	逻辑地
6	5V	5V，100Ω 串联电阻
7	24V	24V
8	RS485 信号 A	RS485 信号 A
9	不用	10 位协议选择
连接器外壳	屏蔽	机壳接地

（2）通信电缆

1）PROFIBUS 网络电缆。PROFIBUS 现场总线使用屏蔽双绞线电缆。PROFIBUS 网络电线的最大长度取决于通信波特率和电缆类型。当波特率为 9600bit/s 时，网络电缆最大长度为 1200m。

2）PC/PPI 电缆。S7-200 CPU 有其专用的低成本编程电缆，统称为 PC/PPI 电缆，用于连接 PC 机 RS232 端口和 S7-200CPU 上的 RS485 通信口，可用做 STEP 7-Micro/WIN 对 CPU 的编程调试，或与上位机做监控通信，或与其他具有 RS232 端口的设备之间做自由口通信。

3）PPI 多主站电缆。PPI 多主站电缆有两种：RS232C/PPI 和 USB/PPI。PC/PPI 电缆的一端是 RS485 端口，用来连接 PLC 主机；另一路是 RS232 或 USB 端口，利用 PPI 多主站电缆和自由端口模式可把 S7-200 连接到带有 RS232 标准兼容的许多设备，如计算机、编程器和调制解调器等。自由端口模式用于 S7-200 与西门子 SIMODRIVE 驱动设备通信的 USS 协议和 S7-200 与其他设备通信的 Modbus 协议。

① RS232C/PPI 多主站电缆

RS232C/PPI 多主站电缆用于 STEP7-Micro/WIN 或自由端口操作。RS232C/PPI 多主站电缆护套上有 8 个 DIP 开关，通信的波特率用 DIP 开关的 1~3 位设置（见表 6-27）。第 4 位和第 8 位未用。第 5 位为 1 和 0 分别选择 PPI 和 PPI/自由端口模式。第 6 位为 1 和 0 分别选择远程模式和本地模式。第 7 位为 1 和 0 分别对应于调制解调器的 10 位模式和 11 位模式。

表 6-27　波特率的设置

波特率/(bit/s)	设　　置	波特率/(bit/s)	设　　置
115200	110	9600	010
57600	111	4800	011
38400	000	2400	100
19200	001	1200	101

a. 普通 PPI 模式：RS232C/PPI 多主站电缆用于 STEP7-Micro/WIN 或自由端口设定。如果用 PPI 多主站电缆将 S7-200 直接连接到计算机，DIP 开关的第 5 位为 0（PPI/自由端口模式），第 6 位为 0（本地模式），第 7 位为 0（11 位模式）。

如果将 S7-200 连接到调制解调器，DIP 开关的第 5 位为 0，第 6 位为 1（远程模式），根据调制解调器字符是 10 位还是 11 位来设置第 7 位开关。

b. 多主站 PPI 模式：RS232C/PPI 多主站电缆用于 STEP7-Micro/WIN V3.2 SP4 以上版本的设定。

如果用 PPI 多主站电缆将 S7-200 直接连接到计算机，DIP 开关的第 5 位为 1（PPI 模式），第 6 位为 0（本地模式）。

如果 S7-200 连接到调制解调器，DIP 开关的第 5 位为 1，第 6 位为 1（远程模式）。

② USB/PPI 电缆

USB/PPI 编程电缆需要安装 USB 设备驱动程序才能使用。驱动程序安装完成后，在 Windows 的设备管理器中将出现 USB/PPI 编程电缆对应的 COM 端口，只需在编程软件或其他应用软件中选择该 COM 端口即可，接下来的使用与传统的 RS232 口编程电缆完全相同。只需执行以下步骤即可：在"设置 PG/PC 接口"属性页中，单击"属性"按钮；在属性页中，单击本地连接标签；选中 USB 或所需的 COM 端口。

USB/PPI 多主站电缆和 RS232C/PPI 多主站电缆都带有 LED，用来指示 PC 或网络是否在进行通信：Tx LED 用来指示电缆是否在将信息传送给 PC；Rx LED 用来指示电缆是否在接收 PC 传来的信息；而 PPI LED 则用来指示电缆是否在网络上传输信息。由于多主站电缆是令牌持有方，因此，当 STEP 7-Micro/WIN 发起通信时，PPI LED 会保持点亮。而当与 STEP 7-Micro/WIN 的连接断开时，PPI LED 会关闭。在等待加入网络时，PPI LED 也会闪烁，其频率为 1Hz。

（3）网络连接器　一条 PPI 电缆仅能连接两台设备，如果将多台设备连接起来通信就要使用网络连接器。西门子公司提供两种类型的网络连接器，如图 6-106 所示。一种连接器仅有一个与 PLC 连接的端口（图 6-106 中第 2、3 个连接器属于该类型），另一种连接器还增加一个编程端口（图 6-106 中第 1 个连接器属于该类型）。带编程接口的连接器可将编程站（如计算机）或 HMI（人机界面）设备连接至网络，而不会干扰现有的网络连接，这种连接器不但能连接 PLC、编程站或 HMI，还能将来自 PLC 端口的所有信号（包括电源）传到编程端口，这对于那些需从 PLC 取电源的设备（例如触摸屏 TD200）尤为有用。

网络连接器的编程端口与编程计算机之间一般采用 PC/PPI 电缆连接，连接器的 RS485 端口与 PLC 之间采用 9 针 D 型双头电缆连接。

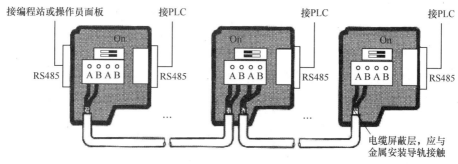

图 6-106　两种类型的网络连接器

两种连接器都有两组螺钉连接端子，用来连接输入电缆和输出电缆，电缆连接方式如图 6-106所示。两种连接器上还有网络偏置和终端匹配的选择开关，当连接器处于网络的始端或终端时，一组螺钉连接端子会处于悬空状态，为了接收网络上的信号反射和增强信号强度，需要将连接器上的选择开关置于 ON，这样就会给连接器接上网络偏置和终端匹配电阻，如图 6-107a 所示；当连接器处于网络的中间时，两组螺钉连接端子都接有电缆，连接器无须接网络偏置和终端匹配电阻，选择开关应置于 OFF，如图 6-107b 所示。

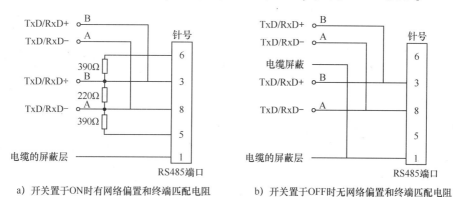

a) 开关置于ON时有网络偏置和终端匹配电阻　　　b) 开关置于OFF时无网络偏置和终端匹配电阻

图 6-107　网络连接器的开关处于不同位置时的电路结构

（4）网络中继器　利用中继器可以延长网络距离，增加接入网络的设备，并且提供了一个隔离不同网络段的方法。波特率为 9600bit/s 时，PROFIBUS 允许一个网络段最多有 32个设备，最长距离是 1200m，每个中继器允许给网络增加另外 32 个设备，可以把网络再延长 1200m。带中继器的网络举例如图 6-108 所示。最多可以使用 9 个中继器，网络总长度可增加至 9600m。每个中继器为网络段提供偏置和终端匹配。

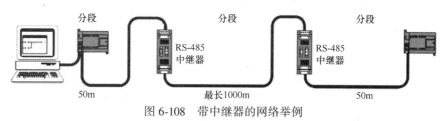

图 6-108　带中继器的网络举例

除以上设备之外，常用的还有调制解调器、PROFIBUS-DP 通信模块、工业以太网通信处理器 CP243-1、CP243-1，以及通信处理器 CPJI2、多机接口卡、MPI 卡等。

6.8.3 S7-200 PLC 网络通信协议

S7-200CPU 网络可以支持一个或多个通信协议，包括通用协议和公司专用协议。专用协议包括 Point to Point（点对点）接口协议（PPI）、Multi-Point（多点）接口协议（MPI）、PROFIBUS 协议、ST 协议、自由口通信协议和 USS 协议等，见表 6-28 所列。其中，PPI、MPI 和 PROFIBUS 协议都是基于开放系统互联模型的异步通信协议，通过一个令牌环网实现，只要波特率相同，3 个协议可以在一个 RS485 网络中同时运行。PPI、MPI 和 S7 协议没有公开，其他协议都是公开的。

表 6-28 S7-200 PLC 支持的通信协议

通信协议	接口类型	端 口	传输介质	通信速率/（kbit/s）	备 注
PPI	RJ11	EM241	屏蔽双绞线	33.6	
	DB-9	CPU 0/1 口	RS485	9.6,19.2,187.5	主、从站
MPI				19.2,187.5	仅从站
	DB-9	EM227	RS485	19.2~12000	通信速率自适应
PROFIBUS-DP				9.6~12000	仅从站
S7	RJ45	CP243-1 CP243-1 IT	以太网	10000 或 100000	通信速率自适应
AS-i	接线端子	CP243-2	AS-i 网	循环周期 5ms、10ms	主站
USS	DB-9	CPU 0 口	RS485	1.2~115.2	主站、自由端口库指令
Modbus RUT					主/从站、自由端口库指令
	RJ11	EM241	模拟电话线	33.6	
自由端口	DB-9	CPU 0/1 口	RS485	1.2~115.2	

协议中定义了两种类型的设备：主站和从站。主站可以对网络中的从站进行初始化请求，也可以对网络中其他主站的请求做出响应；从站只能响应来自主站的请求，本身不能发出请求，也不能访问其他从站。大多数情况下，S7-200 在网络中只作为从站，而与其通信的 S7-300 和 S7-400 则作为主站，安装了 STEP 7-Micro/WIN 的计算机和 HMI（人机界面）往往也作为主站。

1. PPI 点对点接口协议

PPI 协议是主/从协议，网络上的 S7-200 CPU 均为从站，其他 CPU、编程器或 TD900 为主站。采用 PPI 协议进行通信只需用网络读（NETR）和网络写（NETW）两条指令即可进行数据传递，不需额外的模块和软件。如果在用户程序中允许 PPI 主站模式，一些 S7-200 CPU 在 RUN 模式下可以作为主站，它们可以用网络读（NETR）和网络写（NETW）指令读写其他 CPU 中的数据。S7-200 CPU 作为 PPI 主站时，还可以作为从站以响应来自其他主站的通信申请。

图 6-109 给出了由一台 PC 和 3 台 S7-200 PLC 组成 PPI 网络的例子。在此网络中，PC 作为 0 号站，3 台 S7-200CPU 分别作为 2 号、3 号和 4 号站，PC 是主站，所有的 PLC 可以是从站也可以是主站，PC 可以和各台 PLC 进行通信。

图 6-110 给出了 S7-200、S7-300 和 HMI 设备的网络组态实例，S7-300 用 XGET 和 XPUT 指令与 S7-200CPU 通信。如果 S7-200 处于主站模式，那么 S7-300 将无法与之通信。若要与 S7 系

列 CPU 通信，则最好在组态 STEP 7-Micro/WIN 使用 PPI 协议时，使能多主站，并选中 PPI 高级选框。如果使用的电缆是 PPI 多主站电缆，那么多主网络和 PPI 高级选框便可以忽略。

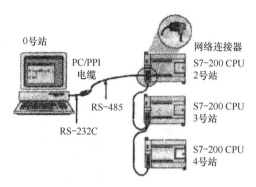

图 6-109　一个主站和多个从站的 PPI 网络

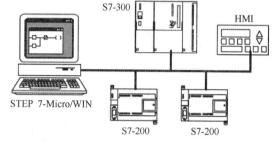

图 6-110　S7-200、S7-300 和 HMI 设备的 PPI 网络组态

2. MPI 多点接口协议

MPI 协议是集成在西门子公司可编程序控制器、操作面板和编程器上的集成通信接口，用于建立小型的通信网络，最多可接 32 个节点，典型数据长度为 64 个字节，最大距离 100m。MPI 协议可以是主/主协议或主/从协议。S7-300 CPU 作为网络主站，使用主/主协议。对 S7-200 CPU 建立主/从连接，因为 S7-200 CPU 是从站。

MPI 在两个相互通信的设备之间建立连接，一个连接可能是两个设备之间的非公用连接，另一个主站不能干涉两个设备之间已经建立的连接。主站可以短时间建立连接，或使连接长期断开。

由于设备之间的连接是非共用的，且要占用 CPU 中的资源，因此每个 CPU 支持连接的数量为 4 个，每个 EM227 模块支持连接的数量为 5 个，另外有两个连接保留下来．一个给计算机，另一个给操作面板。这些保留的连接不能被其他类型的主站（如 CPU）使用。

通过 S7-200 CPU 建立起一个非保留连接，S7-300/400 可以和 S7-200 进行通信，通过 XGET 和 XPUT 指令对 S7-200 的 V 存储区进行读/写操作，通信数据包最大为 64 个字节。S7-200 CPU 不需要编写通信程序，它通过指定的 V 存储区与 S7-300/400 交换数据。

图 6-111 是一个采用 MPI 协议进行通信的网络，计算机通过 CP 卡连接至 MPI 网络电缆。通信时，PC 与 TD200 和 OP15 建立主/主连接，而与 S7-200 建立主/从连接。两个 S7-200 CPU 进行通信时，通过主站进行协调。

3. PROFIBUS 协议

PROFIBUS 协议用于分布式 I/O 设备（远程 I/O）的高速通信。许多厂家生产类型众多的 PROFIBUS 设备，如简单的输入/输出模块、电动机控制器和可编程序控制器。

S7-200 CPU 需通过 EM277 PROFIBUS-DP 模块接入 PROFIBUS 网络，网络通常有一个主站和几个 I/O 从站，给主站提供了网络中的

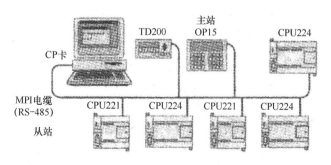

图 6-111　采用 MPI 协议联网

I/O 从站的型号和地址，主站初始化网络并核对网络中的从站设备是否与设置的相符。主站周期性地将输出数据写到从站，并从从站读取输入数据。当 DP 主站成功地设置了一个从站时，它就拥有该从站。如果网络中有第二个主站，它只能很有限地访问第一个主站的从站。

图 6-112 是一个通过 EM277 扩展模块组成 PROFIBUS 网络的例子。在网络中，S7-300 是 DP 主站，该主站通过一个带有 STEP 7 编程软件的 SIMATIC 编程器进行组态，S7-200 CPU 通过 EM277 模块接入 PROFIBUS 网络，是其一个 DP 从站，ET200 I/O 模块也是 S7-300 的一个从站。S7-400 CPU 连接到 PROFIBUS 网络，并借助其用户程序中的 XGET 指令从 S7-200 中读取数据。

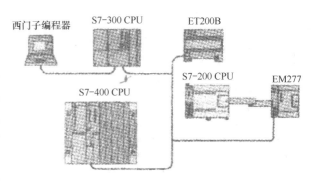

图 6-112　PROFIBUS 网络

4. 自由端口协议

通过使用接收中断、发送中断、字符中断、发送指令（XMT）和接收指令（RCV），自由端口通信可以控制 S7-200 CPU 通信端口的操作模式。利用自由端口模式，可以实现用户定义的通信协议，和使用任何通信协议的串口通信设备进行通信，例如打印机、调制解调器、条码阅读器、变频器和上位计算机等，也可以在两个 S7-200 CPU 之间进行通信。

通过 SMB30，允许在 CPU 处于 RUN 模式时通信端口 0 使用自由端口模式。CPU 处于 STOP 模式时，停止自由端口通信，通信端口强制转换成 PPI 协议模式，从而保证了编程软件对可编程序控制器的编程和控制的功能。

6.8.4　网络通信参数设置

S7-200 可以支持各种类型的网络，根据选定的网络，利用 S7-200 的 STEP 7-Micro/Win 编程软件便可以进行各种参数的选择、设定和测试，主要包括通信接口的安装和删除、波特率和站地址的设置、通信电缆的选择等。要进行上述各项的设置，应首先运行 STEP 7-Micro/Win 软件，执行菜单栏中"查看"→"组件"→"设置 PG/PC 接口"；或单击"引导条"中的"通信"图标，双击窗口内"PC/PPI cable"图标或单击左下角"设置 PG/PC 接口"，就进入了"设置 PG/PC 接口"对话框，如图 6-113 所示。

1. 通信接口的安装和删除

单击"设置 PG/PC 接口"对话框的"选择"按钮，可以进行安装或删除接口，如图 6-114 所示。

图 6-113　"设置 PG/PC 接口"对话框

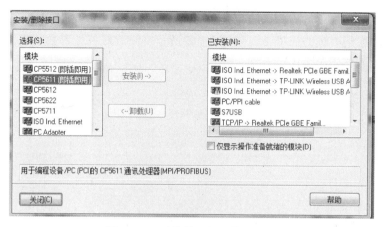

图 6-114　通信接口的安装和删除

2. 通信参数的设置和修改

在"设置 PG/PC 接口"对话框中的"为使用的接口分配参数"列表框中，选择通信接口协议。

（1）设置 PC/PPI 电缆的属性和参数　单击"属性"按钮，将会出现"属性-PC/PPI Cable（PPI）"对话框，如图 6-115 所示。

1）设定站参数。站参数用于选择本站地址号和设定通信超时。此地址号是 STEP 7-Micro/Win 的 PC 站地址，默认的站地址为 0。通常此地址不需改变。通信超时值代表通信处理器建立连接需要花费的最长时间。

2）设定网络参数。如果希望 STEP 7-Micro/Win 加入多主站网络，应勾选"多主站网络"复选框，即可启动多主站 PPI 协议，未选择时为单主站协议。使用单主站协议时，STEP 7-Micro/Win 假定它是网络中的唯一主站，不能与其他主站共享网络。

在"传输率"中选择通信所用的波特率，缺省值为 9.6kb/b。根据网络中的设备数量在

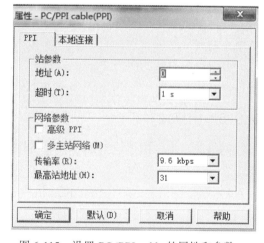

图 6-115　设置 PC/PPI cable 的属性和参数

"最高站地址"中设置最高的站地址。这是 STEP 7-Micro/Win 终止寻找网络中其他主站的地址。

3）设定通信口。单击"本地连接"选项卡，选择连接 PC/PPI 电缆的计算机 RS232C（COM）端口或 USB 口，以及是否使用调制解调器。应注意的是，一次只能使用一个 USB 口。

4）设置完成后单击"确定"按钮，保存所设置的各项参数。如果对各项参数不熟悉，也可以单击选项卡中的"默认"按钮，使用默认的参数。

（2）设置 S7-200 波特率和站地址　在"设置 PG/PC 接口"对话框中设置的是计算机的通信接口参数。此外，还应为 S7-200 设置波特率和站地址，双击指令树中的"系统块"

文件夹下面的"通信端口"图标，或者在命令菜单中选择 View-Component-system Block，将打开设置 S7-200 通信参数的选项卡，如图 6-116 所示。设置好各项参数后必须将系统块下载到 S7-200 中才会起作用。

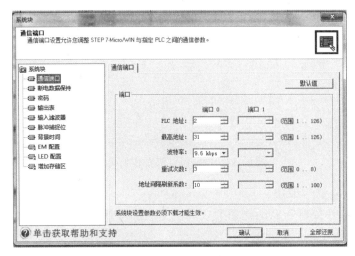

图 6-116　通信参数的选项卡

3. 设置 MPI 或 CP 卡的网络参数

使用多主站接口卡（MPI）或通信处理卡（CP5511 或 CP5611）时可以选择多种协议。多个主站和从站可以连在同一个网络中，但是增加站会影响网络的性能。

在包含多主站的网络中，可以选择一个站（如带 MPI 或 CP 卡的计算机，或 SIMATIC 编程器）运行 STEP 7-Micro/Win 编程软件，设置 CP 卡或 MPI 参数。

6.8.5　网络读写指令

网络读写指令用于 S7-200 PLC 之间的通信，包括网络读（NETR）和网络写（NETW）指令，如图 6-117 所示。

1）网络读指令 NETR 初始化通信操作，EN 有效时，通过端口（PORT）接收远程设备的数据并保存在表（TBL）中。

2）网络写指令 NETW 初始化通信操作，EN 有效时，通过端口（PORT）向远程设备写入表（TBL）中的数据。

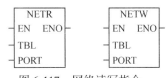

图 6-117　网络读写指令

NETR 和 NETW 指令中合法的操作数：TBL 可以是 VB、MB、*VD、*AC、*LD，数据类型为 BYTE；PORT 是字节型常数。

NETR 指令可从远程站点上最多读取 16 字节的信息，NETW 指令可向远程站点最多写入 16 字节的信息。可以在程序中使用任意数目的 NETR 和 NETW 指令，但在任意时刻最多只能有 8 个 NETR 及 NETW 指令有效。

在 S7-200 PLC 的系统手册中查找到 TBL 表中各参数的定义，并根据它们来编写网络读写程序。在网络读写通信中，只有主站需要调用 NETR/NETW 指令，用编程软件中的网络读写向导来生成网络读写程序更为简单方便，该向导允许用户最多配置 24 个网络操作。

例 6-3　2 号站为主站，3 号站为从站，编程用的计算机的站地址为 0。要求用 2 号站的

I0.0～I0.7 控制 3 号站的 Q0.0～Q0.7，用 3 号站的 I0.0～I0.7 控制 2 号站的 Q0.0～Q0.7。用指令向导实现上述网络读写功能。

两台 S7-200 系列 PLC 与装有编程软件的计算机通过 RS485 通信接口和网络连接器组成一个使用 PPI 协议的单主站通信网络。用双绞线分别将连接器的两个 A 端子连在一起，两个 B 端子连在一起。作为实验室的应用，也可以用标准的 9 针 DB 型连接器来代替网络连接器。

① 执行菜单命令"工具"→"指令向导"，在出现的对话框的第一页选择"NETR/NETW"（网络读写）。每一页的操作完成后单击"下一步"按钮。

② 在第 2 页设置网络操作的项数为 2，在第 3 页选择使用 PLC 的通信端口 0，采用默认的子程序名称"NET_EXE"。

③ 在第 3 页设置第 1 项操作为"NETR"，要读取的字节数为 1，从地址为 3 的远程 PLC 读取它的 IB0，并存储在本地 PLC 的 QB0 中。

单击"下一项操作"按钮，设置操作 2 为"NETW"，将本地 PLC 的 IB0 写到地址为 3 的远程 PLC 的 QB0。

④ 单击"下一步"按钮，在第 4 页设置子程序使用的 V 存储区的起始地址。向导中的设置完成后，在编程软件指令树最下面的"调用子程序"文件夹中将会出现子程序"NET_EXE"。在指令树的文件夹"\ 符号表 \ 向导"中，自动生成名为"NET_SYMS"的符号表，它给出了操作 1 和操作 2 的状态字节的地址和超时错误标志的地址。

在 2 号站的主程序中调用"NET_EXE"（图 6-118），该子程序执行用户在 NETR/NETW 向导中设置的网络读写功能。INT 型参数"Timeout"（超时）为 0 表示不设置超时定时器，为 1～32767 则是以 s 为单位的定时器时间。

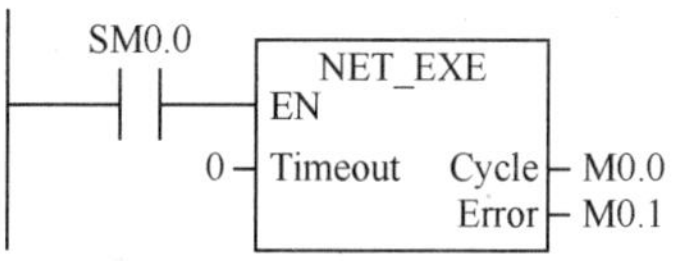

图 6-118　子程序

每次完成所有的网络操作时，都会触发 BOOL 变量"Cycle"（周期）。BOOL 变量"Error"（错误）为 0 表示没有错误，为 1 时有错误，错误代码在 NETR/NETW 的状态字节中。

将程序下载到 2 号站的 CPU 模块（主站）中，设置另一台 PLC 的站号为 3，将系统块下载到它的 CPU 模块。将两台 PLC 上的工作方式开关置于 RUN 位置，改变两台 PLC 的输入信号的状态，可以用 2 号站的 I0.0～I0.7 控制 3 号站的 Q0.0～Q0.7，用 3 号站的 I0.0～I0.7 控制 2 号站的 Q0.0～Q0.7。

6.8.6　自由端口通信指令

1. 自由端口模式

自由端口模式允许应用程序控制 S7-200 PLC 的串行通信端口使用自定义通信协议与多种类型的智能设备通信，即在自由端口模式下，S7-200 PLC 处于 RUN 方式时，用户可以用发送/接收指令或发送/接收完成中断指令结合自定义通信协议编写程序控制通信端口操作。可以用 PC/PPI 电缆进行自由端口通信程序调试，USB/PPI 电缆和 CP 卡不支持自由端口调试。

S7-200 PLC 处于 STOP 方式时，自由端口模式被禁止，通信端口自动切换到正常的 PPI 协议操作，只有当 S7-200 PLC 处于 RUN 方式时，才能使用自由端口模式。通过向 SMB30 或 SMB130 的协议选择域（mm）置 1，可以将通信端口设置为自由端口模式（见表 6-29）。

处于该模式时，不能与编程设备通信。

表 6-29　特殊存储器字节 SMB30 和 SMB130

端　口　0	端　口　1	描　　述
SMB30 的格式	SMB130 的格式	自由端口模式的控制字节 7　　　　　　　　　　　　　　0
SMB30.6 和 SMB30.7	SMB130.6 和 SMB130.7	pp:奇偶校验,00 = 不校验,01 = 偶校验,10 = 不校验,11 = 奇校验
SMB30.5	SMB130.5	d:每个字符的数据位,0 = 8 位/字符,1 = 7 位/字符
SMB30.2~SMB30.4	SMB130.2~SMB130.4	bbb:自由端口的波特率(bit/s)000 = 38400,001 = 19200,010 = 9600 011 = 4800,100 = 2400,101 = 1200,110 = 600,111 = 300
SMB30.0 和 SMB30.1	SMB130.0 和 SMB130.1	mm:协议选择,00 = PPI/从站模式,01 = 自由端口协议 10 = PPI/主站模式,11 = 保留(默认设置为 PPI/从站模式)

　　如果调试时需要在自由端口模式与 PPI 模式之间切换，可以用反映 S7-200 PLC 上的模式选择开关位置的特殊存储器位 SM0.7 来控制通信端口的模式：当方式开关处于 RUN 位置时，SM0.7 = 1，可选择自由端口模式；当方式开关处于 TREM 位置时，SM0.7 = 0，应选择 PC/PPI 协议模式，以便用编程设备监视或控制 S7-200 PLC 的操作。

　　SMB30 用于设置端口 0 通信的波特率和奇偶校验等参数。CPU 模块如果有两个端口，SMB130 用于端口 1 的设置。当选择代码 mm = 10（PPI 主站），CPU 成为网络的一个主站，可以执行 NETR 和 NETW 指令，在 PPI 模式下忽略 2~7 位。

　　2. 发送指令 XMT

　　发送指令 XMT 初始化通信操作，通过指定端口（PORT）将数据缓冲区（TBL）发送到远程设备。数据缓冲区的第一个字节定义发送的字节数，如图 6-119 所示。

　　XMT 指令可以方便地发送 1~255 个字符，如果有中断程序连接到发送结束事件上，在发送完缓冲区中的最后一个字符时，端口 0 会产生中断事件 9，端口 1 会产生中断事件 26。可以监视发送完成状态位 SM4.5 和 SM4.6 的变化，而不是用中断进行发送，如向打印机发送信息。TBL 指定的发送缓冲区的格式如图 6-120 所示，起始字符和结束字符是可选项，第一个字节"字符数"是要发送的字节数，它本身并不发送出去。

图 6-119　发送指令和接收指令　　　　　　图 6-120　发送缓冲区的格式

　　3. 接收指令 RCV

　　接收指令 RCV 初始化通信操作，通过指定端口（PORT）从远程设备上读取数据存储于缓冲区 TBL（图 6-120）。

　　RCV 指令可以方便地接收一个或多个字符，最多可接收 255 个字符。如果有中断程序连接到接收结束事件上，在接收完最后一个字符时，端口 0 产生中断事件 23，端口 1 产生中断事件 24。可以监视 SMB86 或 SMB186 的变化，而不是用中断进行报文接收。SMB86 或

SMB186 非零时，RCV 指令未被激活或接收已经结束。正在接收报文时，它们为 0。

当超时或奇偶校验错误时，自动中止报文接收功能。必须为报文接收功能定义一个启动条件和一个结束条件。也可以用字符中断而不是用接收指令来控制接收数据，每接收一个字符产生一个中断，在端口 0 或端口 1 接收一个字符时，分别产生中断事件 8 或中断事件 25。

在执行连接到接收字符中断事件的中断程序之前，接收到的字符存储在自由端口模式的接收字符缓冲区 SMB2 中，奇偶状态（如果允许奇偶校验的话）存储在自由端口模式的奇偶校验错误标志位 SM3.0 中。奇偶校验出错时应丢弃接收到的信息，或产生一个出错的返回信号。端口 0 和端口 1 共用 SMB2 和 SMB3。

4. 获取与设置通信端口地址指令

获取与设置通信端口地址指令如图 6-121 所示，获取通信端口地址指令 GET-ADDR 用来读取 PORT 指定的 CPU 通信端口的站地址，并将数值放入 ADDR 指定的地址中。

设置通信端口地址指令 SET-ADDR 用来将通信端口站地址（PORT）设置为 ADDR 指定的数值。新地址不能永久保存，断电后又上电，通信端口地址仍将恢复为上次的地址值（用系统块下载的地址）。

图 6-121　获取与设置通信端口地址指令

上述 4 条指令中的 TBL、PORT 和 ADDR 均为字节型，PORT 为常数。

5. 接收指令 RCV 的参数设置

RCV 指令允许选择报文开始和报文结束的条件，见表 6-30。SMB86～SMB94 用于端口 0，SMB186～SMB194 用于端口 1。

表 6-30　特殊存储器字节 SMB86～SMB94，SMB186～SMB194

端口 0	端口 1	描　述
SMB86	SMB186	接收消息状态字节　　7　　　　　　　　　　0 | n | r | e | 0 | 0 | t | c | p | n:1=接收消息通过用户禁用命令终止 r:1=接收消息被终止:输入参数出错或缺失启动或结束条件 e:1=结束字符已接收 t:1=接收消息被终止:定时器时间用完 c:1=接收消息被终止:达到最大字符计数 p:1=接收消息被终止:校验错误
SMB87	SMB187	接收消息状态字节　　7　　　　　　　　　　0 | en | sc | ec | il | c/m | tmr | bk | | en:0=接收消息功能被禁用,1=允许接收消息功能 每次执行 RCV 指令时检查允许/禁止接收消息位 sc:0=忽略 SMB88 或 SMB188,1=使用 SMB88 或 SMB188 的值检测起始消息 ec:0=忽略 SMB89 或 SMB189,1=使用 SMB89 或 SMB189 的值检测结束消息 il:0=忽略 SMW90 或 SMW190,1=使用 SMW90 或 SMW190 的值检测空闲状态 c/m:0=定时器是字符间隔定时器,1=定时器是消息定时器 tmr:0=忽略 SMW92 或 SMW192,1=当 SMW92 或 SMW192 中的定时时间超出时终止接收 bk:0=忽略中断条件,1=用中断条件作为消息检测的开始

（续）

端 口 0	端 口 1	描　　述
SMB88	SMB188	消息字符的开始
SMB89	SMB189	消息字符的结束
SMW90	SMW190	空闲线时间段按毫秒设定。空闲线时间用完后接收的第一个字符是新消息的开始
SMW92/93	SMW192/193	字符间/消息间定时器超时值(用毫秒表示)。如果超过时间,就停止接收消息
SMB94	SMB194	要接收的最大字符数(1~255 字符) 注意:即使不使用字符计数终止功能,也必须设置为期望的最大缓冲区大小

　　表 6-30 中的 il=1 表示检测空闲状态，sc=1 表示检测报文的起始字符，bk=1 表示检测 break 条件，SMW90 或 SMW190 中是以 ms 为单位的空闲线时间。

　　使用 RCV 指令时，应为信息接收功能定义一个信息起始条件和结束条件。

　　（1）RCV 指令支持的几种起始条件（参见表 6-31）

　　1）空闲线检测：il=1，sc=0，bk=0，SMW90（或 SMW190）>0。执行 RCV 指令时，信息接收功能会自动忽略空闲线时间到之前的任何字符，并按 SMW90（或 SMW190）中的设定值重新启动空闲线定时器，把空闲线时间之后的接收到的第一个字符作为接收信息的第一个字符存入信息缓冲区，如图 6-122 所示。空闲线时间应该设定为大于指定波特率下传输一个字符（包括起始位、数据位、校验位和停止位）的时间。空闲线时间的典型值为指定波特率下传输三个字符的时间。

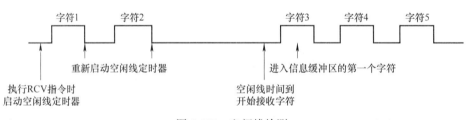

图 6-122　空闲线检测

　　2）起始字符检测：il=0，sc=1，bk=0，忽略 SMW90（或 SMW190）。信息接收功能会将 SMB88（或 SMB188）中指定的起始字符作为接收信息的第一个字符，并将起始字符和起始字符之后的所有字符存入信息缓冲区，而自动忽略起始字符之前接收到的字符。

　　3）break 检测：il=0，sc=0，bk=1，忽略 SMW90（或 SMW190）。信息接收功能以接收到的 break 作为接收信息的开始，将接收 break 之后接收到的字符存入信息缓冲区，自动忽略 break 之前接收到的字符。

　　4）对一个信息的响应：il=1，sc=0，bk=0，SMW90（或 SMW190）=0。执行 RCV 指令后信息接收功能就可立即接收信息并把接收到的字符存入信息缓冲区。若使用信息定时器，即 il=1，sc=0，bk=0，SMW90（或 SMW190）=0，c/m=1，tmr=1，SMW92（或 SMW192）等于信息超时时间，信息定时器超时时会终止信息接收功能，这对于自由端口主站协议非常有用，可用来检测从站响应是否超时。

　　5）break 和一个起始字符：il=0，sc=1，bk=1，忽略 SMW90（或 SMW190）。信息接收功能接收到 break 后继续搜寻特定的起始字符，如果接收到起始字符以外的其他字符，则重新等待新的 break，并自动忽略接收到的字符；如果信息接收功能接收到 break 后接收第一个字符即为特定的起始字符，则将起始字符和起始字符之后的所有字符存入信息缓冲区。

6）空闲和一个起始字符：il=1，sc=1，bk=0，SMW90（或SMW190)>0。信息接收功能在满足空闲线条件后继续搜寻特定的起始字符，如果接收到起始字符以外的其他字符，则重新检测空闲线条件，并自动忽略接收到的字符；如果信息接收功能满足空闲线条件后接收第一个字符，即为特定的起始字符，则将起始字符和起始字符之后的所有字符存入信息缓冲区。

7）空闲线和起始字符（非法）：il=1，sc=1，bk=0，SMW90（或SMW190)=0。除了以起始字符作为报文开始的判据之外（sc=1），其他的特点与4）相同。

（2）RCV 指令支持的几种结束信息的方式

1）结束字符检测：ec=1，SMB89（或SMB189)=结束字符。信息接收功能在找到起始条件开始接收字符后，检查每一个接收到的字符，并判断它是否与结束字符相匹配，如果接收到结束字符，将其存入信息缓冲区，信息接收功能结束。

2）字符间超时定时器超时：c/m=0，tmr=1，SMW92（或SMW192)=字符间超时时间。字符间隔是从一个字符的结尾（停止位）到下一个字符的结尾（停止位）之间的时间。如果信息接收功能接收到的两个字符之间的时间间隔超过字符间超时定时器设定时间，则信息接收功能结束。字符间超时定时器设定值应大于指定波特率下传输一个字符（包括起始位、数据位、校验位和停止位）的时间。

3）信息定时器超时：c/m=1，tmr=1，SMW92（或SMW192)=信息超时时间。信息接收功能在找到起始条件开始接收字符时，启动信息定时器，信息定时器时间到，则信息接收功能结束。

4）最大字符计数：当信息接收功能接收到的字符数大于 SMB94（或SMB194）时，信息接收功能结束。接收指令要求用户设定一个希望最大的字符数，从而能确保信息缓冲区之后的用户数据不会被覆盖。最大字符计数总是与结束字符、字符间超时定时器、信息定时器结合在一起作为结束条件使用。

5）校验错误：当接收字符出现奇偶校验错误时，信息接收功能自动结束。只有在 SMB30（或SMB130）中设定了校验位时，才有可能出现校验错误。

6）用户结束：用户可以通过将 SM87.7（或SM187.7）设置为 0 来终止信息接收功能。

6. 用接收字符中断接收数据

自由端口协议支持用接收字符中断控制来接收数据。端口每接收一个字符会产生一个中断：端口 0 产生中断事件 8；端口 1 产生中断事件 25。在执行连接到接收字符中断事件上的中断程序前，接收到的字符存储在 SMB2 中，奇偶校验状态（如果允许奇偶校验）存在 SMB3.0 中，用户可以通过中断访问 SMB2 和 SMB3 来接收数据。端口 0 和端口 1 共用 SMB2 和 SMB3。

7. 自由端口协议通信应用举例

图 6-123 给出一个简单网络，CPU224（站甲）的 I1.0 ~ I1.7、I2.0 ~ I2.7 的状态通过 Q0.0 ~ Q0.7、Q1.0 ~ Q1.7 输出的同时传送给 CPU224（站乙），站乙将其取反后通过 Q0.0 ~ Q0.7、Q1.0 ~ Q1.7 输出。

站甲中的主程序如图 6-124 所示。站乙采用 RCV 指令进行接收数据，则主程序如图 6-125 所示；中断程序如图 6-126 所示，采用接收字符中断

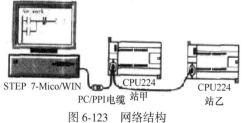

图 6-123　网络结构

接收数据，则主程序如图 6-127 所示。

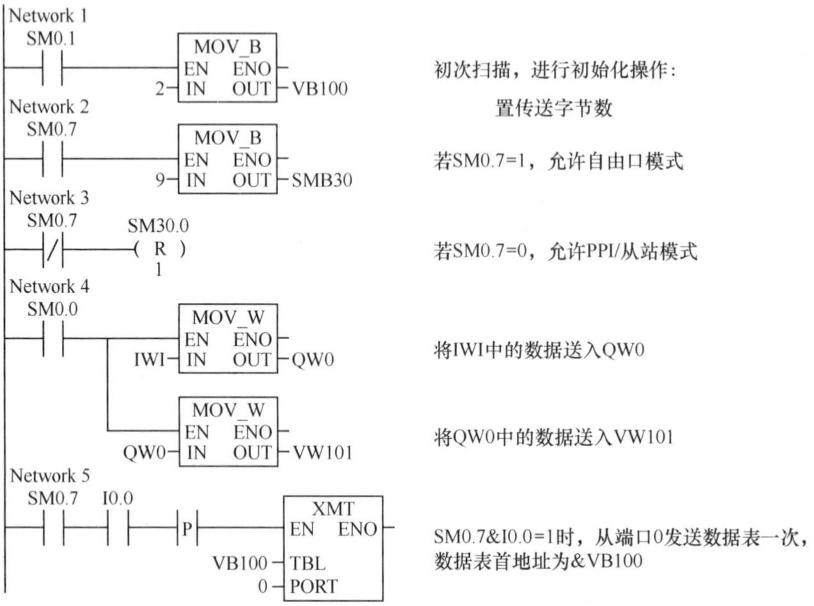

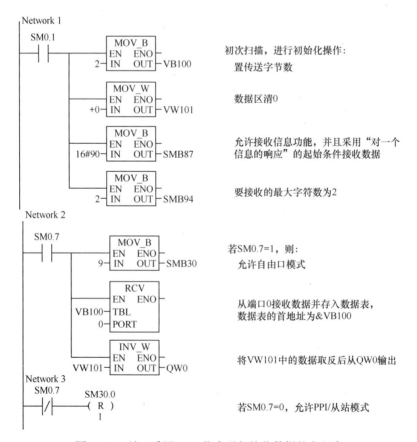

图 6-124　站甲中的主程序

图 6-125　站乙采用 RCV 指令进行接收数据的主程序

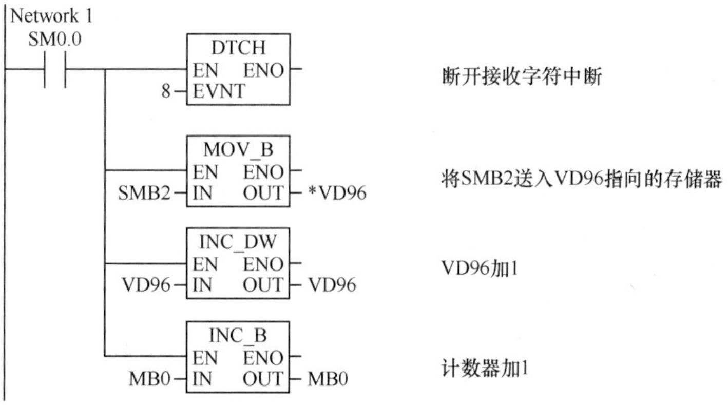

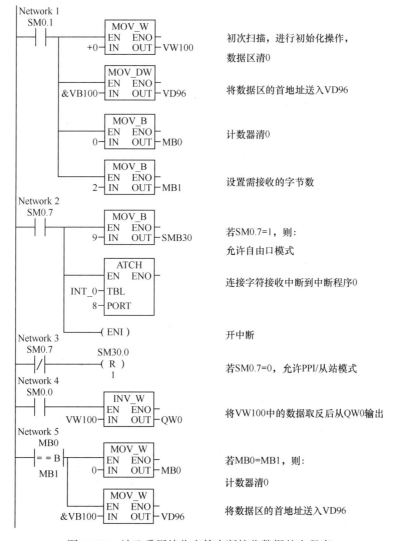

图 6-126　站乙采用接收字符中断接收数据的中断程序

图 6-127　站乙采用接收字符中断接收数据的主程序

6.9 基本电路编程

在工程应用中，控制程序都是由一些基本、典型的逻辑控制组成的。如果能够掌握常用的基本电路程序的设计原理、方法及编程技巧，在编制大型、复杂程序时，才能够驾轻就熟，大大缩短编程的时间。

6.9.1 自锁控制和互锁控制

自锁控制和互锁控制是控制电路中最基本的环节。常用于对输入开关和输出映像寄存器的控制电路。

1. 自锁控制（起保停电路）

在图 6-128 所示的程序中，I0.0 闭合使 Q0.0 得电，随之 Q0.0 触点闭合。此后即使 I0.0 触点断开，Q0.0 仍保持得电。只有当动断触点 I0.1 断开时，Q0.0 才断电，Q0.0 触点断开。

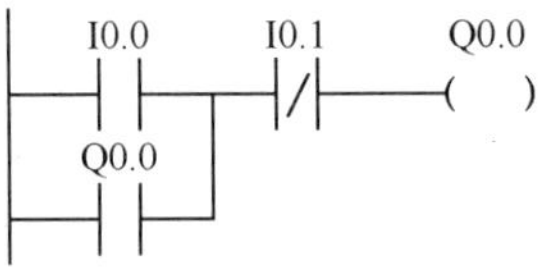

a）梯形图

LD	I0.0
O	Q0.0
AN	I0.1
=	Q0.0

b）语句表

图 6-128　自锁控制程序

若想再启动 Q0.0，只有重新闭合 I0.0。这种自锁控制常用于以无锁定开关作为启动开关，或用仅接通一个扫描周期的触点去启动一个持续动作的控制电路。

2. 互锁控制（联锁控制）

在图 6-129 所示的程序段中，Q0.0 和 Q0.1 中只要有一个先接通，另一个就不能再接通，从而保证任何时候两者都不能同时接通。这种互锁控制常用于被控的是一组不允许同时动作的对象，如电动机正、反转控制等。

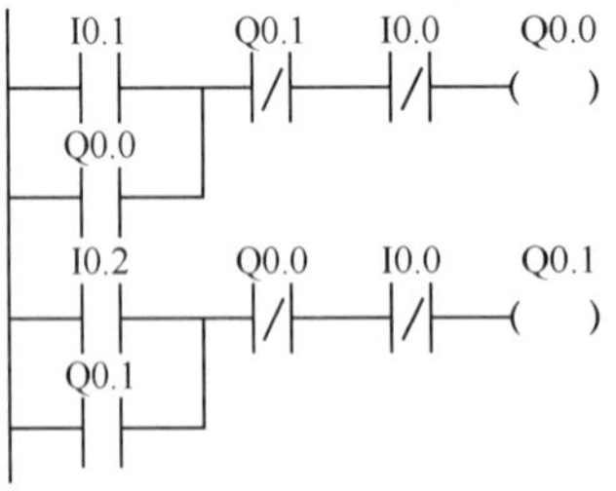

a）梯形图

LD	I0.1	LD	I0.2
O	Q0.0	O	Q0.1
AN	Q0.1	AN	Q0.0
AN	I0.0	AN	I0.0
=	Q0.0	=	Q0.1

b）语句表

图 6-129　互锁控制程序（一）

图 6-130 是另外一种互锁控制程序段举例。它实现的功能是：只有当 Q0.0 接通时，Q0.1 才有可能接通；只要 Q0.0 断开，Q0.1 就不可能通。也就是说，一方的动作是以另一方的动作为前提的。

```
        I0.1      I0.0            Q0.0              LD     I0.1
        ─┤├──────┤/├────────────( )                O      Q0.0
        Q0.0                                        AN     I0.0
        ─┤├                                         =      Q0.0
                                                    LD     I0.2
        I0.2      Q0.0    I0.0    Q0.1              O      Q0.1
        ─┤├──────┤├──────┤/├────( )                A      Q0.0
        Q0.1                                        AN     I0.0
        ─┤├                                         =      Q0.1
```

        a）梯形图   b）语句表

图 6-130   互锁控制程序（二）

6.9.2   时间控制

在 PLC 控制系统中，时间控制用得非常多。其中大部分用于延时控制和定时控制。在 S7-200 型可编程序控制器内部有 3 个类型的定时器和 3 个等级分辨率（1ms、10ms 和 100ms）可以用于时间控制。

1. 瞬时接通/延时断开控制

瞬时接通/延时断开控制要求：在输入信号有效时，马上有输出信号，而输入信号无效后，输出信号延时一段时间才停止。

图 6-131 分别是瞬时接通/延时断开电路的梯形图、语句表和时序图。在图 6-131a 所示的梯形图中，当 I0.0=ON 时，输出 Q0.0=ON 并自锁；当 I0.0=OFF 时，定时器 T37 工作，定时值 3s 后，定时器常闭触点断开，使输出 Q0.0 断开。在图 6-131b 的梯形图中，当 I0.0 瞬间接通后断开，则 Q0.0=ON 且自锁，定时器 T37 工作 3s 后，定时器触点闭合，使输出 Q0.0 断开。图 6-131 中定时器的工作因为 I0.0 变为 OFF 后，Q0.0 仍要保持得电状态 3s，所以 Q0.0 的自锁触点是必需的。图 6-131a、b 的工作原理相同，只是梯形图结构不同。

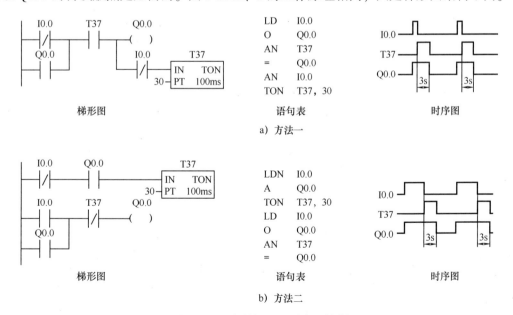

图 6-131   瞬时接通/延时断开控制

电气控制与 PLC 应用技术

2. 延时接通/延时断开控制

延时接通/延时断开控制要求：在输入信号接通（ON）后，停一段时间后输出信号才接通，输入信号断开（OFF）后，输出信号延时一段时间才断开。

与瞬时接通/延时断开电路相比，该电路加了一个输入延时。图 6-132 是延时接通/延时断开控制图，图中 T37 延时 2s 作为 Q0.0 的启动条件，T38 延时 5s 作为 Q0.0 的断开条件，两个定时器配合使用实现该电路的功能。

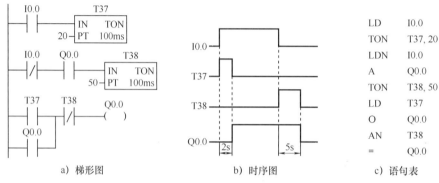

图 6-132　是延时接通/延时断开控制图

3. 长延时控制

有些控制场合延时时间长，超出了定时器的定时范围，称之为长延时。长延时电路以小时（h）、分钟（mm）作为单位来设定。图 6-133 是多个定时器串联使用，实现长延时的举例。图 6-134 是采用定时器和计数器组合实现长延时的举例。图 6-135 是采用计数器串联组合实现时钟控制的举例。

在图 6-133 所示的长延时控制程序中，当输入 I0.0 接通，T38 开始计时；经过 200s 后，其动合触点 T38 闭合，Q0.0 接通，同时启动 T39 开始计时；经过 1000s 后，Q0.2 接通。由此可见，T38 和 T39 共同延时 1200s（200s+1000s）后 Q0.2 接通。

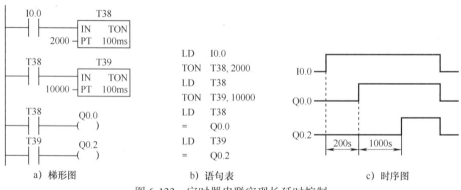

图 6-133　定时器串联实现长延时控制

在图 6-134 所示的长延时控制程序中，当输入 I0.0 端通，T33 开始计时；经过 1s 后，其动合触点 T33 闭合，计数器 C0 开始递增计数，与此同时 T33 的动断触点打开，T33 断电，动合触点 T33 打开。计数器 C0 仅计数一次，而后 T33 开始重新计时，如此循环。当 C0 计数器经过 20s（1s×20）后，计数器 C0 有输出，其动合触点 C0 闭合，Q0.0 接通。显然，输入 I0.0 接通后，延时 20s 后 Q0.0 接通。

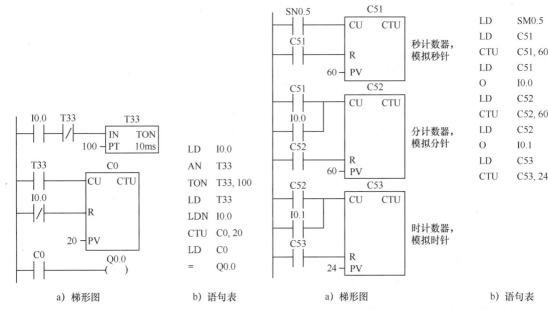

图 6-134　定时器和计数器组合实现长延时控制程序　　图 6-135　计数器组合实现高精度时钟控制

图 6-135 所示是高精度时钟控制程序。秒脉冲特殊存储器 SM0.5 作为秒发生器，用于计数器 C51 的计数脉冲信号。当计数器 C51 的计数累计值达到设定值 60 次（即 1min）时计数器位置 1，即 C51 的动合触点闭合，该信号将作为计数器 C52 的计数脉冲信号；计数器 C51 的另一动合触点使计数器 C51 复位（称为自复位式）后，使计数器 C51 从 0 开始重新开始计数。类似地，计数器 C52 计数到 60 次（即 1h）时其两个动合触点闭合，一个作为计数器 C53 的计数脉冲信号，另一个使计数器 C52 自复位，重新开始计数；计数器 C53 计数到 24 次（即 1d）时，其动合触点闭合，使计数器 C53 自复位，又重新开始计数，从而实现时钟功能。输入信号 I0.0 和 I0.1 用于建立期望的时钟设置，即调整分针和时针。

6.9.3　方波脉冲发生器

利用定时器可以方便地产生方波脉冲序列，且占空比可根据需要灵活地改变。图 6-136 是用两个定时器产生方波的例子。当输入 I0.0 接通时，输出 Q0.0 为方波脉冲序列，接通和断开交替进行。接通时间为 1s，由定时器 T33 设定；断开时间为 2s，由定时器 T34 设定。该控制电路也称为闪烁控制电路（又称为振荡电路）。改变两个定时器的时间常数，可以改变脉冲周期和占空比。

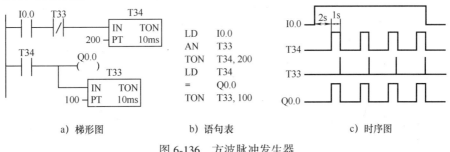

图 6-136　方波脉冲发生器

6.9.4 分频控制电路

在许多控制场合，需要对控制信号进行分频。以二分频为例，要求输出脉冲 Q0.0 是输入信号脉冲 I0.1 的二分频，如图 6-137 所示。在梯形图中用了两个内部标志位存储器，编号分别是 M0.0 和 M0.2。

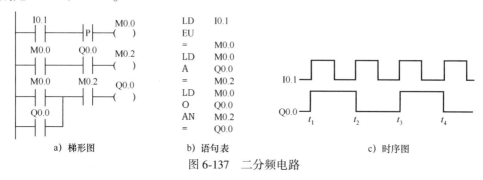

图 6-137 二分频电路

图 6-137 中，当输入 I0.1 在 t_1 时刻接通（ON），此时内部标志位存储器 M0.0 上将产生单脉冲。然而输出映像寄存器 Q0.0 在此之前并未得电，其对应的动合触点处于断开状态。因此，扫描程序至第 2 行时，尽管 M0.0 得电，内部标志位存储器 M0.2 也不可能得电。扫描至第 3 行时，Q0.0 得电并自锁。此后这部分程序虽多次扫描，但由于 M0.0 仅接通一个扫描周期，M0.2 不可能得电。Q0.0 对应的动合触点闭合，为 M0.2 的得电做好了准备。等到 t_2 时刻，输入 I0.1 再次接通（ON），M0.0 上再次产生单脉冲。因此，在扫描第 2 行时，内部标志位存储器 M0.2 条件满足得电，M0.2 对应的动断触点断开。执行第 3 行程序时，输出映像寄存器 Q0.0 断电，输出信号消失。以后，虽然 I0.1 继续存在，但由于 M0.0 是单脉冲信号，虽多次扫描第 3 行，输出映像寄存器 Q0.0 也不可能得电。在 t_3 时刻，输入 I0.1 第三次出现（ON），M0.0 上又产生单脉冲，输出 Q0.0 再次接通。t_4 时刻，输出 Q0.0 再次断电…得到输出正好是输入信号的二分频。这种逻辑每当有控制信号时，就将状态翻转（ON→OFF→ON→OFF…），因此也可用作脉冲发生器。

6.9.5 报警电路

报警电路如图 6-138 所示。输入点 I0.0 为报警输入条件，即 I0.0 = ON 要求报警。输出 Q0.0 为报警灯，Q0.1 为报警蜂鸣器。输入条件 I0.1 为报警响应。I0.1 接通后，Q0.0 报警灯从闪烁变为常亮，同时 Q0.1 报警蜂鸣器关闭。输入条件 I0.2 为报警灯的测试信号。I0.2 接通，则 Q0.0 接通。定时器 T37 和定时器 T40 构成振荡电路，每 0.5s 执行通断一次，反复循环。

图 6-138 为一种故障时的报警电路，在实际应用中，可能出现的故障一般有多种，这时的报警电路就不一样。对报警指示灯来说，一种故障对应于一个指示灯，但一个报警系统只能有一个蜂鸣器，程序设计时要将多个故障用一个蜂鸣器鸣响。图 6-139 为两种故障标准报警电路控制梯形图，图中故障 1 用输入信号 I0.0 表示；故障 2 用 I0.1 表示；I1.0 为消除蜂鸣器按钮；I1.1 为试灯、试蜂鸣器按钮。故障 1 指示灯用信号 Q0.0 输出；故障 2 指示灯用信号 Q0.1 输出；Q0.3 为报警蜂鸣器输出信号。在该程序的设计中，关键是当任何一种故障发生时，按消除蜂鸣器按钮后，不能影响其他故障发生时报警蜂鸣器的正常鸣响。图 6-139 中程序由脉冲发生器、故障指示灯、蜂鸣器逻辑控制和报警电路 4 部分组成，采用模块化设计。照此方法可以实现更多故障报警。

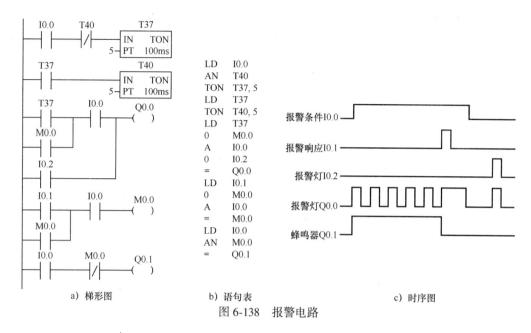

LD	I0.0
AN	T40
TON	T37, 5
LD	T37
TON	T40, 5
LD	T37
O	M0.0
A	I0.0
O	I0.2
=	Q0.0
LD	I0.1
O	M0.0
A	I0.0
=	M0.0
LD	I0.1
AN	M0.0
=	Q0.1

a）梯形图　　　　　　b）语句表　　　　　　　c）时序图

图 6-138　报警电路

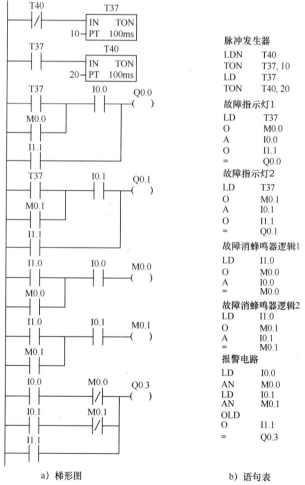

脉冲发生器
LDN　T40
TON　T37, 10
LD　T37
TON　T40, 20
故障指示灯1
LD　T37
O　M0.0
A　I0.0
O　I1.1
=　Q0.0
故障指示灯2
LD　T37
O　M0.1
A　I0.1
O　I1.1
=　Q0.1
故障消蜂鸣器逻辑1
LD　I1.0
O　M0.0
A　I0.0
=　M0.0
故障消蜂鸣器逻辑2
LD　I1.0
O　M0.1
A　I0.1
=　M0.1
报警电路
LD　I0.0
AN　M0.0
LD　I0.1
AN　M0.1
OLD
O　I1.1
=　Q0.3

a）梯形图　　　　　　　　b）语句表

图 6-139　两种故障报警电路控制图

6.9.6 顺序控制

顺序控制在工业控制系统中应用十分广泛。传统的控制器件继电器-接触器只能进行一些简单控制，整个系统十分笨重庞杂，接线复杂，故障率高，有些复杂的控制可能根本实现不了。而用 PLC 进行顺序控制则变得轻松，用各种不同指令编写出形式多样、简洁清晰的控制程序，甚至一些复杂的控制也变得十分简单。下面介绍两种实用的小程序。

1. 用定时器实现顺序控制

图 6-140 是用定时器编写的实现顺序控制的梯形图程序。该程序执行的结果是，当 I0.0 总启动开关闭合后，Q0.0 先接通；经过 5s 后 Q0.1 接通，同时将 Q0.0 断开；再经过 5s 后 Q0.2 接通，同时将 Q0.1 断开；又经过 5s 后将 Q0.3 接通，同时将 Q0.2 断开；再经过 5s 又将 Q0.0 接通，同时将 Q0.3 断开。如此循环往复，实现了顺序启动/停止的控制。当 I0.1 闭合后控制停止。

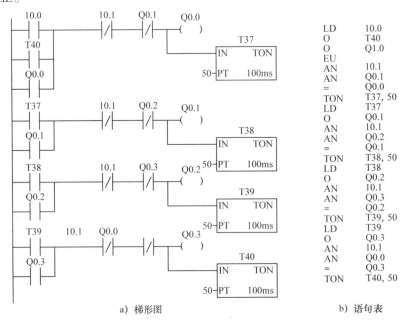

图 6-140 定时器实现顺序控制的梯形图程序

2. 用计数器实现顺序控制

图 6-141 是用计数器编写的梯形图程序。此程序利用减 1 计数器 C40 进行计数，由控制触点 I0.0 闭合的次数来控制各输出接通的顺序。当 I0.0 第一次闭合时 Q0.0 接通，第二次闭合时 Q0.1 接通，第三次闭合时 Q0.2 接通，第四次闭合时 Q0.3 接通，同时将计数器复位，又开始下一轮计数。如此往复，实现了顺序控制。这里 I0.0 既可以是手动开关，也可以是内部定时时钟脉冲，后者可实现自动循环控制。程序中使用比较指令，只有当计数值等于比较常数时相应的输出才接通。所以每一个输出只接通一拍，且当下一输出接通时上一输出即断开。

除了上面介绍的顺序控制方法外，还有其他方法，如用移位指令实现顺序控制、顺序控制功能指令等，读者可根据上面的介绍，自行开发出更多更好的控制程序。

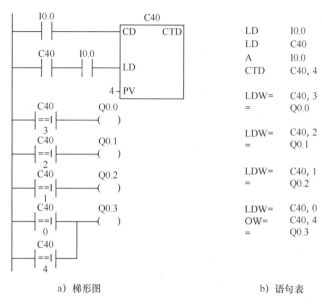

| a）梯形图 | b）语句表 |

图 6-141　计数器实现顺序控制的梯形图程序

实验　网络控制气缸推送

1. 实验目的

熟悉多台 PLC 通信的接线方法和网络读写命令的使用方法。

2. 实验设备

1）TVT-IRC 设备主体一套。

2）井式供料单元一套。

3）S7-200 PLC 模块一块。

4）S7-200 编程电缆一根。

5）连接导线一套。

6）通信电缆一根。

备注：无实验设备情况时输入可以用按钮代替，输出用指示灯代替。

3. 实验内容

（1）控制要求　2 号站 S7-200 PLC 接有启动按钮 SB1 和停止按钮 SB2，其他 I/O 点如磁性开关、工件有无检测传感器、电磁阀连接于 3 号站 S7-200 PLC 上。由两台 S7-200 PLC 通过网络控制实现如下控制功能：

初始状态下，气缸处于缩回状态，按下按钮 SB1（动合触点，2 号站），当井式供料机内有工件时，如果磁性开关 P-SQ1（3 号站）接通，则电磁阀 YV（3 号站）接通并保持，推料气缸推出，当磁性开关 P-SQ2（3 号站）接通时，电磁阀 YV 断电，推料气缸退回；任何时候，按下按钮 SB2（动合触点，2 号站），电磁阀 YV 断电，气缸退回。启动后，当井式供料机构内无工件时，指示灯 HL1 闪烁，闪烁频率 1Hz，按下停止按钮后指示灯灭。

（2）I/O 地址分配　I/O 地址分配见表 6-31。

表 6-31　I/O 地址分配

序　号	PLC 地址	设 备 接 线	注　释
1	I0.0	2 号站 SB1(动合触点)	启动按钮
2	I0.1	2 号站 SB2(动合触点)	停止按钮
3	Q0.0	2 号站指示灯	料块有无指示灯
4	I0.2	3 号站检测-1	气缸零位
5	I0.3	3 号站检测-2	气缸限位
6	I0.4	3 号站检测-3	井中有料
7	Q0.0	3 号站控制-1	电磁阀 A-YV

（3）接线　两台 S7-200 系列 PLC 与装有编程软件的计算机通过 RS485 通信接口组成一个使用 PPI 的单主站通信网络。两台 PLC 用网络连接器和双绞线相连，两个连接器的 A 端子和 A 端子连在一起，B 端子和 B 端子连在一起（图 6-106）。其中一台的连接器带有编程口，PC/PPI 电缆与编程口相连。如果没有网络连接器，也可以用普通的 9 针 D 型连接器代替。

另外，根据 I/O 分配表画出 2 号站 I/O 连线图（图 6-142）和 3 号站 I/O 连线图（图 6-143）。

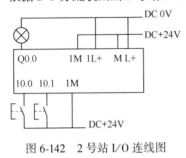

图 6-142　2 号站 I/O 连线图

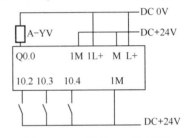

图 6-143　3 号站 I/O 连线图

（4）2 号站 PLC 程序

1）用 PC/PPI 电缆单独连接 2 号站 PLC，在编程软件中通过系统块将它的站地址设为 2。

2）NETR/NETW 指令向导配置过程：

如图 6-144a~d 所示，最后单击"完成"，完成 NETR/NETW 指令向导配置，生成"NET_EXE"子程序。打开"NET_EXE"子程序，如图 6-145 所示。在主程序中，用 SM0.0 调用"NET_EXE"子程序，2 号站程序梯形图如图 6-146 所示。

（5）3 号站 PLC　用 PC/PPI 电缆连接 3 号站 PLC，在编程软件中，通过系统块将它的站地址设为 3，并将系统块下载到 CPU 模块中即可。3 号站 PLC 中不需要再编程。

（6）调试

1）模拟调试。按表 6-31 中 I/O 地址分配连接 2 号站 PLC 的输入输出连线。用 PC/PPI 电缆连接 3 号站 PLC，强制 3 号站 PLC 的 I0.2 和 I0.4 为 1（在交叉引用符号表中进行），按下 2 号站 PLC 的启动按钮，观察 3 号站 PLC 的 Q0.0（电磁阀）是否点亮，强制 3 号站 PLC 的 I0.3（气缸限位）为 1，观察 3 号站 PLC 的 Q0.0 灯是否熄灭，强制 3 号站 PLC 的 I0.4 为 0，观察 2 号站 PLC 的 Q0.0 灯是否闪烁。也可以用另一台计算机 PC/PPI 电缆连接 2 号站 PLC 进行在线检测 PLC 程序或强制 I0.0 操作。还可以将两台 PLC 输入端连线连接到动合按钮，在线检测 2 号站 PLC，按下动合按钮模拟气缸位置和有无料块。

2）在线调试。按表 6-31 中 I/O 地址分配连接两个 PLC 的输入输出点连线，打开气泵。

按下 2 号站 PLC 的启动按钮，观察气缸推料是否动作，并中无料块时观察指示灯是否闪烁，按下停止按钮是否能终止闪烁。

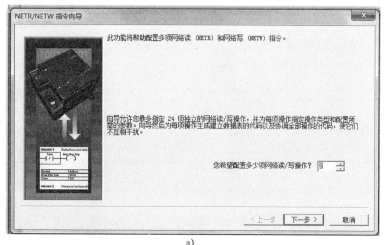

a)

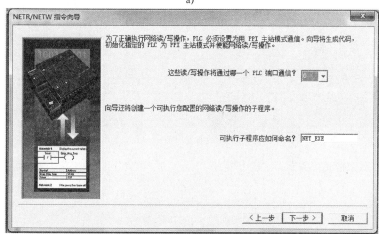

b)

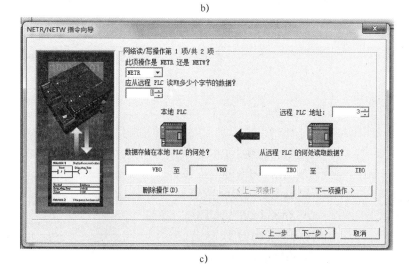

c)

图 6-144　NETR/NETW 向导指令配置过程

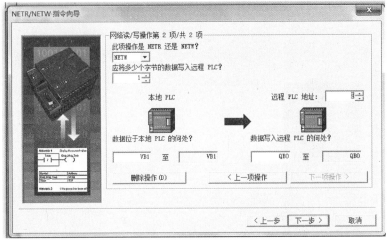

d)

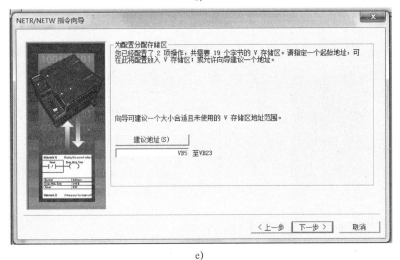

e)

图 6-144　NETR/NETW 向导指令配置过程（续）

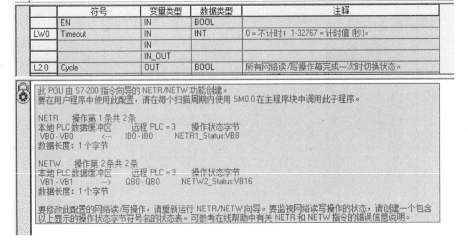

图 6-145　NET_EXE 子程序信息

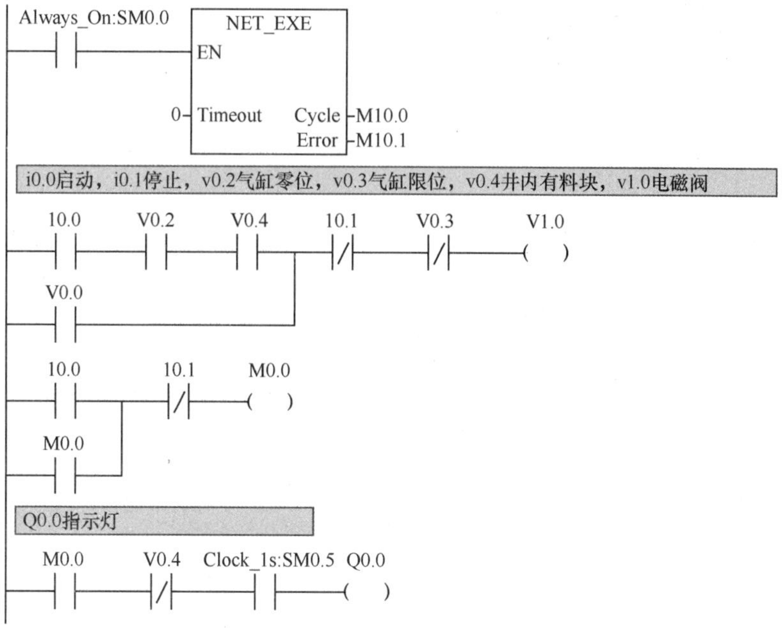

图 6-146　2 号站梯形图

习　题

1. 立即触点指令和标准触点指令有何不同？

2. 逻辑堆栈指令的主要作用是什么？它的指令有哪些？

3. 定时器有几种类型？各有何特点？

4. 计数器有几种类型？各有何特点？

5. 设计一个计数范围为 60000 的计数器。

6. 写出图 6-147 所示梯形图的语句表程序。

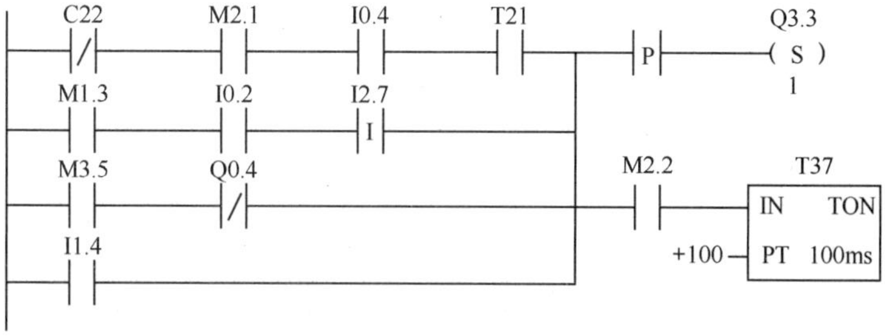

图 6-147　习题 6 梯形图

7. 画出下列语句表程序对应的梯形图。

LD　I0.1

AN　I0.0

LPS

```
AN   I0. 2
LPS
A    I0. 4
=    Q2. 1
LPP
A    I4. 6
R    Q0. 3, 1
LRD
A    I0. 5
=    M3. 6
LPP
AN   I0. 4
TON  T37, 25
```

8. 指出图 6-148 所示梯形图的错误。

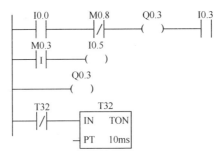

图 6-148 习题 8 梯形图

9. 用循环移位指令设计一个彩灯控制程序，8 路彩灯串按 H1→H2→H3→…→H8 的顺序依次点亮，且不断重复循环。各路彩灯之间的间隔时间为 0.2s。

10. 用接在 I0.0 输入端的光电开关检测传送带上通过的产品，有产品通过时 I0.0 为 ON，如果在 10s 内没有产品通过，由 Q0.0 发出报警信号，用 I0.1 输入端外接的开关解除报警信号。画出梯形图，并写出对应的语句表。

11. 如果 MW4 中的数大于 IW2 中的数，则令 M0.0 为 1 并保持，反之，将 M0.0 复位为 0。画出梯形图，并写出对应的语句表。

12. 设计用定时中断设置一个每 0.1s 采集一次模拟量输入值的控制程序。

13. 8 个 12 位二进制数据存放在 VW100 开始的存储区内，在 I0.1 的上升沿，用循环指令求它们的平均值，并将运算结果存放在 VW0 中。画出梯形图，并写出对应的语句表。

14. 用时钟指令控制路灯的定时接通和断开，20：00 时开灯，06：00 时关灯。画出梯形图，并写出对应的语句表。

15. 半径（<10000 的整数）在 VW10 中，取圆周率为 3.1416，用数学运算指令计算圆周长，运算结果四舍五入转换为整数后，存放在 VW20 中。

单元 7 S7-200 PLC 控制系统设计与实例

本单元介绍 S7-200 PLC 控制系统设计的内容和步骤，详细介绍系统的硬件配置和设备选型方法。以典型的顺序控制系统为例介绍顺序功能图和根据顺序功能图设计梯形图程序的方法，介绍通用的置位、复位指令设计法和"SCR"指令编程法，并通过具体的应用实例介绍具有多种工作方式的控制系统程序设计方法。在此基础上，较详细地介绍几个典型工程应用实例。通过学习，应掌握 PLC 控制系统的硬件、软件设计方法，学会针对不同的控制对象和要求，合理选择硬件模块和程序设计方法，还应掌握顺序功能图的设计以及顺序控制梯形图的设计方法。

7.1 PLC 控制系统设计的内容与步骤

PLC 在电气控制系统中是控制电气设备的核心部件，因此，PLC 的控制性能是关系到整个控制系统是否能正常、安全、可靠、高效运行的关键所在。在设计 PLC 控制系统时，应遵循以下基本原则：

（1）完整性原则　系统应最大限度地满足被控对象的控制要求。

（2）经济性原则　力求控制系统简单、经济、实用、维修方便。

（3）可靠性原则　保证控制系统的安全、可靠性。

（4）易操作原则　操作简单、方便，并考虑有防止误操作的安全措施。

（5）可行性原则　满足 PLC 的各项技术指标和环境要求。

（6）可扩展原则　要考虑到今后生产的发展和工艺的改进需求，在选择 PLC 型号时，应适当留有余地。

7.1.1 PLC 控制系统设计的内容

1）分析控制对象、明确设计任务和要求，是整个设计的依据。

2）选定 PLC 的型号及所需的输入/输出模块，对控制系统的硬件进行配置。

3）编制 PLC 的输入/输出分配表和绘制输入/输出端子接线图。

4）根据系统设计的要求编写软件规格要求说明书，然后再用相应的编程语言（常用梯形图）进行程序设计。

5）设计操作台、电气柜，选择所需的电气元件。

6）编写设计说明书和操作使用说明书。

根据具体控制对象，上述内容可适当调整。

7.1.2 PLC 控制系统设计的步骤

PLC 电气控制系统的设计包括硬件电路设计和软件控制程序设计。硬件电路设计是指主电路和 PLC 外部接线电路的设计，软件控制程序设计即 PLC 应用程序的设计。不论是由多个 PLC 组成的集散电气控制系统，还是由 1 个 PLC 构成的独立控制系统，PLC 电气控制系统的设计都可以参考图 7-1 所示的步骤，具体如下：

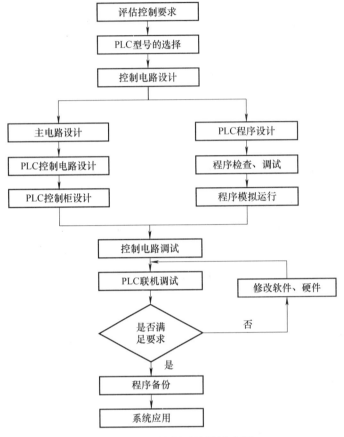

图 7-1　PLC 控制系统设计步骤

1. 深入了解被控系统

设计人员必须深入现场，认真调查研究，收集资料，并与相关技术人员和操作人员一起分析讨论，相互配合，评估控制要求，共同解决设计过程中出现的问题。这一阶段必须对被控对象所有功能进行全面细致的了解，如：对象的各种动作及动作时序、动作条件、必要的互锁与保护；电气系统与机械、液压、气动系统及各仪表等系统间的关系；PLC 与其他智能设备间的关系，PLC 之间是否联网通信，突发性电源掉电（停电）及紧急事故处理，系统的工作方式及人机界面，需要显示的物理量及显示方式等。

在这一阶段应明确哪些信号需送给 PLC，PLC 的输出需要驱动的负载性质（模拟量或数字量，交流或直流，电压、电流等级等）以及控制电路所需的器件规格、数量等。

2. 系统 I/O 设备以及控制台和控制柜的选择和设计

输入设备的选择包括控制按钮、转换开关、位置开关及计量保护的开关输入信号等；输出设备的选择包括继电器、接触器、电磁阀、信号灯等的选择。

3. PLC 的选择与设计

根据被控对象对 PLC 控制系统技术指标的要求，确定 I/O 信号的点数及 PLC 的类型和配置。对整体式 PLC，应选定基本单元和各扩展单元的型号；对模块式 PLC，应确定底板的型号，选择所需模块的型号及数量、编程设备及外围设备的型号。具体有以下几个方面：

（1）分配 PLC 的 I/O 端口（I/O 通道）　在进行 I/O 通道分配时应给出 I/O 通道分配表，表中应包含 I/O 编号、设备代号、名称及功能，且应尽量将相同类型的信号、相同电压等级的信号排在一起，以便于施工。

（2）绘制外部接线图　将 PLC 的输入、输出设备与 PLC 控制器连接起来，要特别注意 PLC 控制器和输入、输出设备电源的种类以及与外部智能仪器的连接方式。

（3）计数器、定时器及内部辅助继电器的地址分配　对于较大的控制系统，为便于软件设计，可根据工艺流程将所需的计数器、定时器及内部辅助继电器的地址进行相应的分配。

（4）编写应用程序　对于简单的控制系统，特别是简单的开关量控制，可采用经验设计方法绘制梯形图。对于较复杂的控制系统，需要根据总体要求和系统的具体情况确定应用程序的基本结构，绘制系统的控制流程图或功能表图，用于清楚表明动作的顺序和条件，然后设计出相应的梯形图。系统控制流程图或功能表图要尽可能详细、准确，以方便编程。

（5）编辑调试修改程序。

4. 控制电路的选择与设计

根据控制对象的种类、数量以及相互之间的联锁关系，设计主电路和辅助电路。设计的内容包括控制电气原理图、接线图、器件的选择及相互的联锁关系等。

5. 编写技术文件

当联机调试通过，并经过一段试运行确认可正常工作后，根据整个设计过程整理出完整的技术资料提供给用户，以利于系统的维护和改进。

6. 交付使用

在实际的系统设计时，程序设计可以与现场施工同步进行，即在硬件设计完成以后，同时进行程序设计和现场施工，以缩短施工周期。

7.2　PLC 控制系统的硬件设计

7.2.1　PLC 选型

选择合适的能满足控制要求的 PLC 是应用设计中至关重要的一步。目前，国内外 PLC 生产厂家生产的 PLC 品种已达数百个，其性能各有特点，所以设计时首先要考虑采用与本单位正在使用的 PLC 同系列，以便于学习和掌握；其次备件应具有通用性，以减少编程设备的投资。由于 PLC 品种繁多，其结构形式、性能、容量、指令系统、价格等各有不同，适用场合也各有侧重，因此合理选择 PLC，对于提高 PLC 控制系统的技术经济指标有着重要作用。

1. PLC 规模选择

根据系统的控制要求，详细列出 PLC 所有输入量和输出量的情况，包括如下内容：

1）有哪些开关量输入信号，电压分别是多少。电源尽量选择 DC24V 或 AC220V。

2）有哪些开关量输出信号，要求驱动的功率是多少。一般的 PLC 输出驱动能力不超过 2A。如果容量不够，可以考虑输出功率的扩展，如在输出端接功率放大器、继电器等。

3）有哪些模拟量 I/O 信号，以及具体有哪些参数。PLC 的模拟量处理能力一般为 1～5V、0～10V、±10V 或 4～20mA、0～20mA。

在确定了 PLC 的控制规模后，一般还要考虑一定的裕量，以适应工艺流程的变动及系统功能的扩充，一般可按 10%～15% 的裕量来考虑。另外，要考虑 PLC 的结构：如果规模较大，以选用模块式的 PLC 为好。如果被控对象以开关量控制为主，另需少量模拟量控制，可选用带有 A-D、D-A 转换、数据传送及简单运算功能的小型 PLC，或者再选用模拟量控制模块。对于控制复杂、要求更高的被控系统，如含有较多的 I/O 点，对模拟量控制要求也较高，要求实际 PID 运算、闭环控制等功能，可选用中高档的 PLC。

从物理结构来讲，PLC 可分为整体式和模块式，对于工作过程比较固定，环境条件较好（维修量较小）的场合，选用整体式 PLC，这样可以降低成本。其他情况下选用模块式 PLC，以便于灵活地扩展 I/O 点数，有更多特殊 I/O 模块可供选择，维修更换模块、判断故障范围也方便，缺点是价格稍高。

2. 对时间和其他特殊功能的要求

对于开关量的控制系统，无须考虑 PLC 的响应时间，因为现代小型 PLC 一般都能满足要求。对于模拟量控制系统，特别是闭环控制系统，就需要考虑 PLC 的响应时间。由于 PLC 采用扫描的工作方式，在最不利的情况下会引起 2～3 个扫描时间周期的延迟。为减小 I/O 的响应延迟时间，可以采用高速 PLC，或者采用高速响应模块，其响应的时间不受 PLC 扫描周期的影响，而只取决于硬件的延时。

3. PLC 的特殊功能要求

控制对象不同会对 PLC 提出不同的控制要求。如用 PLC 替代继电器完成设备或生产过程控制的上限报警控制、时序控制等，只需 PLC 的基本逻辑功能即可。对于需要模拟量控制的系统，则应选择配有模拟量 I/O 模块的 PLC，PLC 内部还应具有数字运算功能。对于需要进行数据处理以及信息管理的系统，PLC 应具有图表传送、数据库生成等功能。对于需要高速脉冲计数的系统，PLC 还应具有高数计数功能，且应了解系统所需的最高计数频率。有些系统需要进行远程控制，就应配置具有远程 I/O 控制的 PLC。还有一些特殊功能，如温度控制、位置控制、PID 控制等，如果选择合适的 PLC 及相应的智能控制模块，将使系统设计变得非常简单。

4. 用户程序存储器所需容量的估算

用户程序存储器的容量以地址（或步）为单位，每个地址可以存储一条指令。用户所需程序存储器的容量在程序编好后可以准确地计算出来，但在设计刚刚开始时往往办不到，通常需要进行估算。一般粗略的方法如下：

$$（I/O 总数）×（10～20）= 指令步数$$

如果系统中含有模拟量，可以按每个模拟量通道相当于 16 个 I/O 点来考虑。比较复杂的系统，应适当增加存储器的容量，以免以后造成麻烦。

5. PLC 联网通信的考虑

在需要通信的场合，应选用具有通信联网功能的 PLC。一般 PLC 都带有 RS232、RS422 或 RS485 通信接口，大中型 PLC 通常具有更强的通信功能，既可以与另一台 PLC 或上位计算机相连，组成厂内自动控制网络，也可与 CRT（显示器）或打印机相连，在线编程、监控、打印分析结果，如西门子 PLC 的 PROFIBUS 和 Internet 通信功能。

当系统的控制功能需要由多个 PLC 完成的时候，组网能力和网络通信功能也是 CPU 选型所要考虑的关键。

6. 对系统可靠性的考虑

一般来讲，PLC 控制系统的可靠性是很高的，能够满足生产要求。对可靠性要求极高的系统，则需要考虑冗余控制系统或热备份系统。

7. PLC 机型统一的考虑

一个企业内部应尽可能地做到机型统一，或者尽可能地采用同一生产厂家的 PLC。因为同一机型便于备用件的采购和管理，模块可互为备份，减少备件的数量。同一厂家 PLC 的功能和编程方法相近，有利于技术培训，便于用户程序的开发和修改，也便于联网通信。

7.2.2　PLC 容量估算

PLC 的容量包括两个方面：I/O 点数的选择和应用程序存储器容量。

1. I/O 点数的选择

I/O 点数的选择除了要满足当前控制系统的要求外，还要考虑到以后生产工艺的可能变化及可靠性的要求，可适当预留 10%～15% 的裕量。

2. 应用程序存储器容量

应用程序存储器容量的估算与许多因素有关，例如 I/O 点数、运算处理量、控制要求、程序结构等。一般用下列公式粗略估算：

（1）只有开关量控制时

$$I/O 点所需存储量 = I/O 点数 \times 8$$

（2）只有模拟量输入时

$$模拟量所需存储器字数 = 模拟量路数 \times 120$$

由于程序设计者水平上的差异，即使对同一系统，由不同的编程人员设计程序的长度和执行时间也会有很大差异，因此在考虑存储器容量时，应当固定地留有适当裕量，初学者可多留一些，有经验者可少留一些，裕量通常可按计算结果的 25% 考虑。需要注意的是，一般小型用户程序存储器容量是固定的，不能随意扩充和调整，存储器容量与系统的规模、控制要求、实现方法以及编程水平等许多因素有关，其中 I/O 点数在很大程度上可以反映 PLC 系统对存储器的要求。在工程实践中，存储器容量一般是通过 I/O 点数的统计和根据经验粗略估算的。

开关量输入
　　总字节数 = 总点数 × 10

开关量输出
　　总字节数 = 总点数 × 8

模拟量 I/O
　　总字节数 = 通道数 × 100

定时器/计数器
　　总字节数 = 定时器/计数器个数 × 2

通信接口
　　总字节数 = 接口数量 × 300

以上计算的结果只具有参考价值，在明确存储器容量时，还应对其进行修正。特别是对初学者来说，应该在估算值的基础上充分考虑裕量。

7.2.3　I/O 模块的选择

I/O 模块的价格占 PLC 价格的一半以上，不同的 I/O 模块，其结构与性能也不一样，它直接影响到 PLC 的应用范围和价格。

S7-200 系列 PLC 主机所带的 I/O 点数根据 CPU 型号的不同有 6DI/4DO、8DI/6DO、14DI/10DO 和 24DI/16DO 五种，开关量扩展模块有 8DI、16DI、4DO、8DO 和 4DI/4DO、8DI/8DO、16DI/16DO、32DI/32DO。根据 PLC 输入量和输出量的点数和性质，可以确定 CPU 的型号和扩展模块的型号与数量。

1. 开关量输入模块的选择

开关量输入按结构可分为共点式、分组式和隔离式。按电压形式范围可分为直流 5V、12V、24V 和交流 220V。S7-200 系列 PLC 的开关量输入采用共点式，电压有直流 24V 和交流 220V 两种。

输入模块的工作电压尽量与现场输入设备（有源设备）一致，可省去转换环节。对无源输入信号，则需根据现场与 PLC 的距离远近来选择电压的高低。通常直流 24V 属于低电压，传输距离不宜太长。如果距离较远、环境干扰较强和有粉尘、油雾等恶劣环境下，应选用交流电模块。

2. 开关量输出模块的选择

开关量输出模块按点数分为 16、32、64 点。按电路结构可分为共点式、分组式、隔离式。S7-200 系列 PLC 的开关量输出有继电器隔离输出和晶体管输出两种方式，大多采用分组式电路结构。继电器隔离输出方式适用电压范围广，导通压降小，承受瞬时过载能力强，但其动作速度慢，寿命（动作次数）有一定限制，驱动感性负载时最大通断频率不得超过 1ns，适用于不频繁动作的交直流负载；晶体管输出方式适用于直流负载，可靠性高，反应速度快，寿命长，但过载能力稍差。

3. 模拟量 I/O 模块的选择

连续变换的温度、压力、位移、流量等非电量最终都要采用相应传感器转化成电压或电流信号，然后送入模拟量输入模块。S7-200 系列 PLC 除 CPU224XP 主机带有 2AI/1AO 外，其他 CPU 主机均无模拟量输入/输出通道，需要时必须增加扩展的模拟量模块。

S7-200 系列 PLC 提供的模拟量扩展模块有 4AI、8AI、2AO、4AO 和 4AI/1AO 五种，可根据需要进行选取。

按输入信号的形式来分，模拟量 I/O 模块有电压型和电流型。一般来讲，电流型的抗干扰能力强，但要根据输入设备来确定。另外，输入模块信号还有不同的范围，在选择时应加以注意。一般的模块都具有 12bit 以上的分辨率，能够满足普通生产的精度要求。选择输入模块时还要考虑被控系统的实时性，有的模块转换速度快，有的速度较慢，因考虑到滤波效果，输入模块大多用积分式转换，速度稍慢，在要求实时性较高的场合，可选用专用的高速模块。

4. 编程器和外围设备的选择

对于小型机，一般可选用手持型简易编程器，其价格低，移动方便，但功能有限。对于大中型机，一般采用图形编程器。现在个人计算机已比较普及，大部分 PLC 支持个人计算机编程，西门子 S7-200 系列 PLC 只支持图形编程。为防止由于掉电、干扰而破坏应用程序，存储器一般选用 EPROM、EEPROM 或 Flash 存储器。

5. I/O 设备与 PLC 连接时应注意的问题

在 PLC 控制系统中，PLC 是主要控制设备，它与控制对象中各种输入信号（如按钮、继电器触点、限位开关及其他检测信号等）和输出设备（继电器、接触器、电磁阀等执行元件）相连，需设计连接电路。此外还要考虑设计各种运行方式的电路（自动、半自动、手动、紧急停止电路等）、电气主电路以及一些未纳入 PLC 范围的电器控制电路等。总之，要形成一个完整的控制系统所需的 PLC 以外的电路均需要设计。下面着重介绍与 PLC 连接的有关电路：

（1）PLC 的外部输入电路 现场的输入信号，如按钮开关、拨动开关、选择开关、限位开关、行程开关和其他一些检测元件输出的开关量或模拟量，通过连接电路进入 PLC。对于开关触点，当为强电电路的触点时，有些要求 48V、50mA 左右或 110V、15～20mA 才能可靠接通，而输入模块的输入电源电压一般不高，额定电流也是毫安（mA）级，要注意模拟量输入信号的数值范围应与 PLC 的模拟量入口数值相匹配，否则应加变送器或加其他电路解决。

（2）PLC 的外部输出电路 PLC 的各输出点与现场各执行元件相连，PLC 的这些执行元件有电感性负载、电阻性负载、电灯负载，有开关量和模拟量；负载电源有交流也有直流。在进行输出电路设计时，需要注意以下几点：

1）建议在 PLC 外部输出电路的电源供电线路上装设电源接触器，用按钮控制其接通/断开，当外部负载需要紧急断开时，只需按下按钮就可将电源断开，而与 PLC 无关。另外，电源在停电后恢复，PLC 也不会马上启动，只有在按下启动按钮后才会启动，如图 7-2a 所示。

2）线路中加入熔断器（速熔）作为短路保护。当输出端的负载短路时，PLC 的输出元件和印制电路板将会被烧坏，因此应在输出回路中加装熔断器。可以一个线圈回路接一个熔断器，也可一组线圈回路接一个公共熔断器，熔丝电流应适当大于负载电流，如图 7-2b 所示。

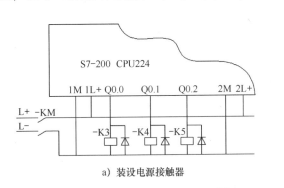

a) 装设电源接触器

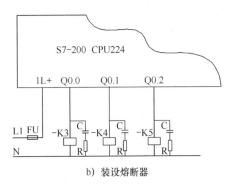

b) 装设熔断器

图 7-2 PLC 输出电路

3）当输出端接感性元件时，应注意加装保护。当为直流输出时，感性元件两端应并联接续流二极管；当为交流输出时，感性元件两端应并联阻容吸收电路。这样做的目的是用于抑制由于输出触点断开时电感线圈感应出的很高的尖峰电压对输出触点的危害及对 PLC 的干扰。

续流二极管可选额定电流为 1A 左右的二极管，其额定电压应为负载电压 3 倍以上。阻容吸收电路可选 0.5W、100～1200Ω 的电阻和 0.1pF 的电容。

白炽灯在室温和工作时的电阻值相差极大，通电瞬间产生很大的冲击电流，所以额定电流 2A 继电器输出电路最多允许带 100W、220V/AC 的灯泡负载。

4）对于一些危险性大的电路，除了在软件上采取联锁措施外，在 PLC 外部硬件电路上也应采取相应的措施。如异步电动机正、反转接触器的动断触点应在 PLC 外部再组成互锁电路，以确保安全。过载保护用的热继电器也可接在 PLC 的外部电路中。

5）PLC 的模拟量输出用于控制变速电动机的调节装置、阀门开度的大小（有的要先通过电-气转换装置，再去控制气动调节阀）等。模拟量输出有 4~20mA 的电流输出，也有 0~10V 的电压输出，用户设计时可自行选择。

7.2.4 分配 I/O 点

在分配 PLC 的 I/O 点之前，首先要将系统中的各种输入、输出点进行分类，了解开关量输入总点数、开关量输出总点数、模拟量输入通道和输出通道总数、特殊功能总数及类型、系统中各 PLC 的分布与距离以及对通信能力的要求及通信距离的要求等，同时还要考虑各 I/O 点之间的联系。把以上各点考虑清楚后，即可根据分类统计的参数和功能要求具体确定 PLC 的硬件配置。

对于箱体式结构的 PLC，确定基本单元和扩展单元的型号。对于模块式结构的 PLC，确定基本框架、扩展框架、各种模块的型号、数量和在框架上插装的位置。还要对各模块所消耗电流及所供给电源的容量进行核算。

对开关量输入点应注意选择电压等级（检测点远的电压宜选高些）、输入点密度（高密度模板有 32 点、64 点，集中在一处的输入信号尽可能集中在一块或几块模板上，但同时接通点数不宜超过总点数 70%）、输入形式（源输入、汇点输入、逻辑输入等）、通/断时间、外部端子连接方式等。

对开关量输出点应注意选择输出形式（一般可选继电器式，开关频繁宜选晶体管或可控硅式）、驱动负载能力（注意启动冲击电流）、输出点密度、通/断时间、外部端子连接方式等。

确定硬件配置时对 I/O 点数一般应留有备用点，留作故障点改用、扩展和调试时使用。

表 7-1 是按照对象进行 I/O 点地址分配，表 7-2 是按照元器件的种类进行 I/O 点地址分配。

表 7-1 按照对象进行 I/O 点地址分配

输	入	输	出
I0.0	启动按钮	Q0.0	电磁阀 1
I0.1	停止按钮	Q0.1	电磁阀 2
I0.2	曝气罐低液位	Q0.2	电磁阀 3
I0.3	曝气罐高液位	Q0.3	供水泵
I0.4	纯水箱低液位	Q0.4	曝气罐报警
I0.5	纯水箱高液位	Q0.5	纯水箱报警
I0.6	报警复位按钮		

表 7-2　按照元器件的种类进行 I/O 点地址分配

名　称	地　址	名　称	地　址
磁栅输入 1	I0.0	上行	Q0.0
磁栅输入 2	I0.1	下行	Q0.1
上限位	I0.2	插销下	Q0.2
下限位	I0.3	插销起	Q0.3
左限位	I0.4	操作台左旋转	Q0.5
右限位	I0.5	操作台右旋转	Q0.6
前限位	I0.6	操作台上升	Q0.7
后限位	I1.0	操作台下降	Q1.0
过载反馈	I1.1	阀门	Q2.1
操作台上翻	I1.2	左行	Q2.2
操作台下翻	I1.3	右行	Q2.3
上翻限位	I1.4	前进	Q2.4
下翻限位	I2.1	后退	Q2.5
操作台限位	I2.2	前进减速	Q2.6
液压泵开	I2.3	后退减速	Q3.1
液压泵停	I2.4	主机	Q3.2
液压泵过载	I2.5	红外线	Q3.3
		液压泵	Q3.4

（输入 / 输出 为左右两组的分组标题）

7.2.5　安全回路设计

安全回路在系统中起保护人身安全和设备安全的作用。安全回路应能独立于 PLC 工作，并采用非半导体的机电元件以硬接线方式构成。

1. 安全回路设计的原则

设计对人身安全至关重要的安全回路，在很多国家和国际组织发表的技术标准中均有明确的规定。例如美国国家电气制造商协会（NEMA）的 ICS3-304 可编程序控制器标准中对确保操作人员人身安全的推荐意见为：应考虑使用独立于可编程序控制器的紧急停机功能。在操作人员易受机器影响的地方，例如在装卸机器工具时，或者机器自动转动的地方，应考虑使用一个机电式过载器或其他独立于可编程序控制器的冗余工具，用于启动和中止转动。确保系统安全的硬接线逻辑回路，在以下几种情况下将发挥安全保护作用：

1）PLC 或机电元件检测到设备发生紧急异常状态时。

2）PLC 失控时。

3）操作人员需要紧急干预时。

典型的安全回路设计，是将每个执行器均连接到一个特别紧急停止（E-stop）区，构成矩阵结构，该矩阵即为硬件安全电路设计的基础。

2. 安全回路设计的任务

1）确定控制电路之间逻辑和操作上的互锁关系。

2）设计硬件电路以提供对过程中重要设备的手动安全性干预。

3）确定其他与安全和完善运行有关的要求。

4）为 PLC 定义故障形式和重新启动特性。

7.2.6 可靠性设计

PLC 控制系统的可靠性设计主要涉及以下几方面：

1. 系统供电设计

系统供电电源设计是指可编程序控制器 CPU 工作所需电源系统的设计，包括供电系统的保护措施、PLC 电源模块的选择和供电电源系统的设计、I/O 模块供电电源设计等。

（1）供电系统的保护措施 PLC 一般都使用工频电压（220V，50Hz）。电网电压和频率的波动直接影响实时控制系统的精度和可靠性，有时电网的冲击和瞬间变化会给系统带来干扰甚至毁灭性的破坏。为了提高系统的可靠性和抗干扰性能，在 PLC 供电系统中一般采取隔离变压器、交流稳压器、UPS 电源、晶体管开关电源等措施对其供电系统进行保护。图 7-3 所示为隔离变压器的保护连接。

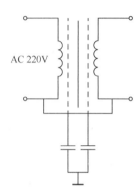

图 7-3 隔离变压器的保护连接

1）隔离变压器。隔离变压器的一次侧和二次侧之间采用隔离屏蔽层，由漆包线或铜等非导磁材料绕成（但要保证其在电气设备上不能短路），而后引出一个头接地。在图 7-3 中，一、二次侧之间的静电屏蔽层与一、二次侧间的零电位线相接，再用电容耦合接地。采用了隔离变压器后，可以隔离掉供电电源中的各种干扰信号，从而提高系统的抗干扰能力。

2）交流稳压器。为了抑制供电电网电压的波动，PLC 系统中设置有交流稳压器。在选择交流稳压器的容量时，应留出足够的裕量，一般可按实际最大需求容量的 30% 计算。这样一方面可充分保证稳压特性，另一方面有助于交流稳压器的可靠工作。在实际应用中，如果系统本身对电源电压的波动就具有较强的适应性，也可不采用交流稳压器。

3）UPS 电源。在某些实时控制中，系统的突然断电会造成较严重的后果，此时就要在供电系统中加入 UPS 电源供电，在 PLC 的应用软件中可设置断电处理程序。当突然断电后，可自动切换到 UPS 电源供电，并按工艺要求进行一定的处理，使生产设备处于安全状态。在选择 UPS 电源时要注意所需的功率容量。

4）晶体管开关电源。晶体管开关电源主要是指稳压电源中的调整管以开关方式工作，通过调节脉冲宽度的办法来调整直流电压。这种开关电源在电网或其他外加电源电压变化很大时，对其输出电压并没有很大影响，从而提高了系统抗干扰的能力。

目前，各公司生产的 PLC 中，其电源模块采用的都是晶体管开关电源，所以在整个系统供电电源设计中不必再考虑加晶体管开关电源，只要注意 PLC 电源模板对外加电源的要求就可以。

（2）PLC 电源模块的选择 PLC 的 CPU 所需的工作电源一般都是 5V 直流电源，一般的编程接口和通信模块还需要 5.2V、24V 直流电源。这些电源都由可编程序控制器本身的电源模块供给，所以在实际应用中要注意电源模块的选择。在选择电源模块时可以考虑以下几点：

1）电源模块的输入电压。PLC 的电源模块有 3 种输入电压，即 AC220V、AC110V 和 DC24V，在实际应用中要根据具体情况进行选择。当系统的输入电压确定后，系统供电电源的输出电压也就确定了。

2) 电源模块的输出功率。在选择电源模块时，其额定输出功率必须大于 CPU 模块、所有 I/O 模块及各种智能模块等总的消耗功率，并且要留有 30% 左右的裕量。一个电源模块既要为主机单元又要为扩展单元供电时，从主机单元到最远一个扩展单元的线路压降必须小于 0.25V。

3) 扩展单元中的电源模块。在有的系统中，由于扩展单元中含有智能模块及一些特殊模块，就要求在扩展单元中安装相应的电源模板。这时相应的电源模块输出功率可按各自的供电范围计算。

4) 电源模块接线。选定了电源模块后，还要确定电源模块的接线端子和连接方式，以便正确进行系统供电的设计。一般电源模块的输入电压是通过接线端子与供电电源相连的，而输出信号则通过总线插座与可编程序控制器 CPU 的总线相连。

（3）一般供电电源系统设计 控制系统的正常工作是 PLC 系统的关键。PLC 控制部分的供电设计包括其 CPU 工作电源、各种 I/O 接口模块和通信智能模块的工作电源。这些工作电源都由 PLC 的电源模块供电，所以系统供电电源设计就是针对 PLC 电源模块而言的。

图 7-4 给出了由西门子 S7-200 系列 PLC 组成的典型控制系统的供电设计，系统包括一台 PLC（由一个主机单元和一个扩展单元组成）。对于多机系统和包括多个扩展单元的系统，其设计原理和方法是完全一样的，只是在供电容量和供电布线上有所不同。

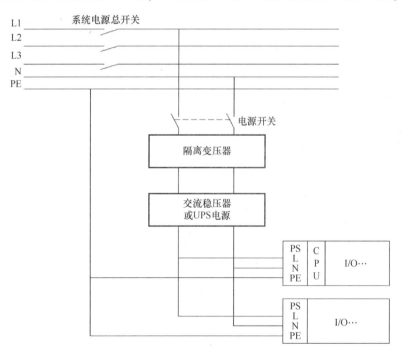

图 7-4 典型控制系统的供电设计

从图 7-4 可以看出，系统总电源为三相交流电网电源，通过系统电源总开关实现整个电源系统的开断控制，此开关可以是刀开关，也可以是断路器，可按实际需要选择。

PLC 所需电源一般为交流 220V，可取自三相电源的一相。在多机系统中，如果每个 PLC 上都单独供电，则可分别取不同的相电压，以保证三相电源的平衡。取自相电压的交流 220V 电源通过电源开关接入隔离变压器（此处的电源开关可选择刀开关或自动开关）。

经过隔离变压器后，通过交流稳压器或 UPS 不间断电源为系统供电（在电网电压较稳定的情况下也可以不采用交流稳压器或 UPS 不间断电源）。为系统控制部分的供电则由电源模块来实现，用户不必再进行设计。

有些产品分别包括 AC220V、AC110V 和 DC24V 的输入电压。日本的产品通常采用AC110V；美国、德国及我国使用较多的是 AC220V，但也有 DC24V 的情况。如果电源模块输入为 DC24V，供电系统的设计就要在电源模块和交流稳压器或 UPS 不间断电源之间加入直流稳压电源，且直流稳压电源容量的选择也要考虑全部所需容量，否则易造成电源模块的损坏。

（4）I/O 模块供电电源设计　I/O 模块供电电源设计是指系统中传感器、执行机构、各种负载与 I/O 模块之间的供电电源设计。在实际应用中，普遍使用的 I/O 模块基本都是采用 DC24V供电电源和 AC220V 供电电源。这里主要介绍这两种情况下开关量 I/O 模块的供电设计。

1）DC24V I/O 模块的供电设计。在 PLC 组成的控制系统中，广泛使用着 DC24V I/O 模块。工业过程中的输入信号来自各种接近开关、按钮、编码开关、继电器的触点及接触器的辅助触点等，输出信号则控制继电器线圈、接触器线圈、电磁阀线圈、伺服阀线圈、显示灯等。要使系统可靠工作，I/O 模块和现场传感器、负载之间的供电设计必须安全可靠，这是控制系统能够实现所要完成的控制任务的基础。

图 7-5 为西门子 S7-200 系列 PLC DC24V 电源 I/O 模块的一般供电设计。图中给出了一个主机单元和一个扩展单元的一个 I/O 模块的情况。对于包括多个单元在内的多个 I/O 模块的情况与此相同。图 7-5 中的 AC220V 电源可来自交流稳压器输出，该电源经 DC24V 稳压电源后为 I/O 模块供电。为防止检测开关和负载的频繁动作影响稳压电源工作，在 DC24V 稳压电源输出端并接一个电解电容。开关 Q1 控制 DO 模块供电电源，开关 Q2 控制 DI 模块供电电源。I/O 模块供电电源设计比较简单，一般只需要注意以下几点：

① I/O 模块供电电源是指 PLC 与工业过程相连的模块和现场回路直接相连回路的工作电源。它主要依据现场传感器和执行机构（负载）实际情况而定，这部分工作情况并不影响可编程序控制器 CPU 的工作。

② 24V 直流稳压电源的容量选择主要是根据输入模块的输入信号为"1"时的输入电流和输出模块的输出信号为"1"时负载的输出电流而定。在计算时应考虑所有 I/O 点同时为"1"的情况，并留有一定裕量。

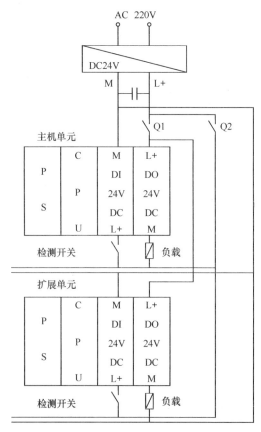

图 7-5　DC24V I/O 模块的供电设计

③ 开关 Q1 和 Q2 分别控制输出模块和输入模块供电电源。在系统启动时，应首先启动可编程序控制器的 CPU，然后再合上开关 Q2 和开关 Q1。当现场输入设备或执行机构发生

故障时，可立即断开开关 Q1 和 Q2。

2）AC220V I/O 模块的供电设计。对于实际工业过程，除了 DC24V 模块外，还广泛使用 AC220V I/O 模块。在 DC24V I/O 模块供电设计的基础上，只要去掉 DC24V 稳压电源，并将图 7-5中的 DC24V I/O 模块换成 AC220V I/O 模块，就实现了 AC220V 模块的供电设计。图 7-6 所示是在一个主机单元中，I/O 模块各一块的情况，AC220V 电源可直接取自整个供电系统的交流稳压器的输出端，包括扩展单元的多块 I/O 模块设计与此完全相同。要注意的是，在设计交流稳压器时要增加相应的容量。

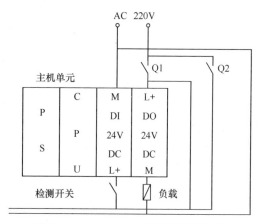

图 7-6　AC220V I/O 模块的供电设计

3）其他 I/O 模块的供电设计。其他 I/O 模块包括模拟量 I/O 模块、智能 I/O 模块和特殊模块，各自用途不同，其供电设计也不完全一样。对于模拟量 I/O 模块，一般来说模块本身需要工作电源，现场传感器和执行机构有时也需要工作电源，此时只能根据实际情况确定供电方案。对于智能模块和特殊模块，要根据不同用途，按模块本身的技术要求来设计它们的供电系统。

2. 系统接地设计

在实际控制系统中，接地是抑制干扰、使系统可靠工作的主要方法。在设计中如能把接地和屏蔽正确结合起来使用，可以解决大部分干扰问题。

（1）接地要求。接地的一般要求如下：

1）接地电阻在要求范围内。对于 PLC 组成的控制系统，接地电阻一般应小于 4Ω。

2）要保证足够的机械强度。

3）要具有耐腐蚀的能力并做防腐处理。

4）在整个工厂中，PLC 组成的控制系统要单独设计接地。

在上述要求中，后 3 条只要按规定设计、施工就可满足要求，关键是对接地电阻的要求。

（2）各种不同接地的处理　除了正确地进行接地设计、安装外，还要对各种不同的接地进行正确的接地处理。在控制系统中，大致有以下几种地线：

数字地：这种地也称为逻辑地，是各种开关量（数字量）信号的零电位。

模拟地：这种地是各种模拟量信号的零电位。

信号地：这种地通常是指传感器的地。

交流地：交流供电电源的地线，这种地通常是产生噪声的地。

直流地：直流供电电源的地。

屏蔽地（也称为机壳地）：防止静电感应而设的。

如何处理以上这些地线是 PLC 系统设计、安装、调试中的一个重要问题。以下针对不同的情况进行讨论，并给出不同的处理方法：

1）一点接地和多点接地。一般情况下，高频电路应采用就近多点接地，低频电路应采用一点接地。在低频电路中，布线和元件间的电感并不是什么大问题，然而接地形成的环路对电路的干扰影响很大，因此通常以一点作为接地点。但一点接地不适用于高频，因为高频时地线上具有电感，因而增加了地线阻抗，调试时在各个接地线之间又产生电感涡合。一般来说，频率在 1MHz 以下，可用一点接地；高于 10MHz 时，采用多点接地；在 1~10MHz 之间可用一点接地，也可多点接地。根据这一原则，PLC 控制系统一般都采用一点接地。

2）交流地与信号地不能共用。由于在一般电源地线的两点间会有数毫伏（mV）甚至几伏（V）电压，对低电平信号电路来说，这是一个非常严重的干扰，必须加以隔离。

3）浮地与接地的比较。全机浮空即系统各个部分与大地浮置起来，这种方法简单，但整个系统与大地的绝缘电阻不能小于 50MΩ。这种方法具有一定的抗干扰能力，但一旦绝缘下降就会带来干扰。还有一种方法，就是将机壳接地，其余部分浮空。这种方法抗干扰能力强，安全可靠，但实现起来比较复杂。由此可见，PLC 系统的接地还是以接入大地为好。

4）模拟地。模拟地的接法十分重要，为了提高抗共模干扰能力，对于模拟信号可采用屏蔽浮地技术。对于具体的 PLC 模拟量信号的处理要严格按照操作手册上的要求设计。

5）屏蔽地。在控制系统中，为了减少信号中电容耦合噪声，以便准确检测和控制，对信号采用屏蔽措施是十分必要的。根据屏蔽目的的不同，屏蔽地的接法也不一样。电场屏蔽解决分布电容问题，一般接大地电场屏蔽主要避免雷达、电台等高频电磁场辐射干扰，利用低阻、高导流金属材料制成，可接大地。磁屏蔽可防磁铁、电动机、变压器、线圈等的磁感应、磁混合，其屏蔽方法是用高导磁材料使磁路闭合，一般接大地为好。

当信号电路是一点接地时，低频电缆的屏蔽层也应一点接地。如果电缆的屏蔽层接地点有一个以上时，会产生噪声电流，形成噪声干扰源。当一个电路有一个不接地的信号源与系统中接地的放大器相连时，输入端的屏蔽应接至放大器的公共端；相反，当接地的信号源与系统中不接地的放大器相连时，放大器的输入端也应接到信号源的公共端。

3. 冗余设计

冗余设计即在系统中人为地设计"多余的部分"。冗余配置代表 PLC 适应特殊需要的能力，是高性能 PLC 的体现，其目的是在 PLC 已可靠工作的基础上，再进一步提高其可靠性，降低出现故障的概率，减少出故障后修复的时间。

（1）冷备份冗余配置　对容易出故障的模块，多购一套或若干套作为备份，以备一旦正在运行的模块出现故障时能及时更换，从而减少故障后系统修复的时间，减少停工损失。之所以称为冷备份，是因为备份的模块没有安装在设备上，只是放在备份库待用。冷备份的数量需要考虑，缺乏备份，出现问题一时换不上，将影响生产、造成损失；备份数量太多，甚至无关紧要的模块也备份，必然造成浪费。特别是 PLC 技术发展很快，旧产品常被新产品所更换，备份过多，不如用新的取代。备份还要看市场情况，市场上容易买得到的，可少备份或者不备份，否则可适当备份或多备份。另外，还要看单元的特点，易出故障、负载大、关键模块要适当备份，其他的可少备份或者不备份。

（2）热备份冗余配置　热备份是冗余的模块在线工作，只是不参与控制，一旦控制系统的模块出现故障，由其接替工作。它比一般的 PLC 控制系统所用的模块多，可靠性将有所下降，若用于特别重要的场合，对其重要的模块进行热备份是必要的。热备份中使用较多的是双 CPU 热备份系统，即双机系统。

双机系统由两套完全相同的 CPU 模块组成，由热备份中使用较多的一个 CPU 工作并完成整个系统的控制，另一个 CPU 热备份也运行同样的程序，但它的输出是被禁止的，一旦主 CPU 模块出现故障，即投入备用的 CPU 模块。这一切换过程是用所备的冗余处理单元

CFU 控制的，这时出故障的 CPU 模块可进行维修或更换。热备份的 CPU 模块也可能先出故障，那就先把故障的热备份 CPU 模块进行更换。

（3）表决系统冗余配置　在特别或者非常重要的场合，为做到万无一失，可配置成表决系统，多套模块（如 3 套）同时工作，其输出依少数服从多数的原则裁决。这种系统出现故障的概率几乎可以降低到 0。这种表决系统是非常昂贵的，也只是对那些非常重要的控制系统才这么做。

7.3　PLC 控制系统的梯形图设计

在应用程序设计过程中，应正确选择能反映生产过程的变化参数作为控制参量进行控制；应正确处理各执行电器、各编程元件之间的互相制约、互相配合的关系，即联锁关系。应用程序的设计方法有多种，常用的设计方法有经验设计法、顺序功能图法等。

7.3.1　经验设计法

某些简单的开关量控制系统可以沿用继电器接触器控制系统的设计方法来设计梯形图程序，即在某些典型电路的基础上，根据被控对象的具体要求，不断地修改和完善梯形图。有时需要多次反复地进行调试和修改梯形图，不断地增加中间编程元件和辅助触点，最后才能得到一个较为满意的结果。

这种方法没有普遍的规律可以遵循，具有很大的试探性和随意性，最后的结果不是唯一的，设计所用的时间、设计的质量与编程者的经验有很大的关系，所以有人把这种设计方法称为经验设计法，它用于逻辑关系较简单的梯形图程序设计。

用经验设计法设计 PLC 程序时可以按下面步骤来进行：分析控制要求、选择控制原则；设计主令元件和检测元件，确定输入/输出设备；设计执行元件的控制程序；检查修改和完善程序。

下面以运料小车为例来介绍经验设计法。运料小车运行示意图如图 7-7a 所示，图 7-7b 为 PLC 控制系统的外部接线图。

系统启动后，首先在左限位开关 SQ1 处进行装料；15s 后装料停止，开始右行；右行碰到右限位开关 SQ2 后停下，进行卸料；10s 后卸料停止，小车左行；左行碰到左限位开关 SQ1 后又停下来进行装料；如此循环一直进行下去，直至按下停止按钮 SB1。按钮 SB2 和 SB3 分别用来起动小车右行和左行。

以电动机正反转控制的梯形图为基础，设计出的小车控制梯形图程序如图 7-7c 所示。为使小车自动停止，将左限位开关控制的 I0.3 和右限位开关控制的 I0.4 的触点分别与控制右行的 Q0.0 和控制左行的 Q0.1 的线圈串联。为使小车自动起动，将控制装料、卸料延时的定时器 T37 和 T38 的动合触点，分别与控制右行起动和左行起动的 I0.1、I0.2 的动合触点并联，并用两个限位开关 I0.3 和 I0.4 的动合触点分别接通装料、卸料电磁阀和相应的定时器。

经验设计法对于一些比较简单的程序的设计是比较奏效的，可以收到快速、简单的效果。但是，由于这种方法主要是依靠设计人员的经验进行设计的，所以对设计人员的要求比较高，特别是要求设计者有一定的实践经验，对工业控制系统和工业上常用的各种典型环节比较熟悉。经验设计法往往需经多次反复修改和完善才能符合设计要求，一般适合于设计一些简单的梯形图程序或复杂系统的某一局部程序（如手动程序等）。如果用来设计复杂系统梯形图程序，存在以下问题：

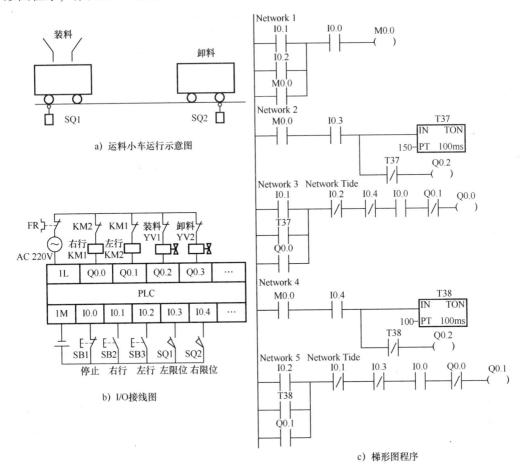

图 7-7 运料小车控制系统

1. 考虑不周、设计麻烦、设计周期长

用经验设计法设计复杂系统的梯形图程序时，要用大量的中间元件来完成记忆、联锁、互锁等功能，由于需要考虑的因素很多，它们往往又交织在一起，分析起来非常困难，并且很容易遗漏一些问题。修改某一局部程序时，很可能会对系统其他部分程序产生意想不到的影响，往往花了很长时间，还得不到一个满意的结果。

2. 梯形图的可读性差、系统维护困难

用经验设计法设计的梯形图是按设计者的经验和习惯的思路进行设计的。因此，即使是设计者的同行，要分析这种程序也非常困难，更不用说维修人员了，这给 PLC 系统的维护和改进带来许多困难。

7.3.2 顺序控制设计法与顺序功能图

如果一个控制系统可以分解成几个独立的控制动作，且这些动作必须严格按照一定的先后次序执行才能保证生产过程的正常运行，这样的控制系统称为顺序控制系统，也称为步进控制系统，其控制总是一步一步按顺序进行。在工业控制领域中，顺序控制系统的应用很广，尤其在机械行业，几乎无例外地利用顺序控制来实现加工的自动循环。

所谓顺序控制设计法就是针对顺序控制系统的一种专门的设计方法。使用顺序控制设计法时，首先根据系统的工艺过程画出顺序功能图，然后根据顺序功能图画出梯形图。有的 PLC 为用户提供了顺序功能图语言，在编程软件中生成顺序功能图后便完成编程工作。这种先进的设计方法很容易被初学者接受，对于有经验的工程师，也会提高设计的效率，程序的调试、修改和阅读也很方便。

1. 顺序功能图

顺序功能图（Sequence Function Chart，SFC）是 IEC 标准规定的用于顺序控制的标准化语言。顺序功能图用以全面描述控制系统的控制过程、功能和特性，而不涉及系统所采用的具体技术，这是一种通用的技术语言，可供进一步设计和不同专业的人员之间进行技术交流使用。顺序功能图以功能为主线，表达准确、条理清晰、规范、简洁，是设计 PLC 顺序控制程序的重要工具。

顺序功能图主要由步、有向连线、转换和转换条件及动作（或命令）组成。

（1）步与动作

1）步的基本概念。顺序控制设计法最基本的思想是将系统的一个工作周期划分为若干个顺序相连的阶段，这些阶段称为"步"，并用编程元件（如位存储器 M 和顺序控制继电器 S）来代表各步。步是根据输出量的状态变化来划分的，在任何一步之内，各输出量的位值状态不变，但是相邻两步输出量总的状态是不同的。步的这种划分方法使代表各步的编程元件的状态与各输出量的状态之间有着极为简单的逻辑关系。

2）初始步。与系统的初始状态对应的步称为初始步，初始状态一般是系统等待启动命令的相对静止的状态。初始步用双线方框表示，每一个功能表图至少应该有一个初始步。

3）与步对应的动作或命令。控制系统中的每一步都有要完成的某些"动作（或命令）"，当该步处于活动状态时，该步内相应的动作（或命令）即被执行；反之，不被执行。与步相关的动作（或命令）用矩形框表示，框内的文字或符号表示动作（或命令）的内容，该矩形框应与相应步的矩形框相连。在顺序功能图中，动作（或命令）可分为非存储型和存储型两种。当相应步活动时，动作（或命令）即被执行。当相应步不活动时，如果动作（或命令）返回到该步活动前的状态，是非存储型的；如果动作（或命令）继续保持它的状态，则是存储型的。当存储型的动作（或命令）被后续的步失励复位时，仅能返回到它的原始状态。顺序功能图中表达动作（或命令）的语句应清楚地表明该动作（或命令）是存储型或是非存储型的，例如，"起动电动机 M1"与"起动电动机 M1 并保持"两条命令语句，前者是非存储型命令，后者是存储型命令。

（2）有向连线　在顺序功能图中，会发生步的活动状态的转换。步的活动状态的转换，采用有向连线表示，它将步连接到"转换"并将"转换"连接到步。步的活动状态的转换按有向连线规定的路线进行，有向连线是垂直的或水平的，按习惯转换的方向总是从上到下或从左到右，如果不遵守上述习惯必须加箭头，必要时为了更易于理解也可加箭头，箭头表示步转换的方向。

（3）转换和转换条件　在顺序功能图中，步的活动状态的转换是由一个或多个转换条件的实现来完成的，并与控制过程的发展相对应。转换的符号是一条与有向连线垂直的短划线，步与步之间由"转换"分隔。转换条件是在转换符号短划线旁边用文字表达或符号说明。当两步之间的转换条件得到满足时，转换得以实现，即上一步活动结束、下一步活动开始，因此不会出现步的重叠，每个活动步持续的时间取决于步之间转换的实现。

下面以三台电动机的起停为例说明顺序功能图的几个要素，要求第一台电动机起动 30s 后，第二台电动机自动起动，运行 15s 后，第二台电动机停止并同时使第三台电动机自动起动，再运行 45s 后，电动机全部停止。

三台电动机的一个工作周期可以分为 3 步，分别用 M0.1~M0.3 来代表这 3 步，另外还需有一个等待起动的初始步。图 7-8a 为三台电动机周期性工作的时序图，图 7-8b 为相应的顺序功能图，图中用矩形框表示步，框中用数字表示该步的编号，也可以用代表该步的编程元件的地址作为步的编号，如 M0.1 等，这样在根据顺序功能图设计梯形图时比较方便。

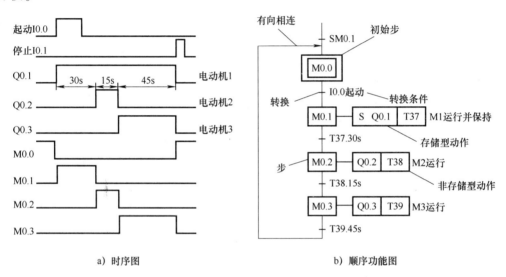

a）时序图　　　　　　　　b）顺序功能图

图 7-8　顺序功能图举例

从时序图发现，按下启动按钮 I0.0 后第一台电动机工作并保持至周期结束，因此，由 M0.1 标志的第一步中对应的动作是存储型动作，存储型动作或命令在编程时，通常采用置位"S"指令对相应的输出元件进行置位，在工作结束或停止时再对其进行复位。

2. 顺序功能图的基本结构

依据步之间的进展形式，顺序功能图有以下几种基本结构：

（1）单序列结构　单序列由一系列相继激活的步组成。每步的后面仅有一个转换条件，每个转换条件后面仅有一步，如图 7-9 所示。

（2）选择序列结构　选择序列的开始称为分支。某一步的后面有几个步，当满足不同的转换条件时，转向不同的步，如图 7-10a 所示。当步 5 为活动步时，若满足条件 e=1，则步 5 转向步 6；若满足条件 f=1，则步 5 转向步 8；若满足条件 g=1，则步 5 转向步 12。

选择序列的结束称为合并。几个选择序列合并到同一个序列上，各个序列上的步在各自转换条件满足时转换到同一个步，如图 7-10b 所示：当步 7 为活动步，且满足条件 h=1 时，则步 7 转向步 16；当步 9 为活动步，且满足条件 j=1 时，则步 9 转向步 16；当步 12 为活动步，且满足条件 k=1 时，则步 12 转向步 16。

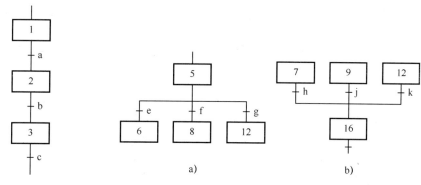

图 7-9　单序列结构　　　　　图 7-10　选择序列的分支与合并

（3）并行序列结构　并行序列的开始称为分支。当转换的实现导致几个序列同时激活时，这些序列称为并行序列。它们被同时激活后，每个序列中的活动步的进展将是独立的，如图 7-11a 所示。当步 11 为活动步时，若满足条件 b = 1，步 12、14、18 同时变为活动步，步 11 变为不活动步。并行序列中，水平连线用双线表示，用以表示同步实现转换。并行序列的分支中只允许有一个转换条件，并标在水平双线之上。

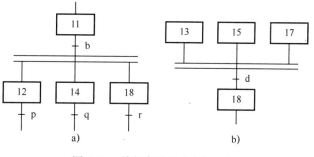

图 7-11　并行序列的分支与合并

并行序列的结束称为合并。在并行序列中，处于水平双线以上的各步都为活动步，且转换条件满足时，同时转换到同一个步，如图 7-11b 所示。当步 13、15、17 都为活动步，且满足条件 d = 1 时，则步 13、15、17 同时变为不活动步，步 18 变为活动步。并行序列的合并只允许有一个转换条件，并标在水平双线之下。

3. 顺序功能图法

顺序功能图法首先根据系统的工艺流程设计顺序功能图，然后再依据顺序功能图设计顺序控制程序。在顺序功能图中，实现转换时使前级步的活动结束而使后续步的活动开始，步之间没有重叠，这使系统中大量复杂的联锁关系在步的转换中得以解决。而对于每步的程序段，只需处理极其简单的逻辑关系。因而这种编程方法简单易学、规律性强，设计出的控制程序结构清晰、可读性好，程序的调试、运行也很方便，极大地提高工作效率。S7-200 PLC 采用顺序功能图法设计时，可用置位/复位（S/R）指令、顺序控制继电器（SCR）指令、移位寄存器（SHRB）指令等实现编程。

7.3.3　顺序控制梯形图的设计方法

1. 置位、复位指令编程

置位、复位（S，R）指令是一类常用的指令，任何一种 PLC 都有这一类指令，因此这是一种通用的编程方法，可以用于任意型号的 PLC。在采用置位、复位指令编程时，通过转换条件和当前活动步的标志位相串联，作为使所有后续步对应的存储器位置位和使用当前级步对应的存储器位复位的条件，每个转换对应一个这样的控制置位和复位的梯形图块。这种设计方法很有规律，梯形图与顺序功能图有着严格的对应关系，在设计复杂的顺序功能图的梯形图程序时既容易掌握，又不容易出错。

下面以较复杂的十字路口交通信号灯的 PLC 控制为例，采用置位、复位指令编程。

（1）控制要求 交通信号灯设置示意图如图 7-12a 所示，其工作时序图如图 7-12b 所示，控制要求如下：

1）接通启动按钮后，信号灯开始工作，南北向红灯、东西向绿灯同时亮。

2）东西向绿灯亮 25s 后，闪烁 3 次（1s/次），接着东西向黄灯亮，2s 后东西向红灯亮，30s 后东西向绿灯又亮……如此不断循环，直至停止工作。

3）南北向红灯亮 30s 后，南北向绿灯亮，25s 后南北向绿灯闪烁 3 次（1s/次），接着南北向黄灯亮，2s 后南北向红灯又亮，如此不断循环，直至停止工作。

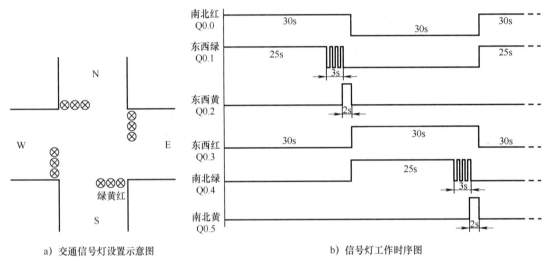

a）交通信号灯设置示意图　　　　　　　b）信号灯工作时序图

图 7-12　交通信号灯控制示意图

（2）输入、输出信号地址分配 据控制要求对系统输入、输出信号进行地址分配。I/O 地址分配见表 7-3。将南北红灯 HL1、HL2，南北绿灯 HL3、HL4，南北黄灯 HL5、HL6，东西红灯 HL7、HL8，东西绿灯 HL9、HL10，东西黄灯 HL11、HL12 均并联后共用一个输出点，I/O 接线图如图 7-13 所示。

表 7-3　交通信号灯控制 I/O 地址分配

输 入 信 号		输 出 信 号	
启动按钮 SB1	I0.1	南北红灯 HL1、HL2	Q0.0
停止按钮 SB2	I0.2	南北绿灯 HL3、HL4	Q0.4
		南北黄灯 HL5、HL6	Q0.5
		东西红灯 HL7、HL8	Q0.3
		东西绿灯 HL9、HL10	Q0.1
		东西黄灯 HL11、HL12	Q0.2

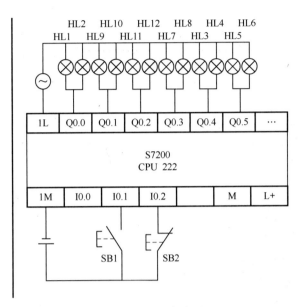

图 7-13　I/O 接线图

（3）设计顺序功能图和梯形图程序　　根据交通信号灯时序图设计顺序功能图，如图 7-14 所示。从图中可以看出，该顺序功能图是典型的并列序列结构，东西向、南北向信号灯并行循环工作，只是在时序上错开了一个节拍。因此，东西向、南北向梯形图程序的编程思路是一样的，掌握了东西向交通信号灯的编程方法，就能轻松写出南北向交通信号灯的控制程序。此处，以东西向交通信号灯为例编写了相应的梯形图程序，如图 7-15 所示。

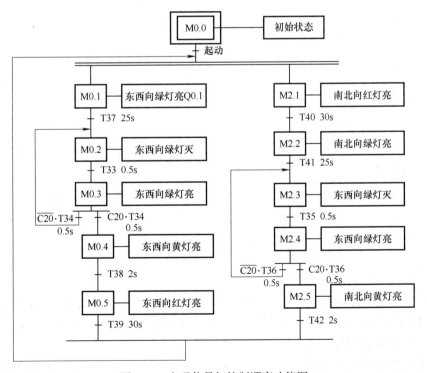

图 7-14　交通信号灯控制顺序功能图

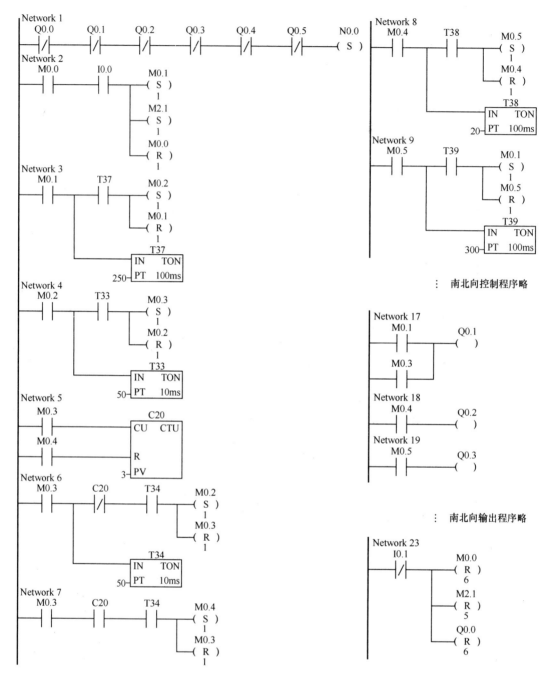

图 7-15　交通信号灯梯形图程序

2. 顺序控制继电器指令编程

S7-200 PLC 的顺序控制继电器（SCR）指令是基于顺序功能图（SFC）的编程方式，专门用于编制顺序控制程序。顺序控制程序被顺序控制继电器指令（LSCR）划分为若干个 SCR 段，一个 SCR 段对应于顺序功能图中的一步。

当顺序控制继电器 S 位的状态为"1"（如 S0.1＝1）时，对应的 SCR 段被激活，即顺序功能图对应的步被激活，成为活动步，否则是非活动步。SCR 段中执行程序所完成的动作（或命令）对应着顺序功能图中该步相关的动作（或命令）。程序段的转换（SCRT）指令相当于实施了顺序功能图中的步的转换功能。由于 PLC 周期循环扫描地执行程序，编制程序时各 SCR 段只要按顺序功能图有序地排列，各 SCR 段活动状态的进展就能完全按照顺序功能图中有向连线规定的方向进行。

3. 具有多种工作方式的顺序控制梯形图设计方法

为了满足生产的需要，很多设备要求设置多种工作方式，如手动方式和自动方式，后者包括连续、单周期、步进、自动返回初始状态几种工作方式。

（1）控制要求与工作方式　如图 7-16 所示，某机械手用来将工件从 A 点搬运到 B 点，一共 6 个动作，分 3 组：即上升/下降、左移/右移和放松/夹紧。

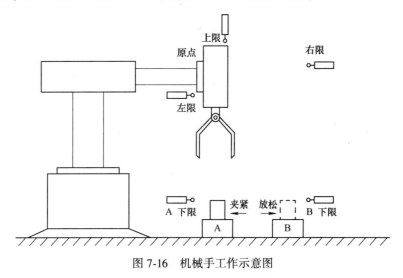

图 7-16　机械手工作示意图

机械手的全部动作由气缸驱动，而气缸又由相应的电磁阀控制。其中，上升/下降和左移/右移分别由双线圈的两位电磁阀控制。例如，当下降电磁阀通电时，机械手下降；当下降电磁阀断电时，机械手下降停止。机械手的放松/夹紧动作由一个单线圈的两位电磁阀控制，当该线圈通电时，机械手夹紧；当该线圈断电时，机械手放松。

当机械手右移到位并准备下降时，为了确保安全，必须在右工作台上无工件时才允许机械手下降。也就是说，若上一次搬运到右工作台上的下件尚未搬走，机械手应自动停止下降，用光电开关进行无工件检测。

系统设有手动操作方式和自动操作方式。自动操作方式又分为步进、单周期和连续操作方式。机械手在最上面和最左边且松开时，称为系统处于原点状态（或称初始状态）。进入单周期、步进和连续工作方式之前，系统应处于原点状态，如果不满足这一条件，可以选择手动工作方式，进行手动操作控制，使系统返回原点状态。

手动操作：就是用按钮操作对机械手的每步运动单独进行控制。例如，当按下上升启动按钮时，机械手上升；当按下下降启动按钮时，机械手下降。

单周期工作方式：机械手从原点开始，按一下启动按钮，机械手自动完成一个周期的动作后停止。

连续工作方式：机械手从初始步开始一个周期接一个周期地反复连续工作。按下停止按钮，并不马上停止工作，完成最后一个周期的工作后，系统才返回并停留在初始步。

步进工作方式：每按一次启动按钮，机械手完成一步动作后自动停止。步进工作方式常用于系统的调试。

（2）操作面板布置与端子接线图　操作面板如图 7-17 所示，工作方式选择开关的 5 个位置分别对应于 5 种工作方式，操作面板下部的 5 个按钮是手动按钮。图 7-18 为 PLC 外部接线图，当输出 Q0.1 为 1 时工件被夹紧，为 0 时被松开。

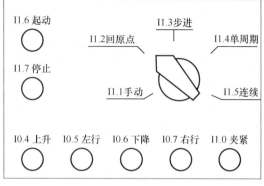

图 7-17　操作面板

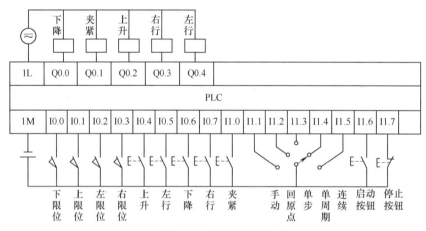

图 7-18　外部接线图

（3）整体程序结构　多种工作方式的顺序控制编程常采用模块式编程方法，即主程序+子程序。由于单周期、步进和连续这三种工作方式工作的条件都必须要在原点位置，并且都是按顺序执行，因此可以将它们放在同一个子程序里，统称为自动运行。接下来编写手动、回原点以及自动运行模式三个子程序。

1）主程序。主程序主要完成对各个子程序的调用，以及不同工作方式之间的切换处理，如图 7-19 所示。

由于单周期、步进和连续运行都必须是机械手要停留在初始位置且 Q0.1 为 0，因此设置一个原点标志位 M0.5，当左限位开关 I0.2、上限位开关 I0.1 的动合触点和表示机械手松开的 Q0.1 的动断触点的串联电路接通时，"原点条件"存储器位 M0.5 变为 ON 状态。设置 M0.0 为自动运行的初始步标志位，在开始执行用户程序（SM0.1 为 ON）或系统处于手动或回原点状态时，且当机械手处于原点位置（M0.5 为 ON 状态）时，初始步对应的 M0.0 被置位，为进入单周期、步进和连续工作方式做好准备。

当系统运行于手动和回原点工作方式时，必须将图 7-22 中除初始步之外的各步对应的存储器位（M2.0～M2.7）复位，否则，当系统从自动工作方式切换到手动工作方式，然后又切换回自动工作方式时，可能会出现同时有两个活动步的情况，导致系统出错。M0.6 设置为连续工作方式时的内部标志位，当在连续工作方式下 M0.6 为 ON 状态，否则 M0.6 被复位。

2）手动程序。图 7-20 为机械手工作手动程序，手动操作时用 I0.4~I1.0 对应的 5 个按钮控制机械手的上升、左行、下降、右行和夹紧。为了保证系统的安全运行，在手动程序中设置了一些必要的联锁，如限位开关对运动极限位置的限制，上升与下降之间、左行与右行之间的互锁用来防止功能相反的两个输出同时为 ON。为了使机械手上升到最高位置时才能左右移动，应将上限位开关 I0.1 的动合触点与控制左、右行的 Q0.4 和 Q0.3 的线圈串联，以防止机械手在较低位置运行时与别的物体碰撞。

3）回原点程序。图 7-21 为回原点程序。在回原点工作方式时，I1.2 为 ON 状态。按下启动按钮 I1.6 时，机械手上升，升到上限位开关时，机械手左行，到左限位开关时，将 Q0.1 复位，机械手松开。这时原点条件满足，M0.5 为 ON 状态，在主程序中自动运行的初始步 M0.0 被置位，为进入单周期、步进和连续工作方式做好了准备。

4）自动运行程序。图 7-22 为处理单周期、连续和步进工作方式的顺序功能图，其中，M0.0 为初始步标志位，其状态位在主程序中控制；M0.5 为原点标志位；M0.6 为是否连续运行标志位；M2.0~M2.7 为机械手自动运行一个周期的 8 个标志位。图 7-23 为根据顺序功能图编写的梯形图程序。

单周期、步进和连续这三种工作方式主要是通过连续标志位 M0.6 和转换允许标志位 M0.7 来区分的。

① 步进与非步进的区分。通过设置一个存储器位 M0.7 来区别步进与非步进，并把 M0.7 的动合触点接在每个控制代表步的存储器位的程序中，它们断开时禁止步的活动状态的转换。

如果系统处于步进工作方式，I1.3 为 ON 状态，则动断触点断开，转换允许存储器位 M0.7 在一般情况下为 0 状态，不允许步与步之间的转换。当某一步的工作结束后，转换条件满足，如果没有按下启动按钮 I1.6，M0.7 处于 0 状态，不会转换到下一步。一直要等到 M0.7 的动合触点接通，系统才会转换到下一步。

如果系统工作在连续、单周期（非步进）工作方式时，I1.3 的动断触点接通，使 M0.7 为 1 状态，串联在各电路中的 M0.7 的动合触点接通，允许步与步之间的正常转换。

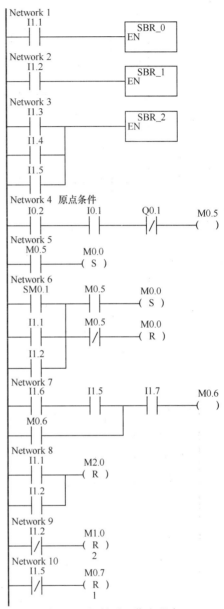

图 7-19　机械手工作主程序

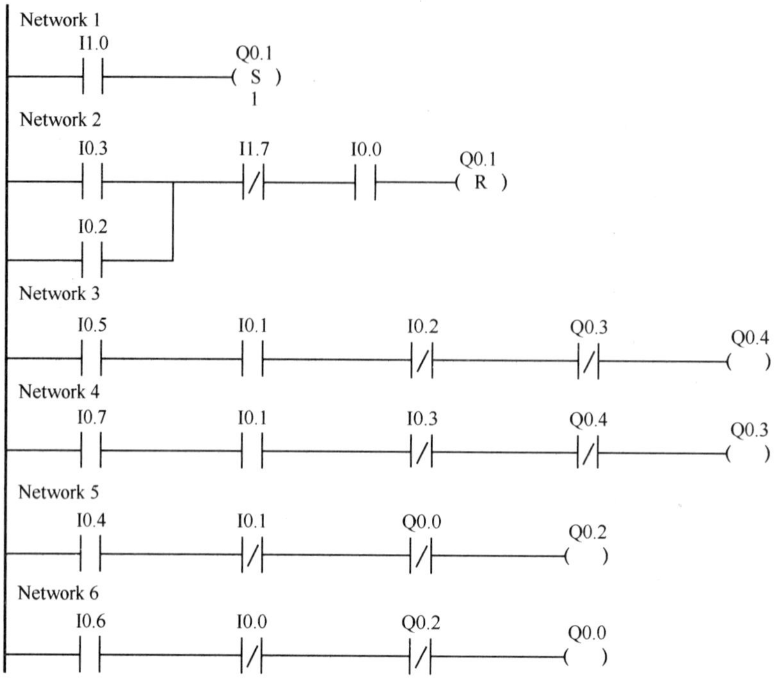

Network 1
I1.0　Q0.1
(S)
1

Network 2
I0.3　I1.7　I0.0　Q0.1
(R)
I0.2

Network 3
I0.5　I0.1　I0.2　Q0.3　Q0.4
(   )

Network 4
I0.7　I0.1　I0.3　Q0.4　Q0.3
(   )

Network 5
I0.4　I0.1　Q0.0　Q0.2
(   )

Network 6
I0.6　I0.0　Q0.2　Q0.0
(   )

图 7-20　机械手工作手动程序

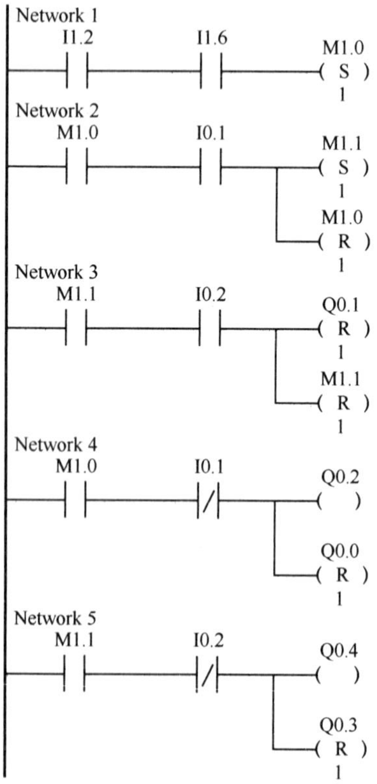

Network 1
I1.2　I1.6　M1.0
(S)
1

Network 2
M1.0　I0.1　M1.1
(S)
1
M1.0
(R)
1

Network 3
M1.1　I0.2　Q0.1
(R)
1
M1.1
(R)
1

Network 4
M1.0　I0.1　Q0.2
(   )
Q0.0
(R)
1

Network 5
M1.1　I0.2　Q0.4
(   )
Q0.3
(R)
1

图 7-21　回原点程序

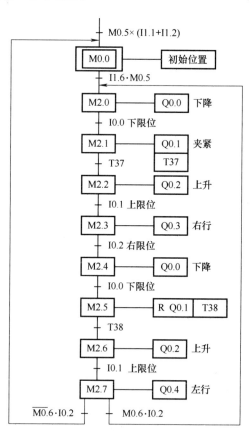

图 7-22　自动运行顺序功能图

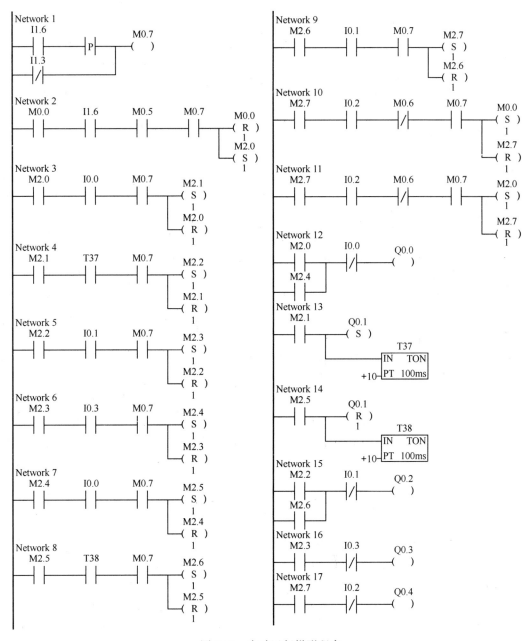

图 7-23　自动运行梯形程序

　　② 单周期与连续的区分。在连续工作方式时，I1.5 为 1 状态。在初始状态按下启动按钮 I1.6，M2.0 变为 1 状态，机械手下降。与此同时，控制连续工作的 M0.6 的线圈通电并自锁。

　　当机械手在步 M2.7 返回最左边时，I0.2 为 1 状态，因为连续标志位 M0.6 为 1 状态，转换条件 M0.6·I0.2 满足，系统将返回步 M2.0，反复连续地工作下去。

　　按下停止按钮 I1.7 后，M0.6 变为 0 状态，但是系统不会立即停止工作，在完成当前工作周期的全部操作后，在步 M2.7 返回最左边，左限位开关 I0.2 为 1 状态，转换条件 M0.6·I0.2 满足，系统才返回并停留在初始步。

在单周期工作方式时，M0.6 一直处于 0 状态。当机械手在最后一步 M2.7 返回最左边时，左限位开关 I0.2 为 1 状态，转换条件 M0.6·I0.2 满足，系统返回并停留在初始步。按一次启动按钮，系统只工作一个周期。

7.4 PLC 软硬件的调试与检查

PLC 调试分模拟调试和联机调试。

1. 软件模拟调试

软件设计好后一般先做模拟调试。模拟调试可以通过仿真软件来代替 PLC 硬件在计算机上调试程序。仿真软件虽然可以仿真大量的 S7-200 指令（支持常用的位触点指令、定时器指令、计数器指令、比较指令、逻辑运算指令和大部分的数学运算指令等），但部分指令如顺序控制指令、循环指令、高速计数器指令和通信指令等尚无法支持，因此使用仿真软件进行仿真有很大的局限性，适用于没有 PLC 硬件学习 PLC 编程时使用。

如果有 PLC 硬件，在梯形图程序撰写完成后，将程序写入 PLC，便可先行在 PC 与 PLC 系统做在线连接以执行在线仿真调试。倘若程序执行功能有误，则必须修改梯形图程序以排除错误。可以用小开关和按钮模拟 PLC 的实际输入信号（如起动、停止信号）或反馈信号（如限位开关的接通或断开），再通过输出模块上各输出位对应的指示灯，观察输出信号是否满足设计的要求。需要模拟量信号 I/O 时，可用电位器和万用表配合进行。在编程软件中可以用状态图或状态图表监视程序的运行或强制某些编程元件。

2. 硬件模拟调试

硬件部分的模拟调试主要是对控制柜或操作台的接线进行测试。为避免程序输出引起意外动作，可以使 PLC 处于 STOP 模式或下载空程序，在操作台的接线端子上模拟 PLC 外部的开关量输入信号，或操作按钮的指令开关，观察对应 PLC 输入点的状态。用编程软件将输出点强制 ON/OFF，观察对应的控制柜内 PLC 负载（指示灯、接触器等）的动作是否正常，或对应的接线端子上的输出信号的状态变化是否正确。

3. 联机调试

联机调试时，把经过模拟调试好的 PLC 程序下载到现场的 PLC 中。调试时，主电路一定要断电，只对控制电路进行联机调试。通过现场的联机调试，还会发现新的问题或对某些控制功能的改进。

这里要强调一个十分简单但却几乎每个项目都会发生的问题，那就是对 PLC 的接线进行检查，这往往是经验不足的工程师常常忽略的一个问题。其实，现场调试大部分的问题和工作量都在接线方面。有经验的工程师首先应当检查现场的接线。

通常，如果现场接线是由用户或者其他的施工人员完成的，则通过看其接线图和接线的外观，就可以对接线的质量有个大致的判断。然后要对所有的接线进行一次完整而认真的检查。现场由于接线错误而导致 PLC 被烧坏的情况屡次发生，在进行真正的调试之前，一定要认真地检查。即便接线不是你的工作，检查接线也是你的义务和责任，而且可以省去你后面大量的调试时间。

4. 程序注释和归档

为确保日后维修的便利，要将试车无误可供实际运转的梯形图程序做批注，并加以整理归档，方能缩短日后维修与查阅程序的时间。这是职业工程师的良好习惯，无论是今后自己维护或者移交用户，都会带来极大的便利，而且是职业水准的一个体现。

5. 整理和编写技术文件

技术文件包括设计说明书、硬件原理图、安装接线图、电气元件明细栏、PLC 程序以及使用说明书等。

7.5　PLC 在工业控制系统中的典型应用实例

7.5.1　双恒压无塔供水控制系统设计

本例综合了 PLC 在多方面的应用，既有开关量 I/O，也有模拟量 I/O；既有 PID 调节的典型使用，又有复杂的逻辑控制。另外，本例中还使用了变频器和电动机软起动控制。

1. 工艺过程

随着社会的发展和进步，城市高层建筑的供水问题日益突出。一方面要求提高供水质量，不要因为压力的波动造成供水障碍；另一方面要求保证供水的可靠性和安全性，在发生火灾时能够可靠供水。针对这两方面的要求，新的供水方式和控制系统应运而生，这就是 PLC 控制的恒压无塔供水系统。恒压供水包括生活用水的恒压控制和消防用水的恒压控制——即双恒压系统。恒压供水不仅保证了供水的质量，以 PLC 为主机的控制系统丰富了系统的控制功能，还提高了系统的可靠性。

下面以一个三泵生活/消防双恒压无塔供水系统为例来说明其工艺过程。

如图 7-24 所示，市自来水用高低水位控制器 EQ 来控制注水阀 MB1，它们自动把水注满储水池，只要水位低于高水位，则自动往水箱中注水。水池的高/低水位信号也直接送给 PLC，作为低水位报警用。为了保证供水的连续性，水位上下限传感器高低距离不是相差很大。生活用水和消防用水共用三台泵，电磁阀 MB2 平时处于失电状态，关闭消防管网，三台泵根据生活用水的多少，按一定的控制逻辑运行，使生活供水在恒压状态（生活用水低恒压值）下进行；当有火灾发生时，电磁阀 MB2 得电，关闭生活用水管网，三台泵供消防用水使用，并根据用水量的大小，使消防供水也在恒压状态（消防用水高恒压值）下进行。火灾结束后，三台泵再改为生活供水使用。

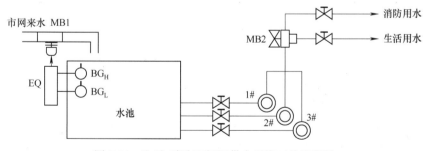

图 7-24　生活/消防双恒压供水系统工艺流程图

2. 系统控制要求

对三泵生活/消防双恒压供水系统的基本要求是：

1）生活供水时，系统应在低恒压值运行，消防供水时系统应在高恒压值运行。

2）三台泵根据恒压的需要，采取"先开先停"的原则接入和退出。

3）在用水量小的情况下，如果一台泵连续运行时间超过 3h，则要切换到下一台泵，即系统具有"倒泵功能"，避免某一台泵工作时间过长。

4）三台泵在启动时要有软启动功能。

5）要有完善的报警功能。

6）对泵的操作要有手动控制功能，手动只在应急或检修时临时使用。

3. 控制系统的 I/O 点及地址分配

控制系统的输入/输出信号的名称、代码及地址编号见表 7-4 所列。水位上下限信号分别为 I0.1、I0.2，它们在水淹没时为 0，露出时为 1。

表 7-4　输入/输出信号的名称、代码及地址编号

名　称	代　码	地址编号
输 入 信 号		
消防信号	SF0	I0.0
水池水位下限信号	BG_L	I0.1
水池水位上限信号	BG_H	I0.2
变频器报警信号	KFU	I0.3
消铃按钮	SF9	I0.4
试灯按钮	SF10	I0.5
远程压力表模拟量电压值	U_P	AIW0
输 出 信 号		
1#泵工频运行接触器及指示灯	QA1,PG1	Q0.0
1#泵变频运行接触器及指示灯	QA2,PG2	Q0.1
2#泵工频运行接触器及指示灯	QA3,PG3	Q0.2
2#泵变频运行接触器及指示灯	QA4,PG4	Q0.3
3#泵工频运行接触器及指示灯	QA5,PG5	Q0.4
3#泵变频运行接触器及指示灯	QA6,PG6	Q0.5
生活/消防供水转换电磁阀	MB2	Q1.0
水池水位下限报警指示灯	PG7	Q1.1
变频器故障报警指示灯	PG8	Q1.2
火灾报警指示灯	PG9	Q1.3
报警电铃	PB	Q1.4
变频器频率复位控制	KF(EMG)	Q1.5
控制变频器频率电压信号	V_f	AQW0

4. PLC 系统选型

从上面分析可以知道，系统共有开关量输入点 6 个、开关量输出点 12 个；模拟量输入点 1 个、模拟量输出点 1 个。如果选用 CPU224 PLC，也需要扩展单元；如果选用 CPU226 PLC，则价格较高，浪费较大。参照西门子 S7-200 PLC 产品目录及市场实际价格，选用主机为一台 CPU222（8 入/6 出继电器输出），加上一台扩展模块 EM222（8 点继电器输出），再扩展一个模拟量模块 EM235（4AI/1AO）。这样的配置是最经济的。整个 PLC 系统的配置

如图 7-25 所示。

图 7-25 PLC 系统组成

5. 电气控制系统原理图

电气控制系统原理图包括主电路图、控制电路图及 PLC 外围接线图。

（1）主电路图 如图 7-26 所示为电气控制系统主电路。三台电动机分别为 MA1、MA2、MA3。接触器 QA1、QA3、QA5 分别控制 MA1、MA2、MA3 的工频运行；接触器 QA2、QA4、QA6 分别控制 MA1、MA2、MA3 的变频运行，BB1、BB2、BB3 分别为三台水泵电动机过载保护用的热继电器；QA10、QA20、QA30、QA40 分别为变频器和三台水泵电动机主电路的隔离开关；QA0 为主电源电路总开关，VVVF 为简单的一般变频器。

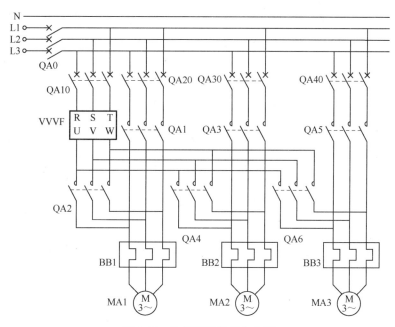

图 7-26 电气控制系统主电路

（2）控制电路图 图 7-27 所示为电控系统控制电路图。图中 SF 为手动/自动转换开关，SF 打在 1 的位置为手动控制状态；打在 2 的状态为自动控制状态。手动运行时，可用按钮 SF1~SF8 控制三台泵的启/停和电磁阀 MB2 的通/断；自动运行时，系统在 PLC 程序控制下运行。由于电磁阀 MB2 没有触点，所以要使用一个中间继电器 KF1 间接控制 MB2，来实现 MB2 的手动自锁功能。图中的 PG 10 为自动运行状态电源指示灯。对变频器频率进行复位时只提供一个干触点信号。由于 PLC 为 4 个输出点可作为一组共用一个 COM 端，而本系统又没有剩下单独的 COM 端输出组，所以通过一个中间继电器 KF 的触点对变频器进行复频控制。图中的 Q0.0~Q0.5 及 Q1.0~Q1.5 为 PLC 的输出继电器触点，它们旁边的 4、6、8 等数字为接线编号。

（3）PLC 外围接线图　图 7-28 所示为 PLC 及扩展模块外围接线图。火灾时，火灾信号 SF0 被触动，I0.0 为 1。

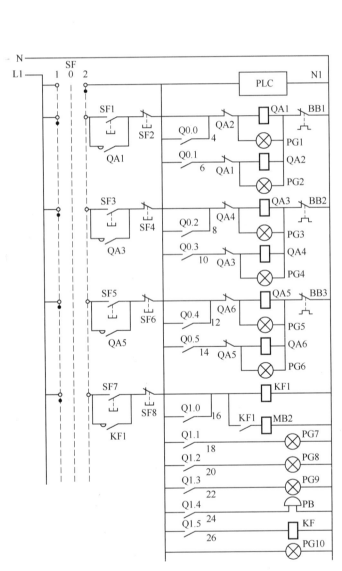

图 7-27　电气控制系统控制电路

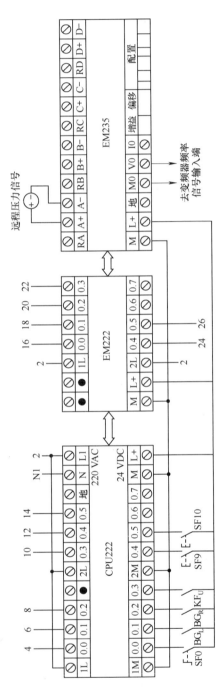

图 7-28　恒压供水控制系统 PLC 及扩展模块外围接线

本例只是一个教学举例，实际使用时还必须考虑许多其他因素。这些因素主要包括：

① 直流电源的容量；

② 电源方面的抗干扰措施；

③ 输出方面的保护措施；

④ 系统保护措施。

6. 系统程序设计

本程序分为三部分：主程序、子程序和中断程序。

逻辑运算及报警处理等放在主程序。系统初始化的一些工作放在初始化子程序中完成，这样可节省扫描时间。利用定时器中断功能实现 PID 控制的定时采样及输出控制。生活供水时系统设定值为满量程的 70%，消防供水时系统设定值为满量程的 90%。在本系统中，只是用比例（P）和积分（I）控制，其回路增益和时间常数可通过工程计算初步确定，但还需要进一步调整以达到最优控制效果。初步确定的增益和时间常数为：

$$增益\ K_c = 0.25$$
$$采样时间\ T_s = 0.2s$$
$$积分时间\ T_i = 30min$$

程序中使用的 PLC 器件及其功能见表 7-5 所列。

表 7-5　程序中使用的器件及功能

器件地址	功　　能	器件地址	功　　能
VD100	过程变量标准化值	T38	工频泵减泵滤波时间控制
VD104	压力给定值	T39	工频/变频转换逻辑控制
VD108	PI 计算值	M0.0	故障结束脉冲信号
VD112	比例系数	M0.1	泵变频启动脉冲
VD116	采样时间	M0.3	倒泵变频启动脉冲
VD120	积分时间	M0.4	复位当前变频运行泵脉冲
VD124	微分时间	M0.5	当前泵工频运行启动脉冲
VD204	变频器运行频率下限值	M0.6	新泵变频启动脉冲
VD208	生活供水变频器运行频率上限值	M2.0	泵工频/变频转换逻辑控制
VD212	消防供水变频器运行频率上限值	M2.1	泵工频/变频转换逻辑控制
VD250	PI 调节结果存储单元	M2.2	泵工频/变频转换逻辑控制
VB300	变频工作泵的泵号	M3.0	故障信号汇总
VB301	工频运行的泵的总台数	M3.1	水池水位下限故障逻辑
VD310	倒泵时间存储器	M3.2	水池水位下限故障消铃逻辑
T33	工频/变频转换逻辑控制	M3.3	变频器故障消铃逻辑
T34	工频/变频转换逻辑控制	M3.4	火灾消铃逻辑
T37	工频泵增泵滤波时间控制		

双恒压供水系统的梯形图程序及程序注释如图 7-29 所示。

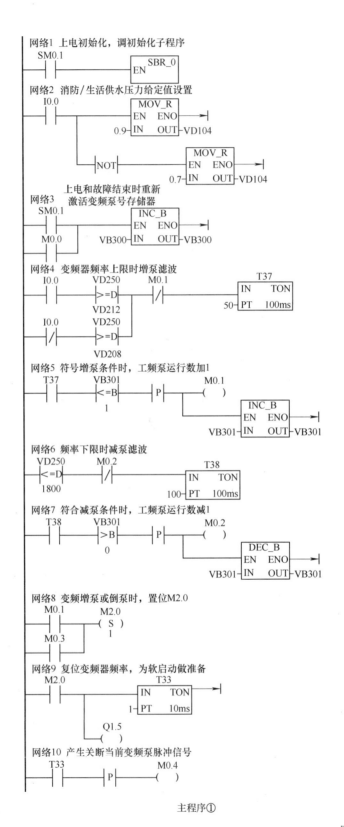

网络1 上电初始化，调初始化子程序

网络2 消防／生活供水压力给定值设置

网络3 上电和故障结束时重新激活变频泵号存储器

网络4 变频器频率上限时增泵滤波

网络5 符号增泵条件时，工频泵运行数加1

网络6 频率下限时减泵滤波

网络7 符合减泵条件时，工频泵运行数减1

网络8 变频增泵或倒泵时，置位M2.0

网络9 复位变频器频率，为软启动做准备

网络10 产生关断当前变频泵脉冲信号

主程序①

图7-29 双恒压供水

网络11 变频泵号加1

```
M0.4          M2.1
─┤├──────────( S )
              1
                    ┌─────────────┐
              ┌─────┤ IEC_B       ├───
              │     │ EN      ENO │
              │     │             │
        VB300─┤     │ IN      OUT ├─VB300
                    └─────────────┘
```

网络12

```
M2.1              ┌──────────────┐
─┤├───────────────┤ T34          │
                  │ IN       TON │
                2─┤ PT      10ms │
                  └──────────────┘
```

网络13 产生当前泵工频启动脉冲信号

```
T34                      M0.5
─┤├──────┤P├────────────( )
                         M2.1
                         ( R )
                         1
```

网络14

```
M0.5          M2.2
─┤├──────────( S )
              1
```

网络15

```
M2.2              ┌──────────────┐
─┤├───────────────┤ T39          │
                  │ IN       TON │
               30─┤ PT     100ms │
                  └──────────────┘
```

网络16 产生下一台泵变频运行启动信号

```
T39                      M0.6
─┤├──────┤P├────────────( )
                         M2.2
                         ( R )
                         1
                         M2.0
                         ( R )
                         1
```

网络17 变频工作泵的泵号转移

```
VB300                    ┌─────────────┐
─┤>B├────────────────────┤ MOV_B       ├───
  3                      │ EN      ENO │
                       1─┤ IN      OUT ├─VB300
                         └─────────────┘
```

网络18 一个变频泵运行的持续时间判断

```
VB301      SM0.4                    ┌─────────────┐
─┤==B├──────┤├──────┤P├─────────────┤ INC_DW      ├───
  0                                 │ EN      ENO │
                              VD310─┤ IN      OUT ├─VD310
                                    └─────────────┘
```

网络19 3h时间到，则产生下一台泵的变频启动信号

```
VD310                    M0.3
─┤>=D├──────┤P├──────────( )
  180                    ┌─────────────┐
              ┌──────────┤ MOV_DW      ├───
              │          │ EN      ENO │
              │        0─┤ IN      OUT ├─VD310
                         └─────────────┘
```

网络20 有工频泵运行时，复位VD310

```
VB301                    ┌─────────────┐
─┤<>B├───────────────────┤ MOV_DW      ├───
  0                      │ EN      ENO │
                       0─┤ IN      OUT ├─VD310
                         └─────────────┘
```

主程序②

系统梯形图程序

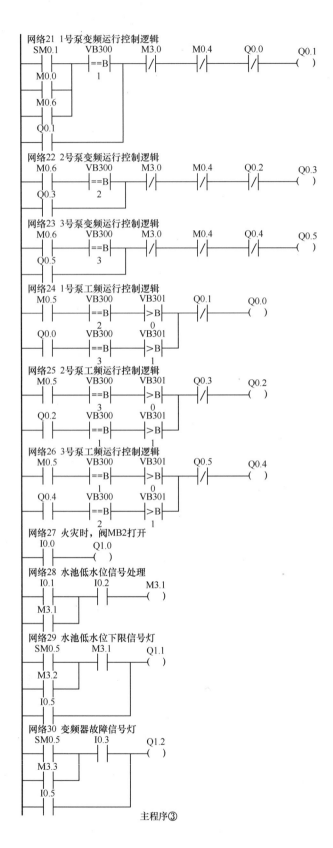

图 7-29　双恒压供水

网络31　火灾指示灯
SM0.5　I0.0　Q1.3
M3.4
I0.5

网络32　水池水位下限故障消铃逻辑
I0.4　M3.1　M3.2
M3.2

网络33　变频器故障消铃逻辑
I0.4　I0.3　M3.3
M3.3

网络34　火灾消铃逻辑
I0.4　I0.0　M3.4
M3.4

网络35　报警电铃
M3.1　M3.2　Q1.4
I0.3　M3.3
I0.0　M3.4
I0.5

网络36　故障信号及故障结束处理
M3.1　M3.0
I0.3

MOV_B
EN　ENO
0－IN　OUT－VB300

MOV_B
EN　ENO
0－IN　OUT－VB301

M0.0
N

主程序④

网络1　初始化子程序
SM0.0

MOV_DW
EN　ENO
1 800－IN　OUT－VD204

MOV_DW
EN　ENO
22 400－IN　OUT－VD208

MOV_DW
EN　ENO
28 800－IN　OUT－VD212

MOV_R
EN　ENO
0.25－IN　OUT－VD112

MOV_R
EN　ENO
0.2－IN　OUT－VD116

MOV_R
EN　ENO
30.0－IN　OUT－VD120

MOV_R
EN　ENO
0.0－IN　OUT－VD124

MOV_B
EN　ENO
200－IN　OUT－SMB34

ATCH
EN　ENO
INT_0－IN
10－EVNT

(ENI)

子程序

系统梯形图程序（续）

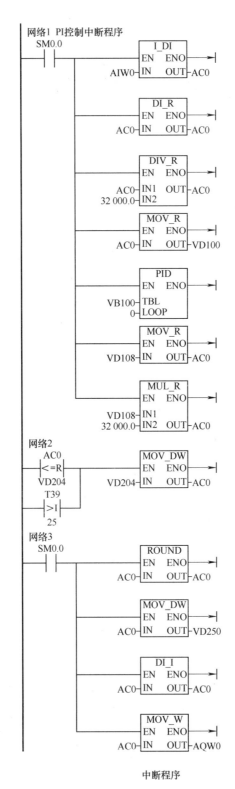

图 7-29　双恒压供水系统梯形图程序（续）

对该程序有几点说明：

1）因为程序较长，所以读图时请按网络标号的顺序进行。

2）本程序的控制逻辑设计针对的是较少泵数的供水系统。

3）本程序不是最优设计。

4）程序中的 PID 参数需按具体的实际系统要求经过多次调整才能最后使用。

5）本程序已做过大量简化，不能作为实际使用的程序。

7.5.2　薄刀式分切压痕机控制系统设计

薄刀式分切压痕机是生产包装纸箱所用瓦楞纸生产线中重要的设备，分切出的纸板克服了传统的厚刀分切的诸多缺点，成品纸板边缘平整、光洁，无压扁现象，从而提高了纸板的整体质量，特别是对包装纸箱生产线上后序印刷质量带来了根本性的提高。

1. 工艺过程

瓦楞纸生产线生产工艺流程如图 7-30 所示。整个工艺过程分为开卷、压痕、涂胶、粘合、烘干、分切和磨刀 7 部分，实际的控制系统非常复杂，下面主要讲述压痕、分切和磨刀的控制。

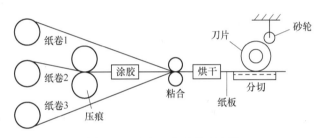

图 7-30　生产工艺流程示意图

2. 系统控制要求

1）压痕辊的线速度要求与送来纸板速度保持一致，即与主轴开卷机轴的线速度相等。

由于开卷机的速度是可调的，所以压痕辊由变频器驱动控制，根据开卷机的速度调整范围，要求压痕轴的速度范围为 $0\sim1500\mathrm{r/s}$，主轴的速度用测速机检测，输出的电压范围为 $0\sim10\mathrm{V}$。

2）分切装置上有四片分切刀片，如图 7-31 所示，刀片位置可根据要求进行调整，刀片的速度应根据纸板的速度变化而变化。所以分切装置轴的驱动也采用变频器驱动，有最低转速和最高转速的限制，根据主轴速度和上下限的要求确定刀片速度范围为 $300\sim1200\mathrm{r/min}$。

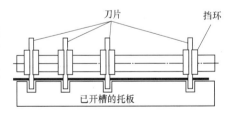

图 7-31　分切装置示意图

3）分切装置上的分切刀片在分切一段时间变钝后，磨刀装置应对刀片进行磨削锐化，以保持分切刀片切削刃的锐利，分切刀片由锐利变钝的时间与分切装置的转速以及切削纸板的多少有关。因此每次磨刀的时间间隔应与分切装置的速度保持一致，磨刀时间与粗设的磨刀间隔时间由 PLC 上的模拟电位器设定，设定刀片每次磨削的时间范围为 $500\sim1000\mathrm{ms}$，因此，磨刀时间间隔为 $5000\sim10000\mathrm{ms}$。

磨刀装置上的四个磨刀砂轮由不同的电磁阀控制，分别对四片刀片进行磨削，磨刀要求有手动和自动两种控制方式。手动时，按一次磨刀按钮进行一次磨刀操作；自动时，分切只要运行，PLC 就根据粗设的磨刀间隔时间和刀片的速度微调间隔时间，自动地进行磨刀操作。

每个刀片的磨刀装置可以人为地设定为工作和停止两种状态。

4）生产过程中会发生纸板跑偏现象，横向移动装置应随时自动地进行跟踪纠偏，也可以手动横向移动进行纠偏，用两个光电开关作为纠偏的位置检测，用两个行程开关限制横向移动的行程范围。

3. 控制系统的 I/O 点及地址分配

控制系统的输入、输出信号及代码、地址编号见表 7-6 所列。

表 7-6　输入、输出信号及代码、地址编号

名　称	代　码	地址编号	名　称	代　码	地址编号
纠偏工作方式选择	SF11	I0.0	刀片三手动磨刀按钮	SF3	I1.4
左边检测光电开关	BG1	I0.1	刀片四手动磨刀按钮	SF4	I1.5
右边检测光电开关	BG2	I0.2	主轴速度检测电压输入	—	AIW0
左边限位开关	BG3	I0.3	分切装置左移	QA1	Q0.0
右边限位开关	BG4	I0.4	分切装置右移	QA2	Q0.2
磨刀方式选择	SF12	I0.5	磨刀一	MB1	Q0.4
磨刀一工作状态选择	SF13	I0.6	磨刀二	MB2	Q0.5
磨刀二工作状态选择	SF14	I0.7	磨刀三	MB3	Q0.6
磨刀三工作状态选择	SF15	I1.0	磨刀四	MB4	Q0.7
磨刀四工作状态选择	SF16	I1.1	压痕变频器速度设定电压	—	AQW0
刀片一手动磨刀按钮	SF1	I1.2	分切变频器速度设定电压	—	AQW2
刀片二手动磨刀按钮	SF2	I1.3			

4. PLC 系统选型

通过对系统控制要求的分析可知，系统共有开关量输入点 14 个，开关量输出点 8 个，所以选用 CPU224（14DI/10DO）。由于系统需要 1 路模拟量输入和 2 路模拟量输出，所以选用一块 EM231 模拟量输入（四路）扩展模块和一块 EM232 模拟量输出（两路）模块。

5. 电气控制系统原理图

系统控制原理图如图 7-32 所示。分切装置的横向移动由电动机 MA1 完成，QA1 和 QA2 分别控制电动机的正、反转，完成分切装置的左右移动。QA1 和 QA2 既可以由 PLC 自动控制，又可以通过手动按钮 SF9 和 SF10 控制，QA3 和 QA4 分别控制压痕变频器与分切变频器的供电和运行，运行速度由 PLC 的模拟量输出控制。

6. 系统程序设计

本系统的控制程序按功能分为 4 部分，分别为两个变频器的速度控制、自动纠偏（图 7-33c）、磨刀控制以及磨刀时间和间隔时间的设定（图 7-33b）。系统的梯形图程序如图 7-33 所示。

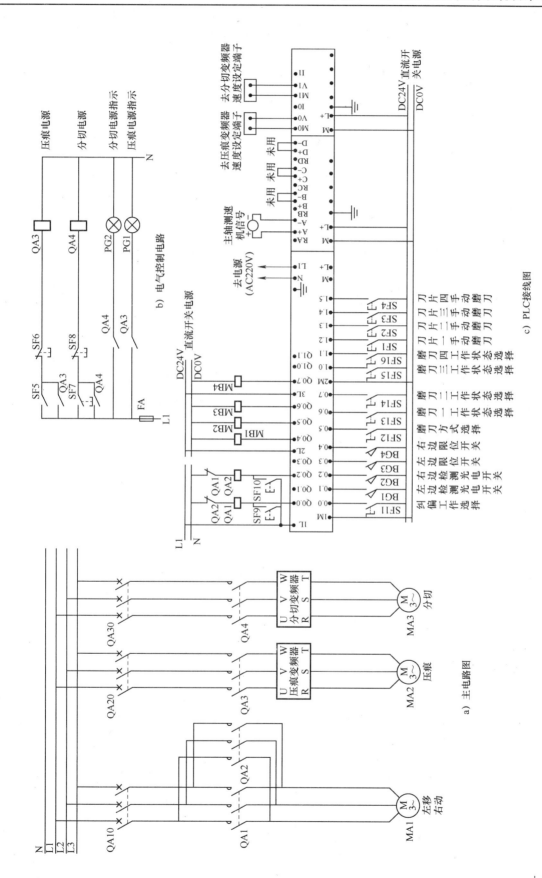

图7-32　系统控制原理图

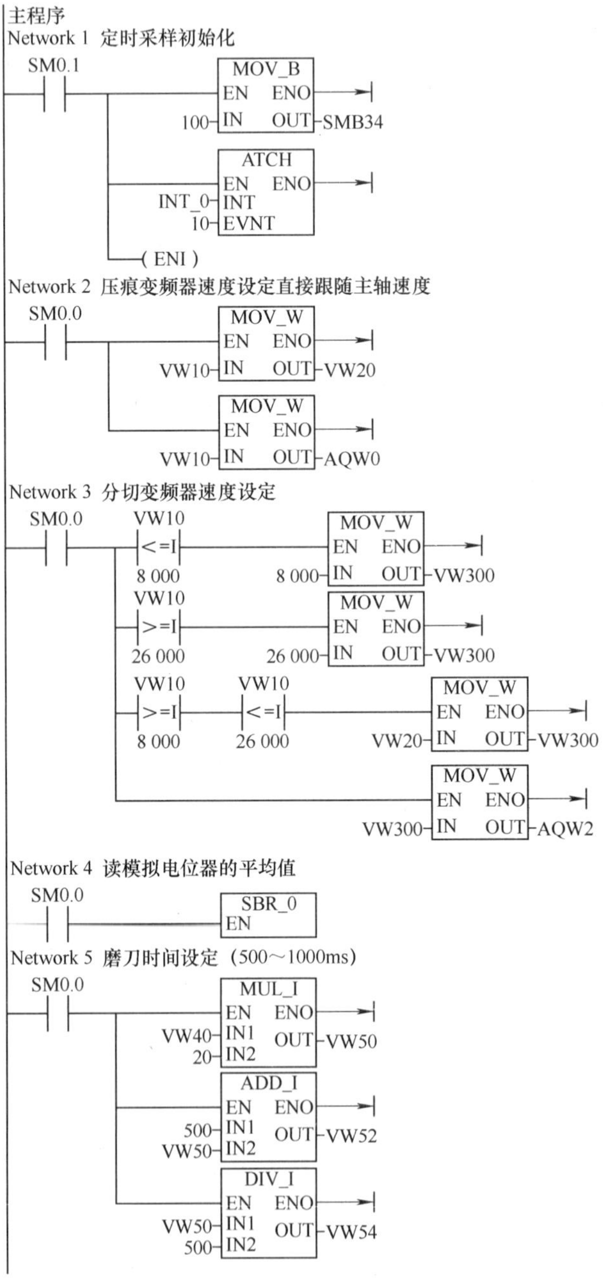

主程序
Network 1 定时采样初始化

```
   SM0.1              MOV_B
────┤├──────────┬────┤EN  ENO├────
                 │ 100─┤IN  OUT├─SMB34
                 │
                 │         ATCH
                 ├────┤EN  ENO├────
                 │INT_0─┤INT
                 │   10─┤EVNT
                 │
                 └──( ENI )
```

Network 2 压痕变频器速度设定直接跟随主轴速度

```
   SM0.0              MOV_W
────┤├──────────┬────┤EN  ENO├────
                 │ VW10─┤IN  OUT├─VW20
                 │
                 │         MOV_W
                 └────┤EN  ENO├────
                   VW10─┤IN  OUT├─AQW0
```

Network 3 分切变频器速度设定

```
   SM0.0    VW10              MOV_W
────┤├──────┤<=I├──────┬─────┤EN  ENO├────
            8 000    8 000─┤IN  OUT├─VW300
            VW10              MOV_W
            ┤>=I├──────┬─────┤EN  ENO├────
           26 000   26 000─┤IN  OUT├─VW300
            VW10     VW10             MOV_W
            ┤>=I├────┤<=I├─────┤EN  ENO├────
            8 000   26 000  VW20─┤IN  OUT├─VW300
                                   MOV_W
                      └──────┤EN  ENO├────
                         VW300─┤IN  OUT├─AQW2
```

Network 4 读模拟电位器的平均值

```
   SM0.0      SBR_0
────┤├────────┤EN│
```

Network 5 磨刀时间设定（500～1000ms）

```
   SM0.0              MUL_I
────┤├──────────┬────┤EN  ENO├────
                 │ VW40─┤IN1  OUT├─VW50
                 │   20─┤IN2
                 │
                 │         ADD_I
                 ├────┤EN  ENO├────
                 │ 500─┤IN1  OUT├─VW52
                 │VW50─┤IN2
                 │
                 │         DIV_I
                 └────┤EN  ENO├────
                   VW50─┤IN1  OUT├─VW54
                    500─┤IN2
```

a）主程序①

图 7-33 系统的

Network 6　磨刀间隔时间粗设定（5 000～10 000ms）

SM0.0

| MUL_I |
| EN　ENO |
| VW42—IN1 |
| 2—IN2　OUT—VW60 |

| ADD_I |
| EN　ENO |
| 500—IN1 |
| VW60—IN2　OUT—VW62 |

| DIV_I |
| EN　ENO |
| VW62—IN1 |
| 10—IN2　OUT—VW64 |

Network 7　根据分切速度调整磨刀间隔时间

SM0.0

| DIV_I |
| EN　ENO |
| VW300—IN1 |
| 2 600—IN2　OUT—VW302 |

| SUB_I |
| EN　ENO |
| VW64—IN1 |
| VW302—IN2　OUT—VW66 |

Network 8　自动磨刀

I0.5　T41

| T37 |
| IN　TON |
| VW66—PT　100ms |

T37　V15.0
（ ）

| T38 |
| IN　TON |
| VW54—PT　100ms |

T38　V15.1
（ ）

| T39 |
| IN　TON |
| VW54—PT　100ms |

T39　V15.2
（ ）

| T40 |
| IN　TON |
| VW54—PT　100ms |

T40　V15.3
（ ）

| T41 |
| IN　TON |
| VW54—PT　100ms |

Network 9　手动磨刀

I0.5　I1.2　T42　Q0.5　Q0.6　Q0.7　V30.0
　　　　　　　　　　　　　　　　　　　（ ）
　　　M30.0

　　　I1.3　T42　Q0.4　Q0.6　Q0.7　V30.1
　　　　　　　　　　　　　　　　　　　（ ）
　　　M30.1

　　　I1.4　T42　Q0.4　Q0.5　Q0.7　V30.2
　　　　　　　　　　　　　　　　　　　（ ）
　　　M30.2

　　　I1.5　T42　Q0.4　Q0.5　Q0.6　V30.3
　　　　　　　　　　　　　　　　　　　（ ）
　　　M30.3

b）主程序②

梯形图程序

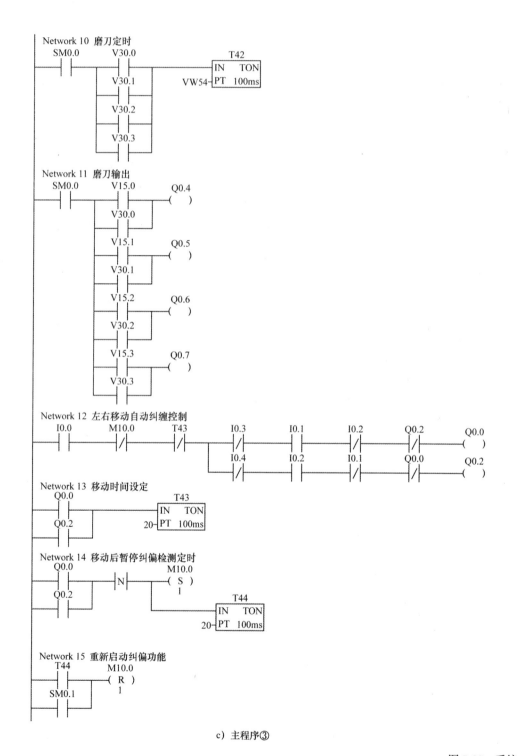

c）主程序③

图 7-33　系统的

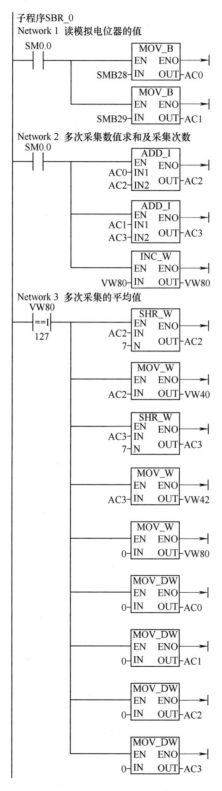

d)子程序

梯形图程序(续)

e) 中断程序

图 7-33　系统的梯形图程序（续）

　　压痕变频器的速度根据主轴的速度设定，在本程序中采用定时中断的方式对主轴速度进行采样，采样周期为 100ms，在中断程序中将采样的主轴速度存放在 VW10 中，数据范围为 0~32000，对应的主轴速度为 0~1500r/min。详见主程序①（图 7-33a）和中断程序（图 7-33e）。

　　压痕电动机要求的速度为 0~1500r/min，所以将采到的主轴速度通过 AQW0 对压痕变频器输出频率进行设定。

　　分切电动机要求的速度为 300~1200r/min，所以只要将分切变频器速度设定单元 VW300 的上限和下限分别设定值为 26000（对应速度 1200r/min）和 8000（对应速度 300r/min），然后通过 AQW2 对分切变频器输出频率进行设定即可。

　　S7-200 PLC 的面板上提供了一个或两个模拟电位器，可以通过调节这些电位器来增加或降低存于特殊存储器（SMB28 和 SMB29）中的值（0~255），这些只读值在程序中可以作为定时器、计数器的设定值等多种功能。在本例中就是利用这两个模拟电位器来作为磨刀时间和磨刀间隔时间的设定值。

　　在本例中，对两个特殊存储器中的值进行多次读取并求得平均值，再将此平均值按照要求通过一定的转化，最后得到符合要求的磨刀时间（VW54）和粗设磨刀间隔时间（VW64）的设定值，然后根据主轴的速度将磨刀间隔时间进行微量调整，即主轴速度高则要求磨刀间隔时间短，最后得到磨刀间隔时间（VW66）。

　　自动磨刀时，停止间隔时间到，则按顺序分别对四片刀片进行磨削；手动磨刀时，某一个时刻只能磨一片刀；自动纠偏时，如果边沿检测光电开关检测到纸板走偏，则通过横向移动电动机将这个机构做相应的移动，移动的时间 2s，移动后应停止一段时间 2s，再根据检测结果进行处理，以防止机构抖动。

7.5.3　电热锅炉供热控制系统设计

　　随着对环保要求的不断提高，以及一些用电优惠政策的出台，使用电热锅炉供热的用户越来越多，其安全性、经济性及较高的自动化程度也已被认同。下面以一台四组电加热管的承压电热水锅炉供热控制系统为例来说明其控制系统的设计。本例提供详细的电气控制系统电路图，但未提供控制程序，其控制程序留作毕业设计课题的任务。

　　1. 工艺过程

　　图 7-34 所示为用一台电热锅炉供暖系统，其工作过程为：电锅炉（具有超温保护装置 BT 和超压保护装置 BP1）根据设定出水温度 BT_0 或回水温度 BT_B（也可根据室外气温

的变化自动确定 BT_O 或 BT_B）确定电加热管投入的组数；锅炉提供的热量通过循环泵直接向供暖系统供热；供暖系统的定压由补水泵及落地膨胀水箱完成，通过压力控制器 BP2 控制。

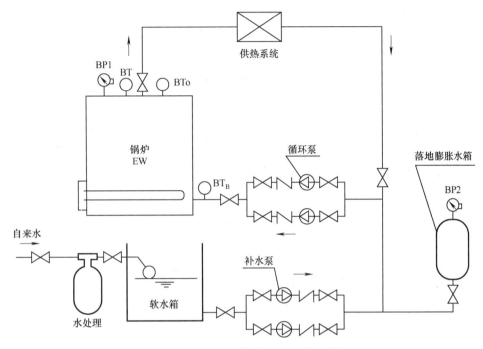

图 7-34　电热锅炉供暖系统工作原理图

2. 系统控制要求

（1）对锅炉控制的基本要求

1）电加热管"梯式"加（减）载，循环投入使用和切断使用。

2）保护功能齐全：

① 具有断相、短路、过电流、漏电等保护功能。

② 具有温度控制、超温保护功能。

③ 具有炉水超压保护功能。

3）具有出水（回水）控制或显示功能。

4）具有定时控制功能。

5）具有手动/自动控制选择功能。

6）可根据室外气温的变化自动调节出（回）水温度（选配功能）。

7）断相报警，电加热管停止加热。

8）故障停机后，手动复位。

（2）对系统控制的要求

1）循环泵主用/备用泵可选择，具有定时控制、手动/自动控制功能。

2）补水泵交替运行，互为备用。

3）所有水泵均具有过载、短路、断相保护功能。

4）断相报警，水泵停止运行。

5）故障停机后，手动复位。

3. PLC 选型

从上面分析可以知道，系统共有开关量输入点 5 个、开关量输出点 9 个；模拟量输入点 3 个。参照西门子 S7-200 产品目录及市场实际价格，选用主机 CPU224（14 入/10 出继电器输出），扩展一个模拟量模块 EM235（4AI/1AO），再配以一个触摸屏，这样最为经济。

4. 控制系统的 I/O 点及地址分配

控制系统的输入/输出信号的名称、代码及地址编号见表 7-7 所列。

表 7-7　输入/输出信号名称、代码及地址编号

名　称	代　号	地　址	名　称	代　号	地　址
输入信号			输出信号		
锅炉超压保护	BP1	I0.0	第一组电加热管接触器	QA1	Q0.0
锅炉超温保护	BT	I0.1	第二组电加热管接触器	QA2	A0.1
系统定压压力下限	$BP2_L$	I0.2	第三组电加热管接触器	QA3	Q0.2
系统定压压力上限	$BP2_U$	I0.3	第四组电加热管接触器	QA4	Q0.3
断相保护	KF	I0.4	1#循环泵接触器	QA5	Q0.4
出水温度模拟量	BT_O	AIW0	2#循环泵接触器	QA6	Q0.5
回水温度模拟量	BT_B	AIW2	1#补水泵接触器	QA7	Q0.6
室外温度模拟量	BT_T	AIW4	2#补水泵接触器	QA8	Q0.7
			报警电铃	PB	Q1.0

5. 电气控制系统原理图

电气控制系统原理图包括主电路图、控制电路图及 PLC 外接线图。

（1）主电路图　图 7-35 所示为主电路图。四组电加热管分别由接触器 QA1、QA2、QA3、QA4 控制，QA11、QA12、QA13、QA14 为其短路、过载保护断路器；循环泵分别由接触器 QA5、QA6 控制，QA15、QA16 为其短路保护断路器，BB1、BB2 为其电动机过载保护用热继电器；补水泵分别由接触器 QA7、QA8 控制，QA17、QA18 为其短路保护断路器，BB3、BB4 为其电动机过载保护用热继电器。

（2）控制电路图　图 7-36 所示为控制电路图。图中：SF 为急停开关，KF 为断相保护继电器，TA 为隔离变压器，专为 PLC 提供电源，可抗干扰。另配置 DC24V 直流电源为触摸屏供电，各接触器及电铃 PB 的控制均由 PLC 的继电器控制，图中 Q0.0 ~ Q1.0 为 PLC 的继电器触点。

（3）PLC 外接线图

图 7-37 所示为 PLC 及扩展模块的外接线图。工作时通过触摸屏的设定及操作，即可按规定的程序运行。

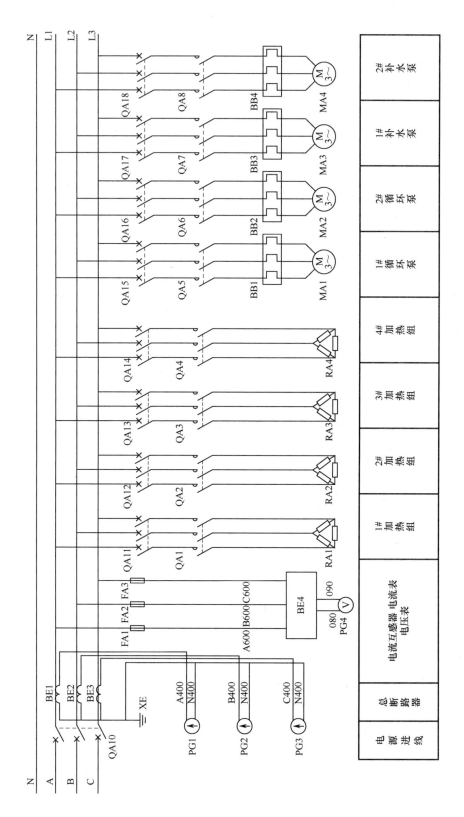

图7-35　电热锅炉供热系统主电路图

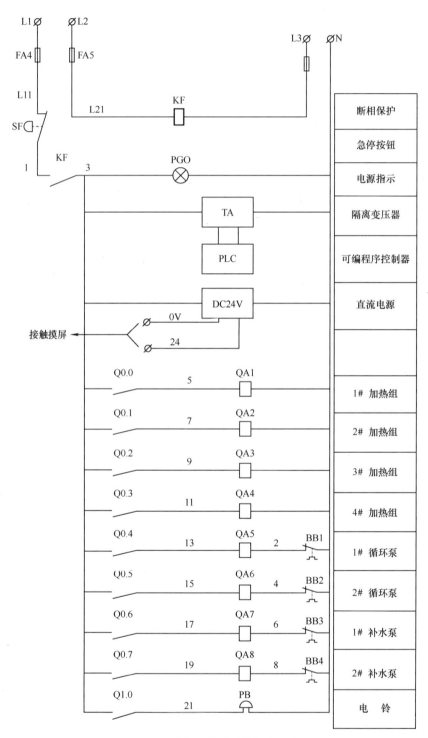

图 7-36 电热锅炉供热系统控制电路图

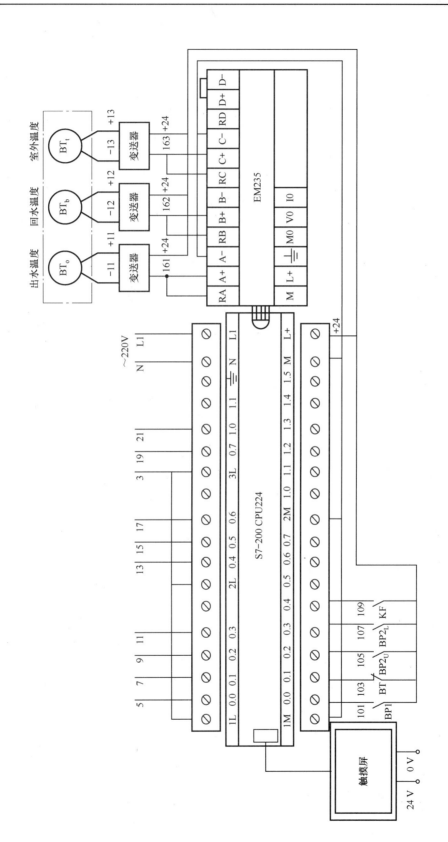

图7-37　电热锅炉供热系统PLC及扩展模块接线图

习 题

1. 请根据图 7-8 所示的时序图和顺序功能图编写梯形图程序。

2. 请用顺序功能图法编写图 7-7 所示运料小车的控制程序,要求设计顺序功能图、梯形图。

3. 请根据图 7-38 所示的顺序功能图编写相应的梯形图程序。

4. 请根据图 7-39 所示的顺序功能图编写相应的梯形图程序。

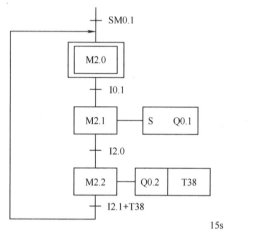

图 7-38　题 3 顺序功能图

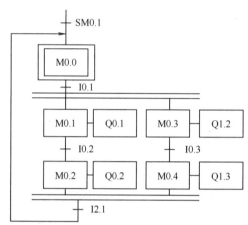

图 7-39　题 4 顺序功能图

5. 分别采用移位寄存器 (SHRB) 指令和 SCR 指令设计彩灯控制程序,要求设计顺序功能图、梯形图。四路彩灯按 "HL1HL2→HL2HL3→HL3HL4→HL4HL1→……" 顺序重复循环上述过程,一个循环周期为 2s,使四路彩灯轮流发光,形似流水。

6. 设计一个居室安全系统的控制程序,使户主在度假期间,四个居室的百叶窗和照明灯有规律地打开和关闭或接通和断开。要求白天百叶窗打开,晚上百叶窗关闭;白天及深夜照明灯断开,晚上 6 时至 10 时使四个居室照明灯轮流接通 1h。要求设计顺序功能图、梯形图。

7. 设计一个抢答器系统并编程,要求用七段码显示抢答组号。具体控制要求:一个四组抢答器,任一组先按下按键后,显示器能及时显示该组编号并使蜂鸣器发出响声,同时锁住抢答器,使其他组按下的按键无效。抢答器设有复位按钮,复位后可重新抢答 (提示:输入信号主要有按钮 1、2、3、4 及复位按钮;输出信号有蜂鸣器,七段码 a、b、c、d、e、f、g)。

参 考 文 献

［1］ 周忠，彭小平．电气控制与 PLC 应用技术［M］.北京：机械工业出版社，2013.

［2］ 梅丽凤．电气控制与 PLC 应用技术［M］.北京：机械工业出版社，2011.

［3］ 侍寿永．机床电气与 PLC 控制技术项目教程［M］.西安：西安电子科技大学出版社，2013.

［4］ 黄永红．电气控制与 PLC 应用技术［M］.北京：机械工业出版社，2011.

［5］ 刘小春．电气控制与 PLC 技术应用［M］.北京：电子工业出版社，2009.

［6］ 雷冠军，孔祥伟．电气控制与 PLC 应用技术［M］.北京：北京理工大学出版社，2013.

［7］ 周志敏，周纪海，纪爱华．电气电子系统防雷接地实用技术［M］.北京：电子工业出版社，2005.

［8］ 庞科旺，袁文华．PLC 电气控制系统设计及应用［M］.北京：中国电力出版社，2014

［9］ 廖常初．S7-200PLC 编程及应用［M］.2 版．北京：机械工业出版社，2014.

［10］ 西门子（中国）有限公司自动化与驱动集团．深入浅出西门子 S7-200PLC［M］.2 版．北京：北京航空航天大学出版社，2007.

［11］ 姜建芳．西门子 S7-200PLC 工程应用技术教程［M］.北京：机械工业出版社，2010.

［12］ 杨后川．SIMATIC S7-200 可编程控制器原理与应用［M］.北京航空航天大学出版社，2008.

［13］ 王永华．现代电气控制及 PLC 应用技术［M］.北京：北京航空航天大学出版社，2013.